硅谷Python工程师面试指南

数据结构、算法与系统设计

Silicon Valley Python Interview Guide: Data Structures, Algorithms, and System Design

任建峰 全书学 著

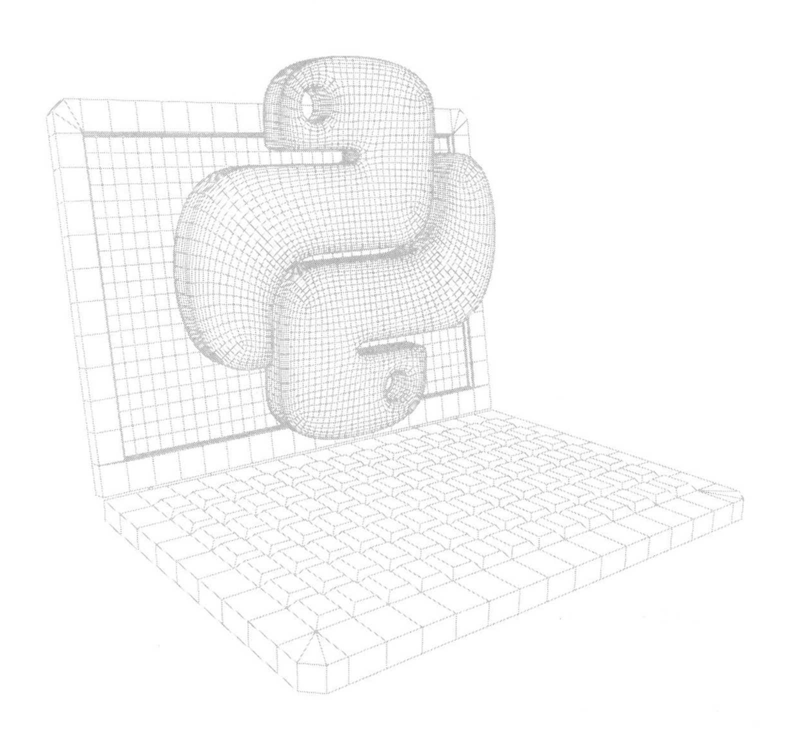

机械工业出版社
CHINA MACHINE PRESS

图书在版编目（CIP）数据

硅谷 Python 工程师面试指南：数据结构、算法与系统设计 / 任建峰，全书学著 . —北京：机械工业出版社，2024.3

ISBN 978-7-111-75068-0

I. ①硅… II. ①任… ②全… III. ①软件工具 – 程序设计 IV. ① TP311.561

中国国家版本馆 CIP 数据核字（2024）第 046896 号

机械工业出版社（北京市百万庄大街 22 号 邮政编码 100037）

策划编辑：杨福川　　　　责任编辑：杨福川　赵晓峰

责任校对：孙明慧　牟丽英　　责任印制：郜　敏

三河市国英印务有限公司印刷

2024 年 5 月第 1 版第 1 次印刷

186mm × 240mm · 16.5 印张 · 307 千字

标准书号：ISBN 978-7-111-75068-0

定价：89.00 元

电话服务　　　　　　　　　　网络服务

客服电话：010-88361066　机　工　官　网：www.cmpbook.com

　　　　　010-88379833　机　工　官　博：weibo.com/cmp1952

　　　　　010-68326294　金　　书　　网：www.golden-book.com

封底无防伪标均为盗版　　机工教育服务网：www.cmpedu.com

Preface 前　　言

笔者目前就职于谷歌，担任软件工程师。与很多开发人员一样，笔者在面试前也进行了充分的准备，其中“刷题”似乎格外令人痛苦和感到疲惫。然而笔者发现，虽然刷题的过程很痛苦，但也有很多收获。首先，现在写出来的代码更加简洁，编程也更高效。其次，提升了自己的系统设计能力，在面对实际问题时更有思路。最后，因为准备充分、发挥平稳，最终拿到了比一般软件工程师更高的待遇。

在准备面试的过程中，笔者总结了一些经验，现在把自己的经验写出来，分享给广大读者。

有一点需要说明：为什么本书使用 Python 语言呢？ Python 与 C++ 相比更加简洁，可以方便地调用很多函数。使用 Python“刷题”，可以不必纠结烦琐的细节。

本书分为四个部分，第一部分介绍硅谷公司面试流程，第二～四部分对应一般面试需要考查的三个基本技能。

- 数据结构：主要介绍关于列表、堆栈、队列、优先队列、字典、集合、链表，以及树和图的一些基本应用。
- 算法：主要介绍二分搜索、双指针法、动态规划、深度优先搜索、回溯、广度优先搜索等算法，并提供了面试真题的实战训练。
- 系统设计：包括系统设计理论和实战，介绍了多线程编程设计，也介绍了机器学习的系统设计案例，包括搜索排名系统和 Netflix 电影推荐系统等。

本书具有以下特色。

- 内容新颖：大多数案例都是目前大公司经常面试的实战题目。
- 免费代码：附有大量经过测试的代码。
- 经验总结：全面归纳和整理笔者积累的面试经验。

- 内容实用：结合大量实例进行讲解。

本书的完成离不开恩师蒋立源教授的鼓励，虽然他已经离开了这个世界，但是没有他，笔者不会产生写书的念头。谨以此书献给敬爱的蒋老师！

感谢师妹杜亚勤博士，她在百忙之中阅读了全书并做了修改。

任建峰

于美国圣地亚哥

Contents 目 录

第三部分 算法

第一部分 Part 1

面试流程

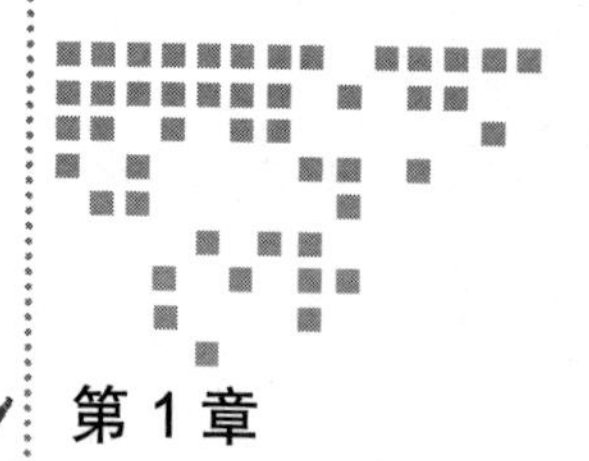

Chapter 1 第 1 章

硅谷公司面试流程

常见的外企面试流程通常包括以下几个步骤。

首先，是非技术电话面试，一般由人力资源来主持，大致了解一下应聘人员的背景以及意愿等。

然后，进行一次或几次技术电话面试，主要问一些与简历相关的问题，通常会有编程面试，主要测试应聘人员的基本编程能力。

最后，是现场面试，一般有五轮面试，包括编程、系统设计以及企业文化等。

对于有工作经验的应聘人员，一般有两轮系统设计面试、两轮编程面试以及一轮企业文化测试。对于刚毕业的学生来说，一般会有三轮编程面试（其中一轮是面向对象的问题或者和你论文相关的研究问题），以及一轮企业文化测试。

1.1　非技术电话面试

非技术电话面试是与招聘人员快速联系的电话面试，通常只有 10 ～ 20min，这个过程相对简单，没有技术问题。招聘人员一般不是程序员，通常来自公司的人力资源部门或者“猎头”公司。

非技术电话面试的主要目的是收集相关的求职信息，比如：

- 你的基本情况，包括有没有做过某个特定项目、有没有特定的工作技能，还有你目前的工作签证等。

- 你需要在最近入职公司吗？还是要在三个月内开始新工作？
- 下一份工作对你来说什么最重要？比如：你希望进入一个能力超强的团队，你希望有相对自由的工作时间，你比较喜欢有趣的技术挑战，有晋升为高级职位的空间。
- 你最感兴趣的工作是什么，前端设计、后端设计还是机器学习？

对所有这些问题说实话，会让招聘人员更轻松地获得想要的信息。如果招聘人员询问你有关此工作的期望薪水，最好不要回答。说出你想知道自己和公司是否合适后，再谈薪酬，会处于更好的谈判位置。

1.2 技术电话面试

一般沟通之后，通常是一个或多个小时的技术电话面试。面试官会给你打电话，或告诉你通过 Skype 或 Google Handouts 加入他们的电话面试。你需要确保可以在一个互联网连接良好的安静地方进行面试。

面试官希望实时看到你的代码。这意味着要使用基于 Web 的代码编辑器，例如 Coderpad 或 collabedit。如果你不熟悉的话，提前在这些工具中运行一些代码来适应它们。

技术电话面试通常分为三个部分：

- 闲谈环节（5 min）。
- 技术沟通环节（30 ～ 50 min）。
- 提问环节（5 ～ 10 min）。

1.2.1 闲谈环节

一开始的闲谈不仅仅是为了帮助你放松，还是面试的一部分。这一环节会在 5 min 左右完成，面试官可能会问一些开放性问题，举例如下：

- 简单介绍一下自己。
- 简单介绍一下你引以为傲的成就。
- 简单介绍一下你简历里面的项目。

在此过程中，你需要对写在简历里面的任何项目和技能都非常熟悉。

1.2.2 技术沟通环节

这是技术电话面试的核心部分，一般需要 30 ～ 50 min。你可能会遇到一个较长的问题或者几个较短的问题。

新兴企业的面试官往往会问一些构建或调试代码的问题。比如，编写一个可以提取两个矩形并判断它们是否重叠的函数。

较大公司的面试官将主要考查数据结构和算法。比如，编写一个函数来检查二叉树是否在 $O(n)$ 时间内是“平衡的”。他们更在乎你如何解决和优化问题。

对于这些类型的问题，最重要的是始终与面试官保持沟通。解决问题时，你将需要“大胆思考”。对于这些电话面试的技术问题，参考本书的数据结构和算法设计部分。

如果职位需要特定的语言或框架，则面试官会询问类似的问题，比如，在 Python 中，“global interpreter lock”是什么？

1.2.3 提问环节

在面试技术问题后，面试官将会留出 5 ～ 10 min 让你向他们提问。所以，你在面试之前需要花一些时间来了解你要面试的公司，问一些有关公司或和职位相关的具体问题。

电话面试完成后，他们会给你一个时间表，告知你接下来的步骤。如果一切顺利，你可能会被要求进行另一次电话面试，或者被邀请到他们的办公室进行现场面试。

1.3 现场面试

现场面试一般在面试公司的办公室进行。如果你不在本地，很多硅谷公司都会为你支付机票和酒店客房的费用。

现场面试通常由 2 ～ 6 人组成，在小型会议室中进行。每次面试大约需要一个小时，首先进行自我介绍，然后进入技术面试环节，最后让你提问题。

现场技术面试和电话面试之间的主要区别在于：你将在白板上进行编程。

在白板上写代码，不像在电脑上写代码，没有自动完成功能，没有调试工具，没有删除功能，没有复制功能等。在现场面试之前，需要不断练习在白板上写代码。在白板上写代码的技巧如下：

- 从白板的左上角开始，这给你最大的空间编写代码，因为你将需要比你想象中更多的空间。
- 在编写代码时，请在每行之间留空行，使以后添加内容变得更加容易。
- 花几秒的时间来决定你的变量名。这看起来似乎是在浪费时间，但是使用更具描述性的变量名，最终可以节省时间，因为这将使你在编写其余代码时不会感到困惑。

现场面试这一天可能会花费很长时间，最好保持开放状态，不要在下午或晚上制订其他计划。

当一切顺利时，你可以通过与 CEO 或其他董事聊天来结束面试。他们可能会邀请你下班后一起喝酒。

综上所述，漫长的现场面试可能安排如下：

- 上午 10 点至中午 12 点：两场背对背的技术面试，每场约一个小时；
- 中午 12 点至下午 1 点：一个或几个工程师将带你去吃午餐；
- 下午 1 点至下午 4 点：三场背对背的技术面试，每场约一个小时；
- 下午 4 点至下午 5 点：与 CEO 或其他董事面谈；
- 下午 5 点至晚上 8 点：与公司同事一起享用饮料和晚餐。

目前很多公司增加了企业文化面试，用来评价应聘人员是否符合公司的企业文化。

如果他们在几次面试后就让你离开了，那通常表明他们对你不感兴趣。

在白板面试的过程中，当然最核心的就是编程面试，这里涉及大量的数据结构和算法设计，还有系统设计问题等。为了更好地回答这些问题，需要大量的时间准备，因此本书的其他章节挑选了一些大公司比较经典的面试题目，来讲解面试过程中会遇到的技术问题，以期抛砖引玉，读者还需要去一些编程网站（比如 www.leetcode.com），进行大量的反复练习，才能掌握面试的核心，以不变应万变。

下面介绍一些面试策略和技巧。

1.3.1 准备好闲谈素材

在深入考查代码能力之前，大多数面试官都喜欢聊一聊候选人的背景，可能涉及如下话题。

- 关于编程的认知。你是否考虑如何编写良好的代码？
- 领导力。你的工作是如何完成的？你是否会关注一些貌似“没有必要”的问题？
- 沟通能力。你与别人讨论技术问题的过程中是否会发生无法沟通的情况？

在谈论这类话题时，你应该提前准备至少一个有说服力的案例或者故事，举例如下。

- 你所解决的一个有趣的技术问题。
- 你克服的人际冲突的例子。
- 体现你领导力的例子。
- 关于你在过去的项目中做了些什么的故事。
- 有关公司产品 / 业务的思考。

- 有关公司的工程策略（如测试、敏捷等）的问题。

1.3.2 保持积极沟通

不管是实际工作中还是在面试场合，一旦你在编程上遇到困难，沟通就是解决问题的关键。在面试过程中，能够清晰地沟通自己需求的候选人，可能比那些盲目埋头于问题的候选人更好。

技术面试的沟通一般分为两种情况：编程和技术提问。编程时，面试官希望看到干净、有效的代码。技术提问时，面试官会引导你谈论一些问题，通常与高级系统设计（比如“你将如何构建像 Twitter 一样的应用？”）或比较琐碎的技术细节（比如“Java 语言中的 static 是什么？”）有关。有时，琐碎的技术问题来自真实的开发场景，例如“如何快速对整数列表进行排序？现在假设我们拥有的整数……”。

在沟通时，除了技术实力，还有一些技巧可以使用。下面分享几个能有效增强沟通效果的小技巧。

- 表现得像在自己团队中一样。面试官总是想知道与你一起解决问题的感觉，因此你应该注意表现出你是懂得协作的。首先，表达时可以使用“我们”而不是“我”。例如：“如果进行广度优先搜索，我们将在 $O(n)$ 的时间内得到答案。”其次，如果可以选择在纸上或者白板上编程，建议你选择白板，这样你可以面对面试官进行展示。
- 大胆思考。如果你遇到困难，可以大胆地说出你的想法，比如提出可能有效的方法，说出你认为可行的部分以及无效部分的原因，例如：“我们可以尝试以这种方式进行操作，虽然尚不确定它是否会起作用。”
- 对于确实不知道的事情，勇敢地说不知道。如果你遇到一个事实性问题（例如特定语言的细节、程序运行时的某个问题等），不要试图对你不了解的知识不懂装懂。你可以说“我不确定，但是我猜……因为……”。这样你可以通过列举一些思路、排除一些无效方案，或者用其他语言或相似场景的问题进行对比，来展示你的思考能力。
- 放慢节奏。在面试官提问时，不要立刻自信地脱口而出。即使你心中的答案是正确的，你也需要清晰地解释它。回答速度过快不会让你赢得任何东西，反而有可能让你在没听完问题就打断面试官，或者因为思考得不够全面而给出不够优秀甚至错误的答案。

第二部分 Part 2

数据结构

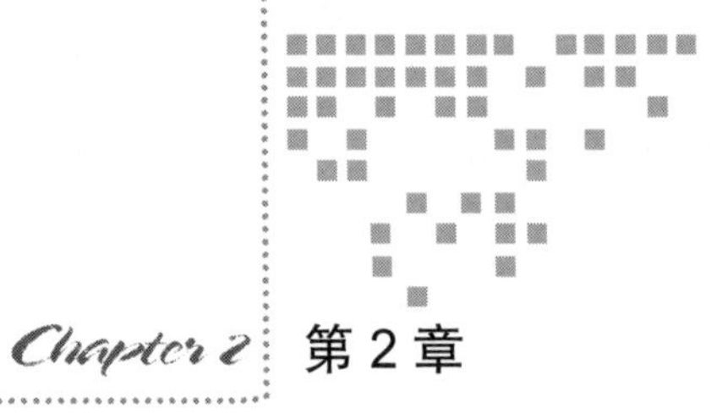

Chapter 2 第2章

列　表

列表是元素的集合，其中元素可以是整数、字符串等，这些元素以列表形式存储在相邻（连续）的存储位置。因为列表元素存储的位置相邻，所以对整个列表元素集合进行检查操作比较简单。

2.1　列表的基础知识

2.1.1　创建列表

只需将元素放在“[ ]”中即可创建 Python 列表。

如果创建的列表具有多个重复元素，则列表会包含这些重复值的不同位置。因此，可以在创建列表时将多个重复值的位置作为序列传递。

代码清单 2-1　创建列表

```
# 创建列表（有重复值）
List = [1, 2, 4, 4, 3, 3, 3, 6, 5]
print("\nList with the use of Numbers: ")
print(List)

# 创建混合类型的列表
List = [1, 2, 'Geeks', 4, 'For', 6, 'Geeks']
print("\nList with the use of Mixed Values: ")
print(List)
```

运行结果：

```
List with the use of Numbers:
[1, 2, 4, 4, 3, 3, 3, 6, 5]

List with the use of Mixed Values:
[1, 2, 'Geeks', 4, 'For', 6, 'Geeks']
```

2.1.2 向列表中添加元素

有 3 种方式向列表中添加元素：① append()；② insert()；③ extend()。

1. 使用 append() 函数

使用内置的 append() 函数，一次只能将一个元素添加到列表末尾；如果需要添加多个元素，则需要循环使用 append() 函数；还可以使用 append() 将列表添加到另一列表中。

代码清单 2-2 使用 append() 函数添加列表元素

```
# 向列表中添加元素
# 创建一个列表
List = []
print("Initial blank List: ")
print(List)

# 向列表中添加元素
List.append(1)
List.append(2)
List.append(4)
print("\nList after Addition of Three elements: ")
print(List)

# 使用迭代器将元素添加到列表中
for i in range(1, 4):
    List.append(i)
print("\nList after Addition of elements from 1-3: ")
print(List)

# 将元组添加到列表中
List.append((5, 6))
print("\nList after Addition of a Tuple: ")
print(List)

# 将列表添加到列表中
List2 = ['For', 'Geeks']
List.append(List2)
print("\nList after Addition of a List: ")
print(List)
```

运行结果：

```
Initial blank List:
[]

List after Addition of Three elements:
[1, 2, 4]

List after Addition of elements from 1-3:
[1, 2, 4, 1, 2, 3]

List after Addition of a Tuple:
[1, 2, 4, 1, 2, 3, (5, 6)]

List after Addition of a List:
[1, 2, 4, 1, 2, 3, (5, 6), ['For', 'Geeks']]
```

2. 使用 insert() 函数

append() 函数仅适用于在列表末尾添加元素，而对于将元素添加到所需位置，则应使用 insert() 函数。与仅使用一个参数的 append() 函数不同，insert() 函数需要两个参数（位置和值）。

代码清单 2-3 使用 insert() 函数添加列表元素

```
# 向列表中添加元素，首先创建一个列表
List = [1,2,3,4]
print("Initial List: ")
print(List)

# 将元素添加到具体位置
List.insert(3, 12)
List.insert(0, 'Geeks')
print("\nList after performing Insert Operation: ")
print(List)
```

运行结果：

```
Initial List:
[1, 2, 3, 4]

List after performing Insert Operation:
['Geeks', 1, 2, 3, 12, 4]
```

3. 使用 extend() 函数

extend() 函数用于在列表末尾同时添加多个元素。

代码清单 2-4 使用 extend() 函数添加列表元素

```
# 创建一个列表
List = [1,2,3,4]
print("Initial List: ")
print(List)

# 添加多个元素到列表末尾
List.extend([8, 'Geeks', 'Always'])
print("\nList after performing Extend Operation: ")
print(List)
```

运行结果：

```
Initial List:
[1, 2, 3, 4]
List after performing Extend Operation:
[1, 2, 3, 4, 8, 'Geeks', 'Always']
```

2.1.3 删除列表中的元素

删除列表中的元素目前主要有两种方式：① remove()；② pop()。

1. 使用 remove() 函数

Python 内置的 remove() 函数仅用于删除指定元素，如果元素不在列表中，则会发生错误。remove() 函数一次只能删除一个元素，要删除一定范围内的元素，则需要迭代使用 remove() 函数，并且 remove() 函数仅删除搜索到的第一个匹配项元素。

代码清单 2-5 使用 remove() 函数删除列表元素

```
# 删除列表中的元素，首先创建一个列表
List = [1, 2, 3, 4, 5, 6, 7, 8, 9, 10, 11, 12]
print("Intial List: ")
print(List)

# 从列表中删除元素
# 使用 remove() 函数
List.remove(5)
List.remove(6)
print("\nList after Removal of two elements: ")
print(List)

# 从列表中删除元素
# 使用迭代器方法
for i in range(1, 5):
    List.remove(i)
print("\nList after Removing a range of elements: ")
print(List)
```

运行结果：

```
Intial List:
[1, 2, 3, 4, 5, 6, 7, 8, 9, 10, 11, 12]

List after Removal of two elements:
[1, 2, 3, 4, 7, 8, 9, 10, 11, 12]

List after Removing a range of elements:
[7, 8, 9, 10, 11, 12]
```

2. 使用 pop() 函数

pop() 函数用于从列表中删除最后一个元素，如果要删除特定位置的元素，则只需要在 pop() 函数中给出具体删除元素之前的位置。

代码清单 2-6 使用 pop() 函数删除列表元素

```
List = [1,2,3,4,5]

# 从列表中删除元素，使用 pop() 函数
List.pop()
print("\nList after popping an element: ")
print(List)

# 从特定位置移除元素，使用 pop() 函数
List.pop(2)
print("\nList after popping a specific element: ")
print(List)
```

运行结果：

```
List after popping an element:
[1, 2, 3, 4]

List after popping a specific element:
[1, 2, 4]
```

2.2 实例 1：最长连续 1 的个数

给定一个二进制数组，请找到此数组中最长连续 1 的个数，例如：

输入：[1,1,0,1,1,1]

输出：3

说明：前两位或后三位是连续的 1，因此最长连续 1 的个数为 3。

解题思路：设置一个变量 ones，如果遇到数组的值是 1，则加 1，否则置为 0。

代码清单 2-7 最长连续 1 的个数

```
class Solution(object):
    def findMaxConsecutiveOnes(self, nums):
        max_ones = 0
        ones = 0
        for i in range(len(nums)):
            if nums[i] == 1:
                ones += 1
            else:
                # 重置为零
                max_ones = max(max_ones, ones)
                ones = 0
        return max(max_ones, ones)
```

复杂度分析：时间复杂度是 $O(n)$。

2.3 实例 2：二进制相加

给定两个二进制字符串，返回它们的和（也是一个二进制字符串），例如：

输入：a ="11"，b ="1"

输出："100"

说明：输入字符串均为非空，并且仅包含字符 1 或 0。

解题思路：这道题主要考查字符串操作的基础知识，通过从右向左逐位相加得到数值。首先获取每个数对应位置上的数字，比如 element_a 和 element_b，需要定义一个进位值 carry。计算二进制的加法可以利用（element_a+ element_b+carry）÷2，其余数就是当前位置的值，商就是传递给下一个位置的 carry 值。当然，这里需要注意两个数的长度可能不一样。最后需要考虑 carry 值是否为 1，如果为 1，则需要把 1 添加到结果最前面的位置。二进制相加示意图如图 2-1 所示。

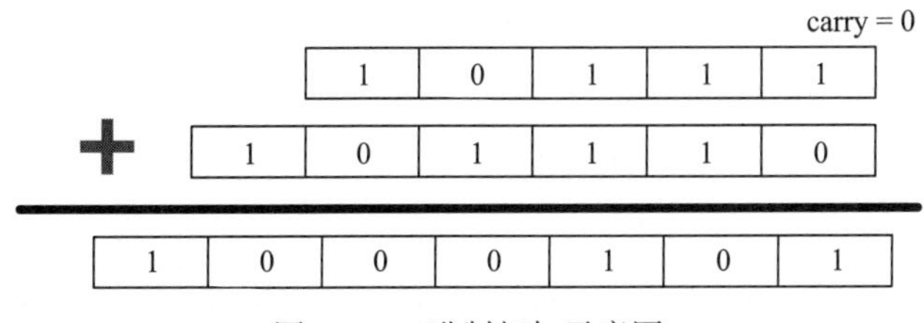

图 2-1 二进制相加示意图

这里我们利用辅助变量 carry，初始化为 0。

第一步：利用 1+0+carry=1，1%2=1，商为 0，填充第一位为 1，同时更新 carry = 0；

第二步：利用 1+1+carry=2，2%2=0，商为 1，填充第二位为 0，同时更新 carry = 1；

第三步：利用 1+1+carry=3，3%2=1，商为 1，填充第三位为 1，同时更新 carry = 1；

第四步：利用 0+1+carry=2，2%2=0，商为 1，填充第四位为 0，同时更新 carry = 1；

第五步：利用 1+0+carry=2，2%2=0，商为 1，填充第五位为 0，同时更新 carry = 1；

第六步：利用 1+carry=2，2%2=0，商为 1，填充第五位为 0，同时更新 carry = 1；

第七步：查看 carry 值是否为 1，如果是，则把 1 添加到最前面。

代码清单 2-8 二进制相加

```
class Solution(object):
    def addBinary(self, a:str, b:str) -> str:
        len_a = len(a) # 字符串 a 的长度
        len_b = len(b) # 字符串 b 的长度
        # 取两者较长的
        max_length = max(len_a, len_b)
        carry=0 # 进位标志
        new_str=[]
        for i in range (-1,-max_length-1,-1): # 从右往左遍历字符串
            element_a = 0
            element_b = 0
            if abs(i) <= abs(len_a): # 取字符串 a 的值
                element_a = a[i]

            if abs(i) <= abs(len_b): # 取字符串 b 的值
                element_b = b[i]
            # 字符串 a、b 的值相加，再加上进位标志
            add = int(element_a) + int(element_b) + int(carry)
            value = add %2 # 当前位置的值
            carry = add //2 # 进位
            new_str.insert(0,str(value)) # 将新产生的值插入新的字符串首位
        if carry !=0:# 最后不要忘记进位标志不为 0 的情况
            new_str.insert(0, str(carry))
        return ''.join(new_str)
```

复杂度分析：时间复杂度为 $O(n)$，空间复杂度为 $O(1)$。

与这个问题比较类似的是 Leetcode 第 445 题，如下：

输入：（7-> 2-> 4-> 3）+（5-> 6-> 4）

输出：7-> 8-> 0-> 7

该题只需把两个相加的数放在两个链表里面，解法和上例一样，每个数字从链表里取出。首先通过不断读取链表里的值，把它转成一个数，比如（7-> 2-> 4-> 3）可以转成 7243，（5-> 6-> 4）转成 564，然后把 7243+564 加起来，得到 7807。最后创建一个新的链表，把 7807 写进链表里。

代码清单 2-9　两个数相加

```
class Solution:
    def addTwoNumbers(self, l1: ListNode, l2: ListNode) -> ListNode:

        def fn(node): # 定义一个函数把字符串转化成数字
            """Return number represented by linked list."""
            ans = 0
            while node:
                ans = 10*ans + node.val
                node = node.next
            return ans
        # 定义一个 dummy 节点
        dummy = node = ListNode()
        for i in str(fn(l1) + fn(l2)):
            node.next = ListNode(int(i)) # 不断获取每一个值作为节点
            node = node.next # 移到下一个节点
        return dummy.next
```

2.4　实例 3：查询范围和

给定二维矩阵，请找到由左上角（row1，col1）和右下角（row2，col2）定义的子矩阵内的元素之和。

如图 2-2 所示，矩阵（带有加粗边框）由（row1，col1）=（2，1）和（row2，col2）=（4，3）定义，矩阵内的元素之和为 8。

```
Given matrix = [
    [3, 0, 1, 4, 2],
    [5, 6, 3, 2, 1],
    [1, 2, 0, 1, 5],
    [4, 1, 0, 1, 7],
    [1, 0, 3, 0, 5]
]
sumRegion(2, 1, 4, 3) -> 8
```

3	0	1	4	2
5	6	3	2	1
1	2	0	1	5
4	1	0	1	7
1	0	3	0	5

图 2-2　查询范围和

2.4.1 利用一维数组求解

第一种思路是利用一维数组来求解。尝试将二维矩阵视为一维数组的 m 行。为了求区域总和，只需逐行累积。

以第一行为例，我们定义一个动态数组 dp[N+1]，初始化为 0。

对于第一个元素，dp[1]=3+dp[0]=3，

对于第二个元素，dp[2]=dp[1]+0=3；

对于第三个元素，dp[3]=dp[2]+1=4；

对于第四个元素，dp[4]=dp[3]+4=8；

对于第五个元素，dp[5]=dp[4]+2=10。

这样，就可以快速知道数组中每行从第一列到第 N 列的元素和。

代码清单 2-10 利用一维数组求解指定范围的元素和

```
class NumMatrix:
    def __init__(self, matrix: List[List[int]]):
        if len(matrix)==0 or len(matrix[0]): return
        M, N = len(matrix),len(matrix[0])
        self.dp = [[0]*(M+1) for _ in range(N+1)]
        for r in range(M):
            for c in range(N):
                self.dp[r][c+1]=self.dp[r][c]+matrix[r][c] # 利用一维数组求解

    def sumRegion(self, row1: int, col1: int, row2: int, col2: int) -> int:
        sum = 0
        for row in range(row1,row2+1,1): # 遍历每行，把每行的数值加起来
            sum+= self.dp[row][col2+1]- self.dp[row][col1]
        return sum
```

时间复杂度：每次查询需要 $O(m)$ 时间，构造函数中的预计算需要 $O(mn)$ 时间。sumRegion 查询需要 $O(m)$ 时间。

空间复杂度：$O(mn)$，即该算法使用 $O(mn)$ 空间存储所有行的累积和。

2.4.2 利用二维数组求解

第二种思路是将一维数组求和的方法推广到二维数组中。在利用一维数组求解的方法中使用了累积和数组。注意到，累积总和是相对于索引 0 处的原点计算的。扩展为二维情况，可以相对于原点（0,0）预先计算累积区域总和，如图 2-3 ～图 2-6 所示。

因此，有 Sum(ABCD)=Sum(OD)−Sum(OB)−Sum(OC)+Sum(OA)，这里主要考查了索引位置的正确使用。

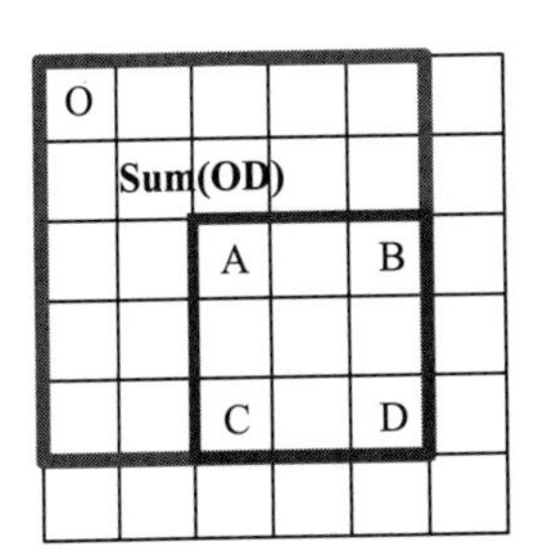

图 2-3 Sum(OD) 是相对于原点（0,0）的累积区域总和

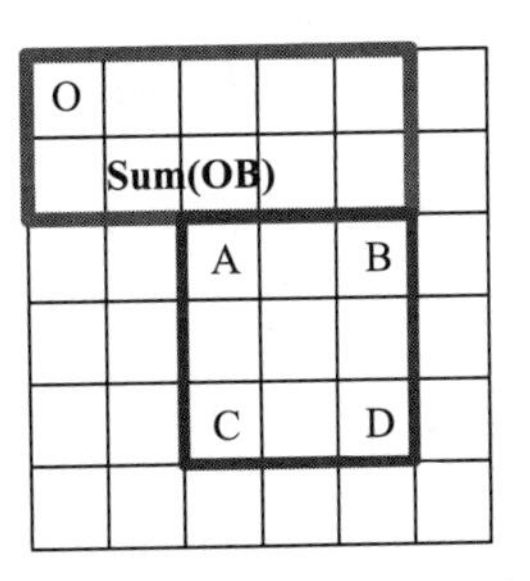

图 2-4 Sum(OB) 是矩形顶部的累积区域总和

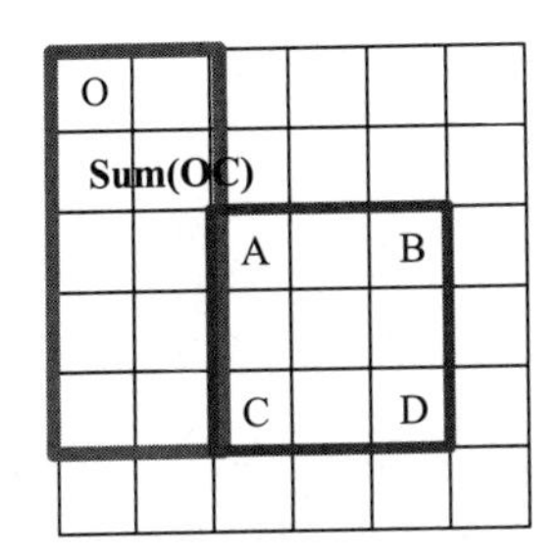

图 2-5 Sum(OC) 是矩形左侧的累积区域总和

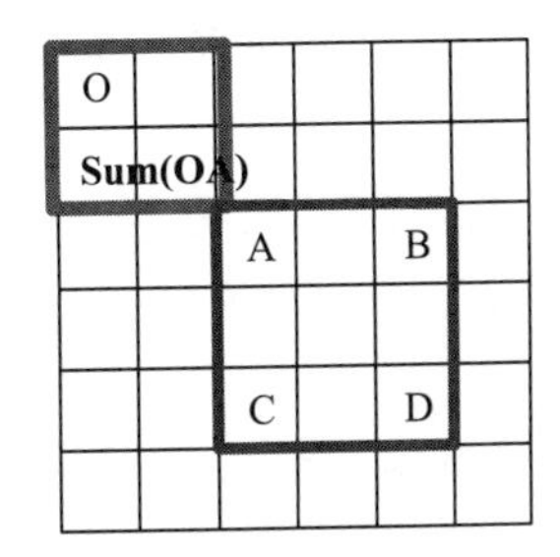

图 2-6 Sum(OA) 是矩形左上角的累积区域总和

时间复杂度：每个查询需要 $O(1)$ 时间，构造函数中的预计算需要 $O(mn)$ 时间。

空间复杂度：$O(mn)$，即该算法使用 $O(mn)$ 空间来存储累积区域和。

代码清单 2-11 利用二维数组求解指定范围的元素和

```
class NumMatrix(object):
    def __init__(self, matrix: List[List[int]]):
        if not matrix or not matrix[0]:
            M, N = 0, 0
        else:
            M, N = len(matrix), len(matrix[0])
        self.sumM = [[0] * (N + 1) for _ in range(M + 1)]
        for i in range(M):
            for j in range(N):
                # 实现 Sum(ABCD)=Sum(OD)-Sum(OB)-Sum(OC)+Sum(OA)
                self.sumM[i + 1][j + 1] = self.sumM[i][j + 1] + self.sumM[i +
                    1][j]  - self.sumM[i][j] + matrix[i][j]

    def sumRegion(self, row1, col1, row2, col2):
        return self.sumM[row2 + 1][col2 + 1] - self.sumM[row2 + 1][col1] -
            self.sumM[row1][col2 + 1] + self.sumM[row1][col1]
```

2.5 实例4：随机索引

给定一个可能重复的整数数组，随机输出给定目标编号的索引。可以假设给定的目标编号必须存在于数组中。

```
int[] nums = new int[] {1,2,3,3,3};
Solution solution = new Solution(nums);
// pick(3) 应随机返回索引 2、3 或 4，每个索引应该有相同的返回概率
solution.pick(3);
// pick(1) 应该返回 0，因为在数组中只有 nums[0] 等于 1
solution.pick(1);
```

思路：利用哈希表把所有相同元素的索引保存下来，然后利用随机函数从中选择一个。

代码清单 2-12 随机索引

```
class Solution:
    def __init__(self, nums: List[int]):
        self.nums=collections.defaultdict(list) # 定义一个哈希表，存储每个元素的索引位置
        for indx,ele in enumerate(nums):# 遍历列表
            self.nums[ele].append(indx) # 对于每个元素，压入对应的索引位置

    def pick(self, target: int) -> int:
        return random.choice(self.nums[target]) # 调用 Python 函数 random.choice()
```

这种题目属于水塘抽样（Reservoir Sampling）类题型，是一组随机抽样算法，而不是某一个具体的算法。这类算法主要用于解决这样一个问题：当样本总体很大或者在数据流上进行采样时，往往无法预知总体的样本实例个数 N。那么 Reservoir Sampling 就是这样一组算法，即使不知道 N，也能保证每个样本实例被采样到的概率依然相等。

代码清单 2-13 从项目流中随机选择 *k* 个项目

```
# 从项目流中随机选择 k 个项目
import random
# 打印数组
def printArray(stream,n):
    for i in range(n):
        print(stream[i],end=" ");
    print();
# 从项目流 [0..n-1] 中随机选择 k 个项目
def selectKItems(stream, n, k):
        i=0;
        # reservoir [] 是输出数组，用 stream[] 的前 k 个元素进行初始化
        reservoir = [0]*k;
        for i in range(k):
            reservoir[i] = stream[i];
```

```
        # 从第 (k + 1) 个元素迭代到第 n 个元素
        while(i < n):
            # 选择一个从 0 到 i 的随机索引
            j = random.randrange(i+1);
            # 如果随机选择的索引小于 k，则用流中的新元素替换索引中存在的元素
            if(j < k):
                reservoir[j] = stream[i];
            i+=1;

        print("Following are k randomly selected items");
    printArray(reservoir, k);

# 主函数
if __name__ == "__main__":
    stream = [1, 2, 3, 4, 5, 6, 7, 8, 9, 10, 11, 12];
    n = len(stream);
    k = 5;
    selectKItems(stream, n, k);
```

这个算法是从总体 S 中抽取前面 k 个实例放入预置的数组中，这个数组就是最后要返回的抽样结果。对于后面的所有样本实例，从 $i = k$ 开始，对每一个生成 $[0, i]$ 的随机数 rnd，若 rnd < k，则用当前流中的元素替换 result[i]。

这样做为什么能保证每个实例被抽到的概率相等而且概率为 $k/(n + 1)$ 呢？

分析如下：对于第 i 个实例，当算法遇到它时，它被选中进入 result 的概率是 $k/(i+1)$，那么它出现在最后的 result 的情况是，i 后面所有的实例都没有取代它。i 后面任何第 $t(t > i)$ 个实例取代 i 的概率是 $k/[(t+1)/k] = 1/(t+1)$，即 t 被选中的概率是 $k/(t+1)$，而且被选中取代原来 i 所在的位置的概率是 $k/[(t+1)/k]$。所以后面任意一个实例不取代 i 的概率就是 $1-1/(t+1)$，那么所有的情况都发生，最后 i 才能留在 result 中，这样就是一个连乘的结果：$(k/(i+1)) \times (1-1/(i+2)) \times (1-1/(i+3)) \times \cdots \times (1-1/(n+1)) = k/(n+1)$。

2.6 实例5：下一个更大排列

将数字重新排列为下一个更大排列。如果无法进行这种排列，则必须将其重新排列为最小排列（即升序排列）。例如（输入在左列，其相应的输出在右列）：

1,2,3 → 1,3,2

3,2,1 → 1,2,3

1,1,5 → 1,5,1

对于数字排列 1，2，3，比当前数字排列更大的下一个排列就是 1，3，2。而对于 3，

2，1，无法找到下一个比当前数字排列更大的排列，因此必须输出数字排列的升序排列。

思路：首先在数组中从后往前找到一个下降的数字，添加索引为 i；然后从后往前找到第一个比当前索引 i 所在的数值要大的索引 j，交换索引位置 i 以及 j 的数值；最后，把索引 i 以后的所有值从小到大排序，如图 2-7 ～图 2-9 所示。

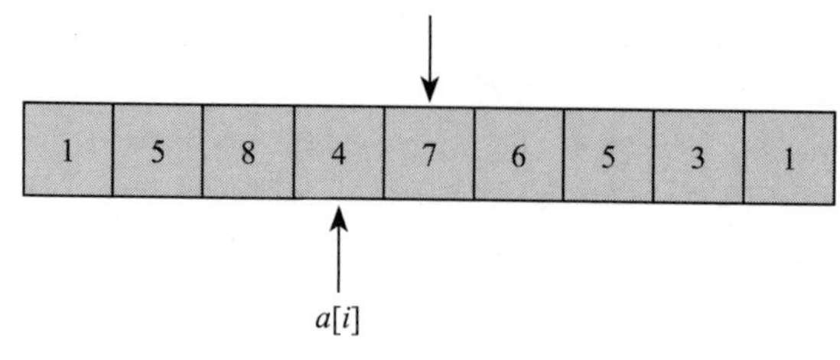

图 2-7　下一个更大排列（1）

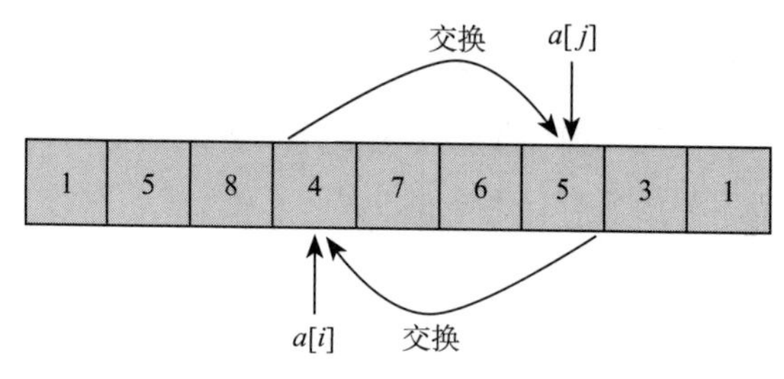

图 2-8　下一个更大排列（2）

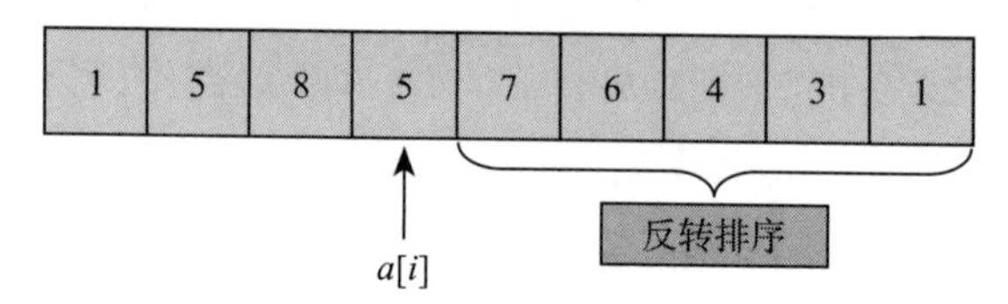

图 2-9　下一个更大排列（3）

代码清单 2-14　下一个更大排列

```
def find_pivot(nums):
    m = nums[-1]
    i = len(nums) - 1
    while i >= 0 and nums[i] >= m:
        m = nums[i]
        i -= 1
    return i

def find_successor(nums, pivot):
    j = len(nums) - 1
    while nums[pivot] >= nums[j]:
```

```
        j -= 1
    assert j > pivot
    return j

def reverse(arr, start, end):
    while start < end:
        arr[start], arr[end] = arr[end], arr[start]
        start += 1
        end -= 1

class Solution:
    def nextPermutation(self, nums: List[int]) -> None:
        if len(nums) < 2:
            return
        # 找到第一个下降的索引
        i = find_pivot(nums)
        if i < 0:
            nums.sort()
        else:
            # 在 i 后面找到第一个大于 nums[i] 的索引 j
            j = find_successor(nums, i)
            # 把索引位置 i、j 上的数字交换一下
            nums[i], nums[j] = nums[j], nums[i]
            # 索引位置 i 之后的数组排序
            reverse(nums, i+1, len(nums)-1)
```

复杂度分析：时间复杂度为 $O(n)$，空间复杂度为 $O(1)$。

如果现在要求解先前的数字排列，思路正好相反。对于数组 nums，首先找到第一个递增的数，添加索引为 p，然后找到第一个比当前 nums[p] 小的数的索引 q，交换这两个数，最后需要把索引 p+1 后面的数从大到小排列。

如果面试官让你求解下一个较大的数值，思路和本题一样。

当然本题还可以进一步优化，比如利用二分法来寻找比 nums[p] 大的数的索引 q，因为 p+1 以后的数组都是排好序的。

2.7 实例 6：验证有效数字

验证给定的字符串是否可以解释为十进制数字，示例如下：

```
"0" => true
" 0.1 " => true
"abc" => false
"1 a" => false
"2e10" => true
```

```
" -90e3   " => true
" 1e" => false
"e3" => false
" 6e-1" => true
" 99e2.5 " => false
"53.5e93" => true
" --6 " => false
"-+3" => false
"95a54e53" => false
```

思路：首先确定输入是否为指数（包含 e）。如果是，则确定底数是否为数字，并且幂有效（无小数，正负号 + 数字）。如果输入不是指数，则确定它是否为数字。想要确定是否为数字，要先确定是否有小数点。如果不是，则应为“正负号 + 数字”。如果是，则两部分之间用“.”分隔，一部分应该为数字或缺少一部分，而另一部分为数字，例如 .9 或 9。

代码清单 2-15　验证有效数字

```
class Solution:
    def isNumber(self, s: str) -> bool:
        s = s.strip()
        if not s:
            return False
        ls = s.split('e')
        if len(ls) == 1: # 没有 e
            return self.decide_num(ls[0])
        elif len(ls) == 2: # 有 e，分成两个部分
            return self.decide_num(ls[0]) and self.decide_pow(ls[1])
        else:
            return False

    def decide_num(self,s):
        if not s:
            return False
        if s[0] in ['+', '-']:
            s = s[1:]
        ls = s.split('.')
        if len(ls) == 1: # 没有小数点，确保数字有效
            return ls[0].isnumeric()
        elif len(ls) == 2: # 有小数点
            if not ls[0] and ls[1].isnumeric(): # 小数点前面为空
                return True
            elif not ls[1] and ls[0].isnumeric():# 小数点后面为空
                return True
            else:
                return ls[0].isnumeric() and ls[1].isnumeric() # 小数点前后部分
                    都是有效数字
```

```
    def decide_pow(self, s):# 记住幂中只有正负号 + 数字了，不可能出现小数点
        if not s:
            return False
        if s[0] in ['+', '-']:
            s = s[1:]
        return s.isnumeric()
```

2.8　实例 7：递归小数

给定两个整数，分别表示分数的分子和分母，要求以字符串格式返回分数。如果结果中小数部分是循环的，则将循环的部分写在括号中。如果有多个结果，则返回其中任何一个。示例如下。

例 1

输入：分子 = 1，分母 = 2

输出："0.5"

例 2

输入：分子 = 2，分母 = 1

输出："2"

例 3

输入：分子 = 2，分母 = 3

输出："0.(6)"

思路：这里的关键就是解决循环小数的问题，需要利用一个字典来存储每个余数，如果这个余数在字典里面出现过，那么退出循环。

代码清单 2-16　递归小数

```
class Solution:
    def fractionToDecimal(self, numerator: int, denominator: int) -> str:
        need_to_flip = False
        if numerator == 0:
            return '0'
        if numerator < 0 and denominator < 0:
            numerator, denominator = -numerator, -denominator
        elif numerator > 0 and denominator > 0:
            pass
        else:
            numerator, denominator = abs(numerator), abs(denominator)
            need_to_flip = True

        result = []
```

```
m = {}
while True:
    # 如果发现有循环，则退出
    if numerator in m.keys():
        index = m.get(numerator)
        digits = result[:index] + ['(', *result[index::], ')']
        if need_to_flip:
            digits.insert(0, '-')
        return ''.join(digits)

    val = numerator // denominator
    result.append(str(val))

    if numerator >= denominator:
        m[numerator] = len(result)-1

    left = numerator - denominator * val
    # No left, jump out
    if left == 0:
        if need_to_flip:
            result.insert(0, '-')
        return ''.join(result)
    if left != 0 and len(result) == 1:
        result.append('.')

    if left < denominator:
        left *= 10

    numerator = left
```

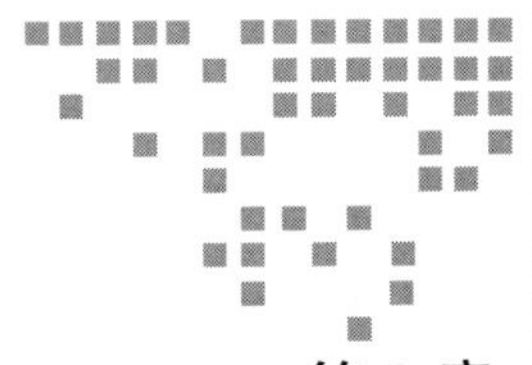

第 3 章 Chapter 3

堆　　栈

堆栈是一种线性数据结构，遵循特定的操作顺序，可以是后进先出（LIFO）或先进后出（FILO）。

3.1　堆栈的基础知识

3.1.1　堆栈操作及时间复杂度

堆栈中主要执行以下基本操作（如图 3-1 所示）。

- push：向堆栈中添加一个元素。如果堆栈已满，则称其为溢出条件。
- pop：从堆栈中删除一个元素。元素以压入的相反顺序弹出。如果堆栈为空，则称其为下溢条件。
- top：返回堆栈的顶部元素。
- isEmpty：如果堆栈为空，则返回 True，否则返回 False。

push、pop、isEmpty 和 top 操作的时间复杂度均为 $O(1)$，这些操作都不会运行任何循环。

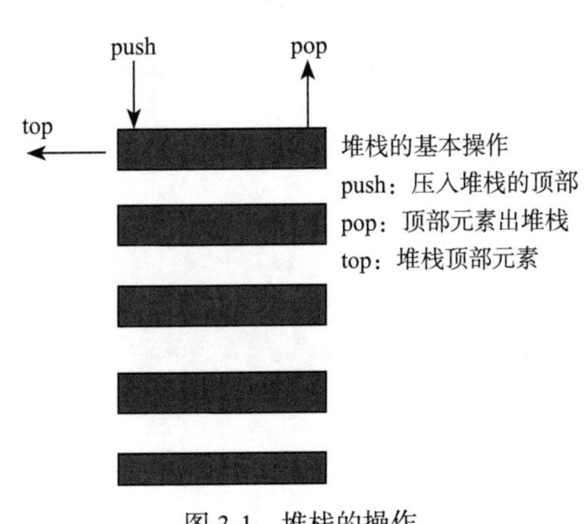

图 3-1　堆栈的操作

3.1.2 3种实现方式

Python中有多种方法可以实现堆栈操作，这里使用Python库中的数据结构和模块来实现。Python中实现堆栈的方式有：① list；② collections.deque；③ queue.LifoQueue。

1. 基于列表的堆栈实现方式

Python的内置列表数据结构list可以用作堆栈，append()函数用于将元素添加到堆栈的顶部，pop()函数用于按LIFO顺序删除元素。

list最大的问题是随着数据结构的增长会遇到速度问题。列表中的各项在内存中彼此相邻存储，如果堆栈的大小大于当前内存块的大小，则Python需要进行内存分配，这可能导致某些append()调用比其他调用花费更长的时间。

代码清单3-1 基于列表的堆栈实现

```
stack = []

# append()函数用于将元素添加到堆栈的顶部
# element in the stack
stack.append('a')
stack.append('b')
stack.append('c')

print('Initial stack')
print(stack)

# pop()函数弹出堆栈中的元素
print('\nElements poped from stack:')
print(stack.pop())
print(stack.pop())
print(stack.pop())

print('\nStack after elements are poped:')
print(stack)
```

运行结果：

```
Initial stack
['a', 'b', 'c']

Elements poped from stack:
c
b
a

Stack after elements are poped:
[]
```

2. 基于 deque 的堆栈实现方式

可以使用 collections 模块中的 deque 类来实现堆栈。在需要从容器的两端更快地执行添加和弹出操作的情况下，与列表相比，使用 deque 更可取，因为与列表相比，deque 的添加和弹出操作的时间复杂度为 $O(1)$。

deque 中使用与列表相同的函数——append() 和 pop() 对堆栈进行操作。

代码清单 3-2　基于 deque 的堆栈实现

```
from collections import deque

stack = deque()

# append() 函数将元素添加到堆栈的顶部
stack.append('a')
stack.append('b')
stack.append('c')

print('Initial stack:')
print(stack)

# pop() 函数按照 LIFO 顺序从堆栈中弹出元素
print('\nElements poped from stack:')
print(stack.pop())
print(stack.pop())
print(stack.pop())

print('\nStack after elements are poped:')
print(stack)
```

运行结果：

```
Initial stack:
deque(['a', 'b', 'c'])

Elements poped from stack:
c
b
a

Stack after elements are poped:
deque([])
```

3. 基于 LifoQueue 的堆栈实现方式

Python 中的 queue 模块中的 LifoQueue 可以用来实现堆栈。此模块提供了以下函数实现堆栈操作：

- ❑ maxsize()：堆栈中允许的最大元素个数。
- ❑ empty()：如果堆栈为空，则返回 True，否则返回 False。
- ❑ full()：如果堆栈满了，则返回 True。如果堆栈使用 maxsize = 0（默认值）初始化，则 full() 永远不会返回 True。
- ❑ get()：从堆栈中删除并返回一个元素。如果堆栈为空，请等待，直到有一个元素可用。
- ❑ get_nowait()：如果元素立即可用，则返回此元素，否则引发空队列（QueueEmpty）。
- ❑ put(item)：将元素放入堆栈。如果堆栈已满，请等到有空闲位置后再添加。
- ❑ put_nowait(item)：将元素放入堆栈而不会阻塞。
- ❑ qsize()：返回堆栈中的元素个数。如果没有可用的空闲位置，请增加满队列（QueueFull）。

代码清单 3-3 基于 LifoQueue 的堆栈实现

```
# 基于 LifoQueue 的堆栈实现
from queue import LifoQueue
# 初始化堆栈
stack = LifoQueue(maxsize=3)

# qsize() 表示堆栈中的元素个数
print(stack.qsize())

# put() 函数将元素压入堆栈
stack.put('a')
stack.put('b')
stack.put('c')

print("Full: ", stack.full())
print("Size: ", stack.qsize())

# get() 函数从堆栈中弹出元素
print('\nElements poped from the stack')
print(stack.get())
print(stack.get())
print(stack.get())

print("\nEmpty: ", stack.empty())
```

运行结果：

```
0
Full:  True
Size:  3

Elements poped from the stack
```

```
c
b
a

Empty:  True
```

3.1.3 堆栈的应用

堆栈的应用举例如下。

- 用于符号平衡，例如 https://leetcode.com/problems/valid-parentheses/。
- 用于把后缀 / 前缀转换为中缀。
- 实现重做——撤销功能，例如编辑器、photoshop，https://leetcode.com/ problems/basic-calculator/。
- 实现 Web 浏览器中的前进和后退功能。
- 用于算法求解，例如河内塔、树遍历（https://leetcode.com/problems/binary-tree-postorder-traversal/）、股票跨度问题（https://www.geeksforgeeks.org/the-stock-span-problem/）、直方图问题（https://leetcode.com/problems/largest-rectangle-in-histogram/）等。
- 用于其他应用程序，例如回溯问题、骑士之旅问题、迷宫中的老鼠、N 皇后问题和数独求解器。
- 用于图算法，例如拓扑排序和强连接的组件。

3.2 实例 1：通过最小移除操作得到有效的括号

问题：给定字符串 s'（'，'）' 和小写英文字符，要求删除最小括号，即在任何位置的 '（' 或 '）'，以使所得的括号字符串有效并返回。

解答：形式上，括号字符串在以下情况下才有效：它是空字符串，仅包含小写字符；它可以写为 AB（与 B 串联的 A），其中 A 和 B 是有效字符串；它可以写为（A），其中 A 是有效字符串。

例 1

```
Input: s = "lee(t(c)o)de)"
Output: "lee(t(c)o)de"
Explanation: "lee(t(co)de)" , "lee(t(c)ode)" would also be accepted.
```

例 2

```
Input: s = "a)b(c)d"
```

```
Output: "ab(c)d"
```

思路：这类问题可以利用堆栈来处理括号，注意把不符合规则的留在堆栈里面。最后遍历一遍数组，从后往前，把对应位置的括号去掉就可以了。时间复杂度为 $O(n)$。

代码清单 3-4 通过最小移除操作得到有效的括号

```
class Solution:
    def minRemoveToMakeValid(self, s: str) -> str:
        stk = deque()
        for i, ch in enumerate(s):
            if ch=='(':
                stk.append(i)
            elif ch == ')':
                # 如果前面一个是(，则出栈
                if  stk and s[stk[-1]]=='(':
                    stk.pop()
                else:
                    stk.append(i)
        res=""
        #现在堆栈里面留下的就是多余的括号，需要删除
        for i in range(len(s)):
            if stk and i==stk[0]:
                stk.popleft()
            else:
                res+=s[i]
        return res

if __name__ == "__main__":
    object = MinRemoveToMakeValid()
    s1 = "lee(t(c)o)de)"
    print("origin string {}-->final string {}".format(s1, object.
        minRemoveToMakeValid(s1)))
    s2  = "a)b(c)d"
    print("origin string {}-->final string {}".format(s2, object.
        minRemoveToMakeValid(s2)))
```

运行结果：

```
origin string lee(t(c)o)de)-->final string lee(t(c)o)de
origin string a)b(c)d-->final string ab(c)d
```

3.3 实例 2：函数的专用时间

在单线程 CPU 上执行一些函数。每个函数都有一个 0 到 $N-1$ 之间的唯一 id。以时间戳顺序存储日志，这些日志描述了何时输入或退出函数。

每个日志都是以下格式的字符串："{function_id}：{start|end}：{timestamp}"。例如，"0 ：start ：3"表示 id 为 0 的函数，在时间 3 的开始处开始。"1 ：end ：2"表示 id 为 1 的函数，在时间 2 的结尾处结束。

函数的专用时间是此函数所花费的时间单位。请注意，这不包括对子函数的任何递归调用。

CPU 是单线程的，这意味着在给定的时间单位仅执行一个函数，返回每个函数的独占时间，按其函数 id 排序。

函数的专用时间示例见图 3-2。

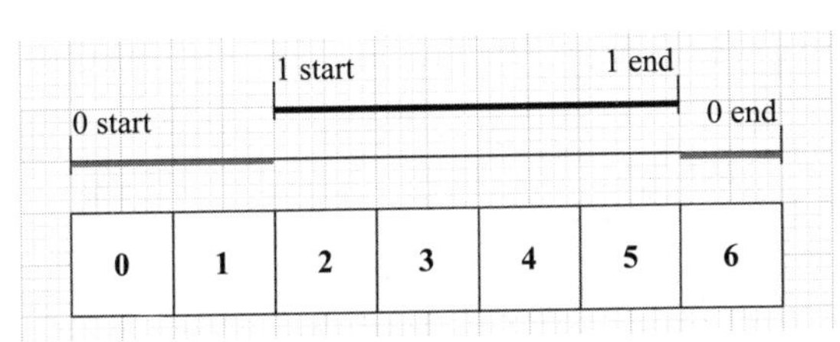

图 3-2　函数的专用时间示例

输入：n = 2

日志 = ["0：start：0"，"1：start：2"，"1：end：5"，"0：end：6"]

输出：[3,4]

说明：函数 0 在时间 0 的开始处开始，执行 2 个时间单位在时间 1 结束。现在函数 1 在时间 2 的开始处开始，执行 4 个时间单位，在时间 5 结束。函数 0 在时间 6 的开始处再次运行，并且在时间 6 的结束处结束，执行 1 个时间单位。因此，函数 0 花费 2 + 1 = 3 个单位的总执行时间，而函数 1 花费 4 个单位的总执行时间。

思路：首先需要解析字符串，把解析的内容写到结构体中去。如果当前节点是开始，进栈。如果是结束的节点，需要出栈，同时更新当前节点的运行时间，注意同时更新堆栈顶部节点的运行时间，即需要减去当前节点的运行时间。

比如上述例子中：

第一个 log 的 time_flag 是"start"，则压入堆栈；

第二个 log 的 time_flag 也是"start"，压入堆栈；

第三个 log 的 time_flag 是"end"，则计算当前 log 的运行时间，5−2+1=4，所以 id=1 的函数的执行时间就是 4，res[1]=4，同时堆栈里面的第二个 log 出栈。此时堆栈里面只剩下第一个 log。因为是单线程，所以要从堆栈顶部的 id 的时间减去当前 log 用掉的时间，res[0]=−4。

第四个 log 的 time_flag 是 “end”，则计算当前 log 的运行时间，6−0+1=7，res[0] = res[0]+7=3。

代码清单 3-5 函数的专用时间

```
class Node:
    def __init__(self, id:int, time_flag:str, time_stamp:int):
        self.id = id
        self.time_flag = time_flag
        self.time_stamp = time_stamp

class Solution:
    def exclusiveTime(self, n: int, logs: List[str]) -> List[int]:
        nodes = []
        stk =[]
        res =[0]*n
        for log in logs:
            # 解析 log
            parse_log = log.split(":")
            nodes.append(Node(int(parse_log[0]),parse_log[1],int(parse_
                log[2])))
        for node in nodes:
            if node.time_flag == "start":
                stk.append(node) # 进栈
            else:
                time_duration = node.time_stamp - stk[-1].time_stamp+1
                res[node.id]+=time_duration
                stk.pop() # 出栈
                if stk:
                    # 注意要减去堆栈顶部的时间
                    res[stk[-1].id]-=time_duration
        return res

if __name__ == "__main__":
    exclusive = ExclusiveTime()
    logs = ["0:start:0", "1:start:2", "1:end:5", "0:end:6"]
    n = 2
    res = exclusive.exclusiveTime(n, logs)
    print(res)
```

运行结果：

```
[3, 4]
```

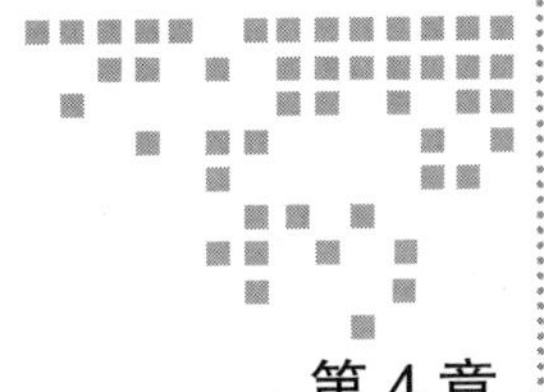

第 4 章 Chapter 4

队　　列

队列是遵循特定操作顺序的线性结构，顺序为先进先出（FIFO）。队列的一个很好的示例是针对使用资源的任何使用者队列，首先服务于第一位使用者。堆栈和队列之间的区别是“删除”操作，在堆栈中，删除操作删除的是最近添加的元素；在队列中，删除的是最早添加的元素。队列常用于广度遍历算法中。

4.1 队列的 3 种实现方式

Python 中有多种方法可以实现队列，可使用 Python 库中的数据结构和模块实现队列：① 列表；② collections.deque；③ queue.Queue。

1. 使用列表实现队列

列表是 Python 的内置数据结构，可以用作实现队列，可使用 append() 和 pop() 函数代替队列的入队函数 enqueue() 和出队函数 dequeue() 对队列进行操作。利用列表实现队列非常慢，因为在开头插入或删除一个元素需要将所有其他元素移位，时间复杂度为 $O(n)$。

代码清单 4-1　使用列表实现队列

```
# 使用列表实现队列
# 初始化队列
queue = []

# 向队列中添加元素
```

```
queue.append('a')
queue.append('b')
queue.append('c')

print("Initial queue")
print(queue)

# 从队列中删除元素
print("\nElements dequeued from queue")
print(queue.pop(0))
print(queue.pop(0))
print(queue.pop(0))

print("\nQueue after removing elements")
print(queue)
```

运行结果:

```
Initial queue
['a', 'b', 'c']

Elements dequeued from queue
a
b
c

Queue after removing elements
[]
```

2. 使用 collections.deque 实现队列

可以使用 collections 模块中的 deque 类实现队列。在需要从队列的两端更快地执行添加和删除操作的情况下，与列表相比，使用 deque 更可取，因为与列表相比，deque 的添加和删除操作的时间复杂度为 $O(1)$。可使用 append() 和 popleft() 函数分别代替 enqueue() 和 dequeue()。

代码清单 4-2 使用 collections.deque 实现队列

```
# 使用 collections.deque 实现队列
from collections import deque

# 初始化队列
q = deque()

# 向队列中添加元素
q.append('a')
q.append('b')
```

```
q.append('c')

print("Initial queue")
print(q)

# 从队列中删除元素
print("\nElements dequeued from the queue")
print(q.popleft())
print(q.popleft())
print(q.popleft())

print("\nQueue after removing elements")
print(q)
```

运行结果：

```
Initial queue
deque(['a', 'b', 'c'])

Elements dequeued from the queue
a
b
c

Queue after removing elements
deque([])
```

3. 使用 queue.Queue 实现队列

queue.Queue() 是 Python 的内置模块，可用于实现队列。使用 queue.Queue(maxsize) 构造队列，其中 maxsize 表示队列中允许的最大元素数，maxsize 为 0 表示无限队列。队列遵循 FIFO 规则。此模块提供了以下各种功能：

- maxsize：队列中允许的最大元素数。
- empty()：如果队列为空，则返回 True，否则返回 False。
- full()：如果队列满了，则返回 True；如果队列使用 maxsize = 0（默认值）初始化，则 full() 永远不会返回 True。
- get()：从队列中删除并返回一个元素，如果队列为空，请等待，直到有一个元素可用。
- get_nowait()：如果元素立即可用，则返回此元素，否则引发 QueueEmpty。
- put(item)：将元素 item 放入队列，如果队列已满，请等到有空闲位置后再添加。
- put_nowait(item)：将元素 item 放入队列而不会阻塞。
- qsize()：返回队列中的元素数，如果没有可用的空闲位置，请增加 QueueFull。

代码清单 4-3 使用 queue.Queue 实现队列

```
# 使用 queue.Queue 实现队列

from queue import Queue

# 初始化队列
q = Queue(maxsize = 3)

# qsize() 返回队列大小
print(q.qsize())

# 向队列中添加元素
q.put('a')
q.put('b')
q.put('c')

# 检测队列是否已经满了
print("\nFull: ", q.full())

# 从队列中删除元素
print("\nElements dequeued from the queue")
print(q.get())
print(q.get())
print(q.get())

# 检测当前队列是否为空
print("\nEmpty: ", q.empty())

q.put(1)
print("\nEmpty: ", q.empty())
print("Full: ", q.full())
```

运行结果:

```
0
Full:  True
Elements dequeued from the queue
a
b
c
Empty:  True
Empty:  False
Full:  False
```

4.2 实例 1：设计循环队列

循环队列是一种线性数据结构，其中的操作是基于 FIFO 规则执行的，最后一个位置又连接到第一个位置构成一个圆，也称为“环形缓冲区”。

循环队列的好处之一是可以利用队列前面的空间。在普通队列中，一旦队列已满，即使队列前面有空间，也无法插入下一个元素。但是在循环队列中，可以使用前面空间来存储新值。

问题：设计支持以下操作的循环队列。

- MyCircularQueue(k)：构造函数，将队列的大小设置为 k。
- Front()：从队列中获取最前面的元素。如果队列为空，则返回 -1。
- Rear()：从队列中获取最后一个元素。如果队列为空，则返回 -1。
- enQueue(value)：将元素 value 插入循环队列。如果操作成功，则返回 True。
- deQueue()：从循环队列中删除一个元素。如果操作成功，则返回 True。
- isEmpty()：检查循环队列是否为空。
- isFull()：检查循环队列是否已满。

思路：定义一个大小为 k 的数组，利用两个指针，一个指向数组的头部，一个指向数组的尾部。如果头尾相同，则队列为空；如果头尾差值等于 k，那么数组就是满的。插入队列之前，需要检查队列是否为满，如果满的话，则返回 False，否则加入队列尾部，同时更新尾部指针。要从队列删除一个元素，首先检查队列是否为空，如果为空的话，则返回 False，否则删除队列的头部，同时更新头指针。

代码清单 4-4　设计循环队列

```python
class MyCircularQueue:
    def __init__(self, k: int):
        """
        在此初始化数据结构，将队列的大小设置为 k
        """
        self.data = [0]*k
        self.head = self.tail = 0

    def enQueue(self, value: int) -> bool:
        """
        将元素插入循环队列。如果操作成功，则返回 True
        """
        if self.isFull(): return False
        self.data[self.tail % len(self.data)] = value
        self.tail += 1
        return True

    def deQueue(self) -> bool:
        """
        从循环队列中删除一个元素。如果操作成功，则返回 True
        """
        if self.isEmpty(): return False
        self.head += 1
```

```
        return True

    def Front(self) -> int:
        """
        从队列中获取最前面的元素
        """
        if self.isEmpty(): return -1
        return self.data[self.head % len(self.data)]

    def Rear(self) -> int:
        """
        从队列中获取最后一个元素
        """
        if self.isEmpty(): return -1
        return self.data[(self.tail-1)%len(self.data)]

    def isEmpty(self) -> bool:
        """
        检查循环队列是否为空
        """
        return self.head == self.tail

    def isFull(self) -> bool:
        """
        检查循环队列是否已满
        """
        return self.tail - self.head == len(self.data)
```

4.3 实例 2：求和大于 K 的最短非空连续子数组的长度

给定数组 A 和 K，返回数组 A 的总和至少为 K 的最短非空连续子数组的长度。如果没有总和至少为 K 的非空子数组，则返回 −1。

例 1

输入：$A = [1]$，$K = 1$

输出：1

例 2

输入：$A = [1,2]$，$K = 4$

输出：−1

例 3

输入：$A = [2,-1,2]$，$K = 3$

输出：3

思路：以 A=[84,−37,32,40,95]，K=167 为例进行求解。

第一步：初始化队列的第一个元素，(-1,0) 中第一个值是数组的索引，第二个值是前缀和。初始化右指针 j=0。

第二步：前缀和 cumsum=84，因为不满足出队列的条件，所以 (0,84) 进入队列。

第三步：继续移动右指针，j=1，此时 cumsum=47，队列中 84 大于 47，所以 (0,84) 出队，(1,47) 进入队列。

第四步：继续移动右指针，j=2，此时 cumsum=79，继续把 (2,79) 压入队列。

第五步：继续移动右指针，j=3，此时 cumsum=119，继续把 (3,119) 压入队列。

第六步：继续移动右指针，j=4，此时 cumsum=214，大于 167，首先计算得到 min_size=5。把第一个元素移出队列，此时队列中的第一个元素为 (1,47)，cumsum−47=167，则有 min_size=3。

代码清单 4-5 求和大于 *K* 的最短非空连续子数组的长度

```
class Solution:
    def shortestSubarray(self, A: List[int], K: int) -> int:
        q = deque()
        q.append((-1,0))
        min_size = float("inf")
        cumsum = 0
        for j in range (len(A)):
            # 从队列的前 / 左前扫描
            cumsum = cumsum + A[j]
            while q and cumsum - q[0][1] >= K:
                min_size = min(min_size, j - q[0][0])
                q.popleft()
            # insert current cumsum while maintaing that cumsum
            # should be greater elements in the back and q should in
                increasing order
            while q and q[-1][1] >= cumsum:
                q.pop()
            q.append((j,cumsum))
        return -1 if min_size == float("inf") else min_size

if __name__ == "__main__":
    object = Solution()
    result = object.shortestSubarray([84, -37, 32, 40, 95], 167)
    assert result == 3
    result = object.shortestSubarray([2, -1, 2], 3)
    assert result == 3
    result = object.shortestSubarray([1, 2], 4)
    assert result == -1
    print("pass all shortestSubarray tests")
```

时间复杂度为 $O(n)$，空间复杂度为 $O(n)$。

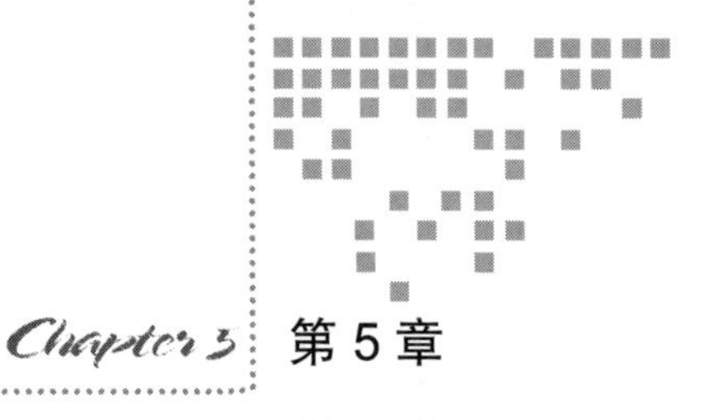

Chapter 5 第5章

优先队列

优先队列是一种抽象数据结构（由其行为定义的数据结构），它类似于普通队列，但每个元素都有一个特殊的“键”以量化其“优先级”。例如，如果电影院决定首先服务忠实顾客，它将根据其忠诚度（积分或购买的门票数量）提供订购服务。在这种情况下，电影票队列将不再是先到先得，而是顾客根据其优先级别购买。顾客是此优先队列中的元素，而优先级根据忠诚度评判。

5.1 优先队列的3种实现方式

考虑到我们希望有一个基于顾客忠诚度排序的优先顾客队列，忠诚度分数越高，优先级越高。在 Python 中实现优先队列，有多种方法，这里介绍其中常用的三种。

1. 使用列表实现优先队列

一种非常简单明了的方法是使用普通列表，但每次添加元素时都需要对其进行排序。举例如下。

代码清单 5-1　使用列表实现优先队列

```
customers = []
customers.append((2, "Harry"))
customers.append((3, "Charles"))
customers.sort(reverse=True)
```

```
# 需要排序来保持位置
customers.append((1, "Riya"))
customers.sort(reverse=True)
# 需要排序来保持位置
customers.append((4, "Stacy"))
customers.sort(reverse=True)
while customers:
    print(customers.pop(0))
    # 按顺序打印姓名: Stacy, Charles, Harry, Riya.
```

运行结果：

```
(4, 'Stacy')
(3, 'Charles')
(2, 'Harry')
(1, 'Riya')
```

将元素添加到列表时，时间复杂度为 $O(n\log n)$。因此，只有插入元素很少时才使用上述方法。

2. 使用 heapq 实现优先队列

在 Python 中还可以使用 heapq 来实现优先队列，此方法的时间复杂度是 $O(\log n)$，可用于最小元素的插入和提取。请注意，heapq 仅具有最小堆实现。

代码清单 5-2 使用 heapq 实现优先队列

```
import heapq
customers = []
heapq.heappush(customers, (2, "Harry"))
heapq.heappush(customers, (3, "Charles"))
heapq.heappush(customers, (1, "Riya"))
heapq.heappush(customers, (4, "Stacy"))
while customers:
    print(heapq.heappop(customers))
    # 按顺序打印姓名: Riya, Harry, Charles, Stacy.
```

运行结果：

```
(1, 'Riya')
(2, 'Harry')
(3, 'Charles')
(4, 'Stacy')
```

3. 使用 queue.PriorityQueue 实现优先队列

PriorityQueue 在内部使用与 5.1.2 中相同的 heapq 实现，因此具有相同的时间复杂度。但是，它在两个关键方面有所不同。首先，它是同步的，因此它支持并发进程。其次，它是一个类接口，而不是heapq的基于函数的接口。因此，PriorityQueue在实现和使用Priority Queues时是经典OOP（面向对象）风格。

让我们为电影迷们建立一个优先队列。

代码清单5-3 使用queue.PriorityQueue建立优先队列

```
from queue import PriorityQueue
customers = PriorityQueue()
# 我们初始化 PriorityQueue 类而不是使用函数对列表进行操作。
customers.put((2, "Harry"))
customers.put((3, "Charles"))
customers.put((1, "Riya"))
customers.put((4, "Stacy"))
while customers:
    print(customers.get())
    #按顺序打印姓名: Riya, Harry, Charles, Stacy.
```

运行结果：

```
(1, 'Riya')
(2, 'Harry')
(3, 'Charles')
(4, 'Stacy')
```

5.2 实例1：雇用K个工人的最低成本

若有N个工人，则第i个工人具有“质量[i]”和“最低期望工资[i]”两个指标。现在要雇用K个工人来组成一个“有薪小组”，必须根据以下规则向他们付款。

1）对于该组的每个工人，都应按其质量（quality）的比例支付工资。

2）该组中的每个工人都必须至少获得其最低期望工资（wage）。

返回满足上述条件所需的最小金额。

例1

输入：质量=[10,20,5]，工资=[70,50,30]，$K=2$

输出：105.00000

例2

输入：质量=[3,1,10,10,1]，工资=[4,8,2,2,7]，$K=3$

输出：30.66667

思路：计算每个工人的工资/质量并进行排序，因为所有工人都必须按照一个比例来付钱，所以每次要把质量最高的元素弹出数组，把剩余的质量加在一起，同时乘以其中

最高的工资 / 质量值，就是付给工人的最低工资。

对于例 1，首先计算工资 / 质量，我们得到数组 [(7.0,10),(2.5,20),(6,5)]，按照工资 / 质量从小到大排序，我们得到排序后的数组 [(2.5,20),(6,5),(7,10)]。

对于第一个元素 (2.5,20)，质量 = 20；同时把 20 压入优先队列，因为我们需要 2 个工人，暂时不需要计算成本。

对于第二个元素 (6,5)，质量 =25，同时把 5 压入优先队列，因为这个时候已经有 2 个工人了，需要计算一下成本，即 res=6 × 25=150。

对于第三个元素 (7,10)，质量和为 qSum=35, 把 −10 压入堆栈，因为此时优先队列的长度大于 2，所以要把最小的工资 / 质量对应的元素弹出数组，也就是把 20 弹出来。因此 qSum=15，此时最高的工资 / 质量值为 ratio=7，得最低成本为 res=105，所以最低成本就是 105。

代码清单 5-4　雇用 *K* 个工人的最低成本

```
class Solution:
    def mincostToHireWorkers(self, quality: List[int], wage: List[int], K:
        int) -> float:
        wq = sorted([(a / b, b) for (a, b) in zip(wage, quality)])
        res = float('inf')
        heap = []
        qSum = 0
        for avg, q in wq:
            qSum += q
            # 默认的优先队列是最小优先队列
            # 这样做的目的是保证出列的元素具有最大的质量
            heapq.heappush(heap, -q)
            if len(heap) > K: qSum += heapq.heappop(heap)
            if len(heap) == K: res = min(res, avg * qSum)
        return res
```

5.3　实例 2：判断数组是否可以拆分为连续的子序列

给定一个升序排列的数组 num，将其拆分为 1 个或多个子序列，只有当每个子序列由连续的整数组成且长度至少为 3 时，才返回 True。举例如下。

输入：[1,2,3,3,4,5]

输出：True

说明：你可以将它们分为两个长度为 3 且连续的子序列，分别为 [1,2,3] 和 [3,4,5]。

思路：每次总是把顺子（连续增加的序列）中最短的那个序列找出来，然后把顺子的长度加 1，压入优先队列。这里主要考查哈希表和优先队列的组合使用，有一定的难度。

首先对于元素 1，因为优先队列里面没有元素，此时顺子的长度是 1，把元素 1 以及其长度 1 压入队列。

对于第二个元素 2，因为 1 已经在优先队列里面，出队列，同时增加顺子的长度为 2，把元素 2 以及对应的长度 2 压入队列。

对于第三个元素 3，因为 2 已经在优先队列里面，出队列，同时增加顺子的长度为 3，把元素 3 以及对应的长度 3 压入队列。

对于第四个元素 3，因为 2 不在优先队列里面，所以设置此时顺子的长度为 1，把 3 以及顺子的长度 1 压入优先队列。

对于第五个元素 4，因为 3 已经在优先队列里面，此时元素 3 的长度有两个，一个是 3，另一个是 1，我们需要把长度最小的那个元素从优先队列里面提取出来，同时把长度增到 2，把元素 4 以及长度 2 压入优先队列。

第六个元素是 5，因为 4 已经在优先队列里面，出队列，同时把其长度增加 1，然后把元素 5 和其长度 3 压入优先队列。

最后检查每个元素是否在优先队列里面，而且其长度是否小于 3。如果不是的话，那么就不能组成顺子。

代码清单 5-5 判断数组是否可以拆分为连续的子序列

```
class Solution:
    def isPossible(self, nums: List[int]) -> bool:
        heaps = {}
        # 预先定义优先队列
        for n in range(nums[0]-1, nums[-1]+1):
                heaps[n] = []
        for n in nums:
            if heaps[n-1]:
                # 使当前值小于 1 的优先队列出列，同时加上 1
                length = heapq.heappop(heaps[n-1]) + 1
            else:
                length = 1
            # 把当前值对应的优先队列压入
            heapq.heappush(heaps[n], length)
        for n in nums:
            if heaps[n] and heaps[n][0] < 3:
                return False
        return True
```

第6章 Chapter 6

字　　典

Python 中的字典（Dictionary）是数据值的无序集合，用于存储数据值（如映射），与其他仅将单个值作为元素的数据类型不同，字典中提供了键值对（key-value），以使其更优化。

6.1 字典的基础知识

6.1.1 创建字典

在 Python 中，可以通过将元素序列放在大括号“{}”中并用逗号“,”分隔来创建字典。字典包含两个值，一个是键，另一个是键的值。字典中的值可以是任何数据类型，并且可以重复，但键不能重复且必须是不变的。

注意　字典的键区分大小写，名称相同，但键的大小写不同。

创建字典示例如下。

代码清单 6-1　创建字典

```
# 使用整数键创建字典
Dict = {1: 'Geeks', 2: 'For', 3: 'Geeks'}
print("\nDictionary with the use of Integer Keys: ")
print(Dict)
```

```
# 使用混合键创建字典
Dict = {'Name': 'Geeks', 1: [1, 2, 3, 4]}
print("\nDictionary with the use of Mixed Keys: ")
print(Dict)
```

运行结果：

```
Dictionary with the use of Integer Keys:
{1: 'Geeks', 2: 'For', 3: 'Geeks'}

Dictionary with the use of Mixed Keys:
{'Name': 'Geeks', 1: [1, 2, 3, 4]}
```

字典也可以通过内置函数 dict() 创建，使用大括号“{}”即可创建一个空字典。使用 dict() 创建字典的示例代码如下。

代码清单 6-2 利用 dict() 创建字典

```
# 创建一个空字典
Dict = {}
print("Empty Dictionary: ")
print(Dict)

# 使用 dict() 方法创建字典
Dict = dict({1: 'Geeks', 2: 'For', 3:'Geeks'})
print("\nDictionary with the use of dict(): ")
print(Dict)

# 创建一个字典，每个项目成对出现
Dict = dict([(1, 'Geeks'), (2, 'For')])
print("\nDictionary with each item as a pair: ")
print(Dict)
```

运行结果：

```
Empty Dictionary:
{}

Dictionary with the use of dict():
{1: 'Geeks', 2: 'For', 3: 'Geeks'}

Dictionary with each item as a pair:
{1: 'Geeks', 2: 'For'}
```

6.1.2 向字典中添加元素

在 Python 中，字典有多种方式添加元素。通过将值与键一起定义，使用 Dict [Key] =

'Value' 可以一次将一个键值对添加到字典 Dict 中。也可以使用内置的 update() 方法来更新字典中的现有值。嵌套键值也可以添加到现有字典中。向字典中添加元素的示例见代码清单 6-3。

注意 在添加值时，如果键值已经存在，则该值将更新，否则将具有该值的新键添加到字典中。

代码清单 6-3 向字典中添加元素

```
# 创建一个空字典
Dict = {}
print("Empty Dictionary: ")
print(Dict)

# 向字典中添加元素
Dict[0] = 'Geeks'
Dict[2] = 'For'
Dict[3] = 1
print("\nDictionary after adding 3 elements: ")
print(Dict)

# 向字典中添加一组元素
Dict['Value_set'] = 2, 3, 4
print("\nDictionary after adding 3 elements: ")
print(Dict)

# 更新字典中的健值
Dict[2] = 'Welcome'
print("\nUpdated key value: ")
print(Dict)

# 添加嵌入式的字典到字典的健值
Dict[5] = {'Nested' :{'1' : 'Life', '2' : 'Geeks'}}
print("\nAdding a Nested Key: ")
print(Dict)
```

运行结果：

```
Empty Dictionary:
{}

Dictionary after adding 3 elements:
{0: 'Geeks', 2: 'For', 3: 1}

Dictionary after adding 3 elements:
{0: 'Geeks', 2: 'For', 3: 1, 'Value_set': (2, 3, 4)}
```

```
Updated key value:
{0: 'Geeks', 2: 'Welcome', 3: 1, 'Value_set': (2, 3, 4)}

Adding a Nested Key:
{0: 'Geeks', 2: 'Welcome', 3: 1, 'Value_set': (2, 3, 4), 5: {'Nested': {'1':
    'Life', '2': 'Geeks'}}}
```

6.1.3 访问字典中的元素

可以通过键名访问字典中的元素，示例代码如下。

代码清单 6-4 访问字典中的元素

```
# 从字典中访问元素
# Creating a Dictionary
Dict = {1: 'Geeks', 'name': 'For', 3: 'Geeks'}

# accessing a element using key
print("Accessing a element using key:")
print(Dict['name'])

# accessing a element using key
print("Accessing a element using key:")
print(Dict[1])
```

运行结果：

```
Accessing a element using key:
For
Accessing a element using key:
Geeks
```

还可以利用 get() 函数获取字典元素，示例代码如下。

代码清单 6-5 利用 get() 获取字典元素

```
# 创建字典
Dict = {1: 'Geeks', 'name': 'For', 3: 'Geeks'}

# 利用 get() 函数获取元素
print("Accessing a element using get:")
print(Dict.get(3))
```

运行结果：

```
Accessing a element using get:
Geeks
```

6.1.4 从字典中删除元素

1. 使用 del 关键字

在 Python 中，可以使用 del 关键字从字典中删除元素。使用 del 关键字，可以删除字典或字典中的特定值。

代码清单 6-6 使用 del 关键字从字典中删除元素

```
# 初始化字典
Dict = { 5 : 'Welcome', 6 : 'To', 7 : 'Geeks',
        'A' : {1 : 'Geeks', 2 : 'For', 3 : 'Geeks'},
        'B' : {1 : 'Geeks', 2 : 'Life'}}
print("Initial Dictionary: ")
print(Dict)

# 删除字典中的一个键值
del Dict[6]
print("\nDeleting a specific key: ")
print(Dict)

# 删除嵌入式的键值
del Dict['A'][2]
print("\nDeleting a key from Nested Dictionary: ")
print(Dict)
```

运行结果：

```
Initial Dictionary:
{5: 'Welcome', 6: 'To', 7: 'Geeks', 'A': {1: 'Geeks', 2: 'For', 3: 'Geeks'},
    'B': {1: 'Geeks', 2: 'Life'}}

Deleting a specific key:
{5: 'Welcome', 7: 'Geeks', 'A': {1: 'Geeks', 2: 'For', 3: 'Geeks'}, 'B': {1:
    'Geeks', 2: 'Life'}}

Deleting a key from Nested Dictionary:
{5: 'Welcome', 7: 'Geeks', 'A': {1: 'Geeks', 3: 'Geeks'}, 'B': {1: 'Geeks', 2:
    'Life'}}
```

2. 使用 pop() 函数

可以使用 pop() 函数删除指定键的值。示例代码如下。

代码清单 6-7 利用 pop() 函数删除元素

```
# 创建字典
Dict = {1: 'Geeks', 'name': 'For', 3: 'Geeks'}

# 利用 pop() 函数删除键值
```

```
pop_ele = Dict.pop(1)
print('\nDictionary after deletion: ' + str(Dict))
print('Value associated to poped key is: ' + str(pop_ele))
```

运行结果：

```
Dictionary after deletion: {3: 'Geeks', 'name': 'For'}
Value associated to poped key is: Geeks
```

6.2 实例 1：和等于 *K* 的连续子数组的总数

若给定一个整数数组和一个整数 K，则要如何找到和等于 K 的连续子数组的总数？举例如下。

输入：nums = [1,1,1], K = 2

输出：2

思路：此题考查哈希表的应用，初始化和为 0 的值为 1，然后不断得到前缀和，减去 K 之后，看这个值是否存在，如果存在，则相加。注意：这里可能有负数，另外需要不断把前缀和放入哈希表中。

对于第一个元素 1，前缀和为 1，我们检测 −1 = 1−2 是否在字典中，如果在，则把其个数加入到最后的结果，同时更新前缀和为 1 的个数，记 presum[1]=1。

对于第二个元素 1，此时前缀和为 2，检测 0 是否在字典中。因为我们初始化前缀和为 0 的值为 1，所以此时 res = 1，其中 res 为和等于 K 的连续子数组的个数。同时更新前缀和为 2 的个数，记 presum[2]=1。

对于第三个元素 1，此时前缀和为 3，我们检测 1 是否在字典中，因为 presum[1]=1，此时 res = 2，同时更新前缀和为 2 的个数，presum[2]=1。

示例代码如下。

代码清单 6-8 找到和等于 *K* 的连续子数组的总数

```
class Solution:
    def subarraySum(self, nums: List[int], K: int) -> int:
        table = defaultdict(int)
        res,presum=0,0
        table[0]=1
        for i,num in enumerate(nums):
            presum+=num
            if presum-K in table: # 如果当前 presum-K 在字典中
                res+=table[presum-K]
            # 更新当前 presum 的个数
```

```
            table[presum]+=1
        return res
```

该方法的时间复杂度为 $O(n)$，空间复杂度为 $O(n)$。

延展思考：如果数组中全是正数，可以利用双指针的方法求解。示例代码如下。

代码清单 6-9 利用双指针的方法进行数组求和

```
class Solution:
    def subarraySum(self, nums: List[int], K: int) -> int:
        if K<0: return 0
        j,sum,ans= 0,0,0
        for i,num in enumerate(nums):
            sum+=num # 移动右指针
            while(sum>K): # 如果当前的和大于K，则不断移动左指针
                sum-=nums[j]
                j+=1
            if(sum==K):ans+=1 # 如果数组和等于K，则结果加 1
        return ans
```

该方法的时间复杂度为 $O(n)$，空间复杂度为 $O(1)$。

6.3 实例 2：标签中的最大值

有一组项目：第 i 个项目具有值 value [i] 和标签 label [i]。选择这些项目的子集 S，满足：S 的大小最大为 num_wanted；并且对于每个标签 L，带有标签 L 的 S 中的项目数最多为 use_limit。返回子集 S 的最大可能和。

输入：值 = [5,4,3,2,1]，标签 = [1,1,2,2,3]，num_wanted = 3，use_limit = 1

输出：9

说明：选择的子集是第一、第三和第五项。

思路：对于值从大到小排列，然后从数组里面取值，注意每个数值的 label 不能超过 use_limit。可以利用哈希表来统计每个数值的 label 值。

首先把值和相对应的标签成对放在一起，按值从小到大进行排序。因此我们得到 [(1, 3), (2, 2), (3, 2), (4, 1), (5, 1)]。

第一步：把（5, 1）弹出来，此时 label=1 的个数还是 0，小于 use_limit；然后把 label=1 的计数器增加为 1，所以 5 可以加入列表，res=[5]。

第二步：把（4, 1）弹出来，此时 label=1 的计数器为 1，不小于 use_limit。

第三步：把（3, 2）弹出来，此时 label=2 的计数器为 0，小于 use_limit；然后把

label=2 的计数器增加为 1，所以 3 可以加入列表，res=[5, 3]。

第四步：把（2, 2）弹出来，此时 label=2 的计数器为 1，等于 use_limit。

第五步：把（1, 3）弹出来，此时 label=3 的计数器为 0，小于 use_limit；然后把 label=3 的计数器增加为 1，所以 1 可以加入列表，res=[5, 3, 1]。

因此最后列表元素的和就是 9=5+3+1。

示例代码如下。

代码清单 6-10 标签中的最大值

```
class Solution:
    def largestValsFromLabels(self, values: List[int], labels: List[int],
        num_wanted: int, use_limit: int) -> int:
        # 按升序对值进行排序，因此最大值在末尾，保留对值标签的引用
        # 以便我们跟踪每个标签使用了多少次
        options = sorted(zip(values, labels))

        # 使用计数器跟踪每个标签的使用次数
        used_labels = collections.Counter()

        # 持续弹出选项的值（最后一个值始终是最大的）
        # 如果未达到该值的标签，则为 use_limit，然后将该值添加到 res，并使 used_labels
            [label] 递增 1
        # 一旦我们用完了所有选项，或者找到了个数为 num_wanted 的值，就中断计数，并返回找
            到的所有值的总和
        res = []
        while (len(res) < num_wanted) and options:
            value, label = options.pop()
            if used_labels[label] < use_limit:
                used_labels[label] += 1
                res.append(value)
        return sum(res)
```

该方法的时间复杂度是 $O(n)$，空间复杂度是 $O(n)$。

6.4 实例 3：以平均时间复杂度 $O(1)$ 实现插入、删除和获取随机值

设计一个数据结构，以平均时间复杂度 $O(1)$ 支持所有以下操作。

- insert(val)：将 val 插入集合（如果该项尚未存在）。
- remove(val)：从集合中删除 val（如果该项存在）。
- getRandom：从当前元素集中返回一个随机元素（保证在调用此方法时至少存在一个元素），每个元素必须具有相同的返回概率。

思路：利用一个数组和哈希表来实现。调用 insert 函数的时候，如果此元素已经在数组中，则返回；否则，将其插入数组的末尾，同时记录其位置 idx。删除元素的时候，利用哈希表以 $O(1)$ 的时间找到其位置，然后和最后一个元素互换位置，同时删除次元素。getRandom 函数则根据数组大小，从中选取一个输出。

对于插入数字，以插入数字 8 为例，把数字 8 加入到数组的末端，同时利用哈希表记录数字 8 所在的索引位置，如图 6-1 所示。

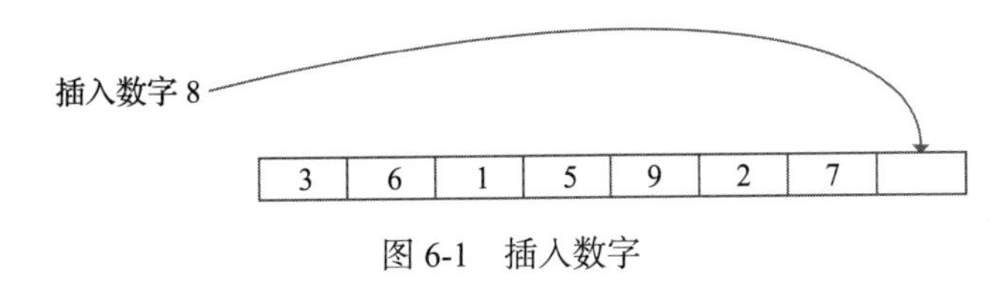

图 6-1　插入数字

对于删除数字，以删除数字 1 为例。首先利用哈希表找到 1 在数组中的索引位置 2，以及最后一个元素 8 的索引位置 7，得到最后一个元素是 8。更新元素 8 所对应的索引位置为 2，交换数字 1 和 8，最后把 1 从数组中删除，如图 6-2 所示。

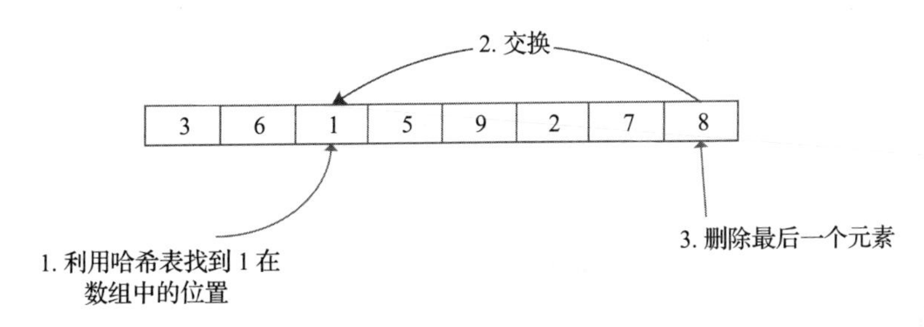

图 6-2　删除数字

示例代码如下。

代码清单 6-11　以平均时间复杂度 $O(1)$ 实现插入、删除和获取随机值

```
class RandomizedSet:

    def __init__(self):
        # 初始化数据结构
        self.data = []
        self.table = defaultdict()

    def insert(self, val: int) -> bool:
        # 向集合中插入一个值，如果该集合中已包含指定元素，则返回 True
        if val in self.table:
            return False
        self.data.append(val)
```

```
        self.table[val] = len(self.data)-1
        return True

    def remove(self, val: int) -> bool:
        # 从集合中移除一个值，如果集合包含指定元素则返回 True
        # 获取删除元素的索引，用于和最后一个元素交换
        removed_idx, last_idx = self.table[val],len(self.data)-1
        item = self.data[last_idx]
        # 更新最后一个元素的位置
        self.table[item] = removed_idx
        # 交换待删除的元素和最后一个元素
        self.data[removed_idx], self.data[last_idx]=self.data[last_idx],val

        # 删除
        self.data.pop()
        del self.table[val]
        return True

    def getRandom(self) -> int:
        # 产生一个随机数，生成索引
        idx = random.randint(0,len(self.data)-1)
        return self.data[idx]
```

6.5 实例 4：最近最少使用缓存

设计和实现最近最少使用缓存（LRUCache）的数据结构，使其支持以下操作。

- get(key)：如果 key 存在于缓存中，则获取 key 的值（始终为正），否则返回 −1。
- put(key,value)：如果 key 不存在，则插入该组 (key, value)。当缓存达到其容量时，它应在插入新项目之前使最近最少使用缓存的项目无效。

```
LRUCache cache = new LRUCache( 2 /* capacity */ );
cache.put(1, 1);
cache.put(2, 2);
cache.get(1);       // 返回 key 值为 1 的数值 1，同时标注 (1,1) 为最新使用
cache.put(3, 3);    // 加入新的 cache 值，因为容量只有 2，所以把最近最少使用的 (2,2) 驱
                       逐出来，把 (3,3) 放入 cache 里面，并且标注 (3,3) 为最新使用
cache.get(2);       // 因为 2 不在 cache 里面，所以返回 -1，没找到
cache.put(4, 4);    // 加入新的 cache 值，因为容量只有 2，所以把最近最少使用的 (1,1) 驱
                       逐出来，把 (4,4) 放入 cache 里面，并且标注 (4,4) 为最新使用
cache.get(1);       // // 因为 (1,1) 不在 cache 里面，所以返回 -1，没找到
cache.get(3);       // 目前 cache 里面存在 (3,3)，所以返回 key 值 3 对应的值 3
cache.get(4);       // 目前 cache 里面存在 (4,4)，所以返回 key 值 4 对应的值 4
```

思路：主要利用一个列表和哈希表来实现。列表用来保存 cache 节点，为了使得计算复杂度达到 $O(1)$，使用哈希表来搜索。

对于函数 get(key)，如果找不到 key 就返回 −1；要么把列表中的元素从当前位置删除，同时把这个元素插入到列表的末端。

对于函数 put(key, value)，如果列表中已经有 key，那么更新其值为 value。如果没有 key，首先判断列表是不是已经满了。如果满了，需要把列表中第一个元素移出来，同时把 (key, value) 加入到列表的最后面；如果列表没满，直接把 (key, value) 加入到列表的最后面。图 6-3 为 LRUCache 图解说明。

(1,1)		cache.put(1,1)：首先把 (1,1) 加入列表中。
(1,1)	(2,2)	cache.put(2,2)：然后把 (2,2) 加入列表中，列表左边表示相对较老的cache值。
(2,2)	(1,1)	cache.get(1)：首先把 1 从列表中删除，然后把 1加入列表的末尾，同时返回 cache 的 key 值。
(1,1)	(3,3)	cache.put(3,3)：因为给定 cache 的容量大小为 2，所以要把最老的 cache 值删除，这里就是把 (2,2) 从列表中删除，然后把 (3,3) 加入列表。
(1,1)	(3,3)	cache.get(2)：因为 2 不在列表中，所以返回−1。
(3,3)	(4,4)	cache.put(4,4)：因为给定 cache 的容量大小为 2，所以要把最老的 cache 值删除，这里就是把 (1,1) 从列表中删除，然后把 (4,4) 加入列表。
(3,3)	(4,4)	cache.get(1)：因为 1 不在列表中，所以返回−1。
(4,4)	(3,3)	cache.get(3)：首先把 3 从列表中删除，然后把 3 加入列表的末尾，同时返回 cache 的 key 值。
(3,3)	(4,4)	cache.get(4)：首先把 4 从列表中删除，然后把 4 加入列表的末尾，同时返回 cache 的 key 值。

图 6-3 LRUCache 图解说明

该方法的时间复杂度为 $O(1)$，空间复杂度为 $O(n)$。示例代码如下。

代码清单 6-12 LRUCache

```
class LRUCache:
    def __init__(self, capacity: int) -> None:
        self.capacity = capacity
        self.list = deque(maxlen=capacity)
        self.items = {}

    def get(self, key: int) -> int:
        if key not in self.items: return -1
        # 在最坏的情况下，这会增加每次获取的 O(n) 时间
        self.list.remove(key)
        self.list.append(key)

        return self.items[key]
```

```
def put(self, key: int, value: int) -> None:
    if key in self.items:
        # 在最坏的情况下，这会增加每次获取的O(n)时间
        self.list.remove(key)
        self.list.append(key)
        self.items[key] = value
        return

    if len(self.items) == self.capacity:
        # 由于deque，popleft的复杂度是O(1)，但从列表中删除的最坏情况是O(n)
        del self.items[self.list.popleft()]

    self.list.append(key)
    self.items[key] = value
```

第 7 章 Chapter 7

集　合

集合（Set）是可迭代、可变且没有重复元素的无序数据类型，Python 的集合类表示集合的数学概念。与列表不同，集合的主要优点是，可采用高度优化的方法来检查集合中是否包含特定元素，这基于称为哈希表的数据结构。由于集合是无序的，因此不能像在列表中使用索引访问项目。

7.1　集合的基础知识

集合是一种抽象数据类型（ADT），用于存储不重复的元素。它是一组对象的集合，这些对象被称为集合的成员或元素。集合的概念源自数学，特别是集合论。在数学中，集合用来表示一组对象的集合，而集合的操作符（如并集、交集）在计算机编程中也有应用。

（1）特点

集合中的元素是无序的，没有索引，而且每个元素都是唯一的。这意味着集合不能包含重复的元素。

（2）表示方法

在编程中，集合通常用“{}”表示，其中包含一组元素，每个元素之间用逗号分隔。例如，{1, 2, 3} 表示包含三个整数的集合。

（3）操作

集合支持一系列常用的操作，包括添加元素、删除元素、检查元素是否存在、计算集合的大小等。常见的集合操作包括并集、交集、差集等。

（4）应用

集合在编程中有许多实际应用，包括数据去重（确保不重复的数据项）、搜索（快速查找元素是否存在于集合中）、集合运算（比较不同数据集之间的关系）等。

大多数编程语言都提供了集合的内置支持或标准库。例如，Python 中有 set，Java 中有 HashSet 和 TreeSet 等，用于创建和操作集合。

（5）性能

集合的性能取决于底层实现。例如，哈希集合（Hash Set）通常具有 $O(1)$ 时间复杂度的查找性能，而树集合（Tree Set）则通常具有 $O(\log n)$ 的查找性能。

总之，集合是计算机科学中的基本数据结构，用于存储一组唯一的元素。了解集合的基本知识对于编写各种类型的程序都非常重要，尤其是需要管理不重复数据集的情况。

7.2 集合的基本操作

7.2.1 添加元素

通过 set.add() 函数可在集合中添加元素，创建适当的记录值以存储在哈希表中。与检查元素相同，添加元素的时间复杂度平均为 $O(1)$，但在最坏的情况下可能变为 $O(n)$。示例代码如下。

代码清单 7-1 在集合中添加元素

```
# 在集合中添加元素
# 创建一个集合
people = {"Jay", "Idrish", "Archi"}

print("People:", end = " ")
print(people)

# 在集合中添加 Daxit
people.add("Daxit")

# 利用迭代器在集合中添加元素
for i in range(1, 6):
    people.add(i)

print("\nSet after adding element:", end = " ")
print(people)
```

运行结果：

```
People: {'Idrish', 'Archi', 'Jay'}

Set after adding element: {1, 2, 3, 4, 5, 'Idrish', 'Archi', 'Jay', 'Daxit'}
```

7.2.2 删除元素

remove() 函数可从集合中删除指定的元素并更新集合，不返回任何值。如果传递给 remove() 的元素不存在，则会引发 KeyError 异常。示例代码如下。

代码清单 7-2 使用 remove() 删除集合元素

```
# 创建一个集合
language = {'English', 'French', 'German'}

# 从集合中删除 German
language.remove('German')

# 更新集合
print('Updated language set:', language)
```

运行结果：

```
Updated language set: {'English', 'French'}
```

7.2.3 并集

可以使用 union() 函数或运算符“|”将两个集合进行合并操作。访问两个哈希表值并对其进行合并操作，并对它们进行遍历以合并元素，同时删除重复项。其时间复杂度为 $O(\text{len}(s1)+\text{len}(s2))$，其中 $s1$ 和 $s2$ 是需要进行并集的两个集合，len ($s1$) 用于计算集合的长度。

代码清单 7-3 两个集合的并集

```
# 两个集合的并集
people = {"Jay", "Idrish", "Archil"}
vampires = {"Karan", "Arjun"}
dracula = {"Deepanshu", "Raju"}

# 使用 union() 进行合并
population = people.union(vampires)

print("Union using union() function")
print(population)

# 使用 "|" 进行合并
population = people|dracula
```

```
print("\nUnion using '|' operator")
print(population)
```

运行结果：

```
Union using union() function
{'Karan', 'Idrish', 'Jay', 'Arjun', 'Archil'}

Union using '|' operator
{'Deepanshu', 'Idrish', 'Jay', 'Raju', 'Archil'}
```

7.2.4 交集

交集可以通过 intersection() 函数或运算符“&”来实现。它的时间复杂度是 $O(\min(\text{len}(s1),\text{len}(s2)))$，其中 $s1$ 和 $s2$ 是需要完成并集的两个集合。

代码清单 7-4 两个集合的交集

```
# 两个集合的交集
set1 = set()
set2 = set()

for i in range(5):
    set1.add(i)

for i in range(3,9):
    set2.add(i)

# 使用 intersection() 计算交集
set3 = set1.intersection(set2)

print("Intersection using intersection() function")
print(set3)

#使用 "&" 计算交集
set3 = set1 & set2

print("\nIntersection using '&' operator")
print(set3)
```

运行结果：

```
Intersection using intersection() function
{3, 4}

Intersection using '&' operator
{3, 4}
```

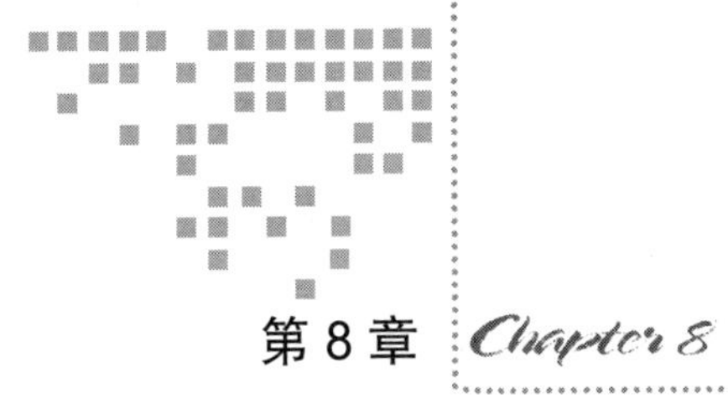

第8章 链　表

链表，顾名思义，为链接列表。与数组相似，链表也是一种线性数据结构。如图 8-1 所示，链表中的每个元素实际上都是一个单独的对象，而所有对象都通过每个元素中的引用字段链接在一起。链表有两种类型：单链表和双链表。图 8-1 是一个单链表，图 8-2 是一个双链表。

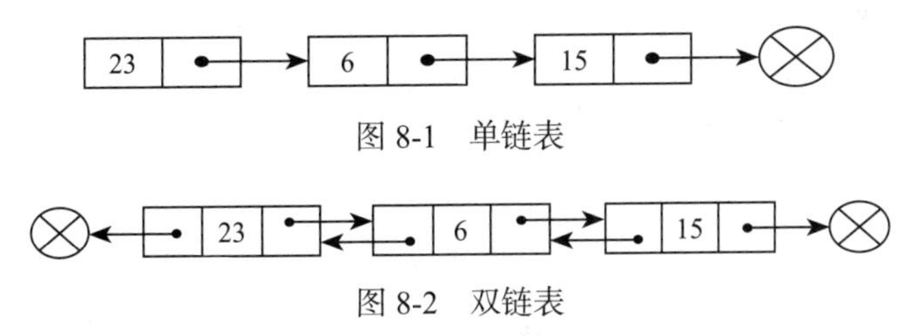

图 8-1　单链表

图 8-2　双链表

8.1　双指针技术

有两种使用双指针技术的方案。

- 两个指针从不同的位置开始：一个指针从头开始，另一个指针从尾开始。
- 两个指针以不同的速度移动：一个指针较快，而另一个指针可能较慢。

对于单链表，由于只能在一个方向上遍历链表，因此第一种方案不起作用，而第二种方案（也称为慢指针和快指针技术）非常有用。本章将重点介绍如何使用链表中的慢指针和快指针技术解决问题。

8.2 实例 1：判断链表是否有循环

给定一个链表，如何确定其是否有循环？为了表示给定链表中的循环，使用整数 pos 来表示尾部连接到链表中的位置（0 索引）。如果 pos 为 −1，则链表中没有循环。举例如下。

输入：head = [3, 2, 0, −4]，pos = 1

输出：True

说明：链表中有一个循环，尾巴连接到第二个节点，如图 8-3 所示。

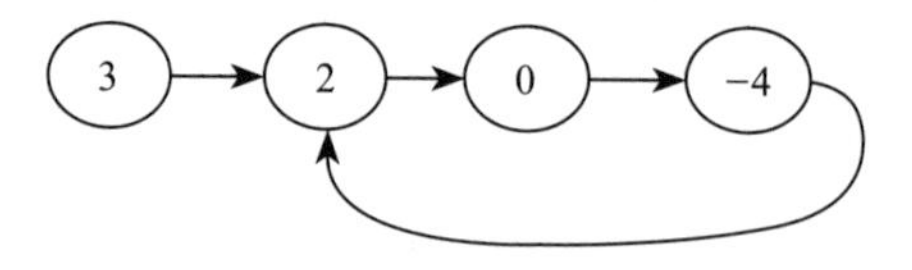

图 8-3 循环链表

思路：利用两个指针，一快一慢，如果相遇就说明有循环。示例代码如下。

代码清单 8-1 判断链表是否有循环

```
class Solution:
    def hasCycle(self, head: ListNode) -> bool:
        slow = head
        fast = head

        while fast and fast.next:
            slow = slow.next
            fast = fast.next.next
            if fast:
                if fast.val == slow.val:
                    return True
        return False
```

8.3 实例 2：两个链表的交集

编写程序以查找两个单链表的交点开始的节点。如图 8-4 所示，以下两个链表，交点开始的节点是 c1。

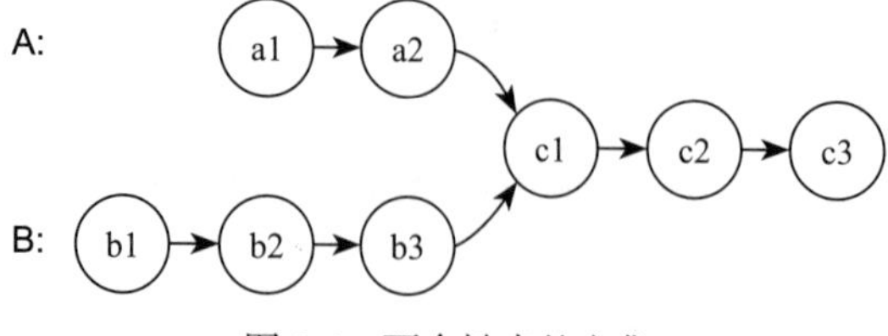

图 8-4 两个链表的交集

思路：可以利用哈希表，把其中一个链表的所有节点保存下来。然后遍历另外一个链表，如果在哈希表中找到相同的节点，则返回。示例代码如下。

代码清单 8-2　利用哈希表寻找链表的交集

```
class Solution:
    def getIntersectionNode(self, headA: ListNode, headB: ListNode) ->
        ListNode:
        a=set()
        while(headA):
            a.add(headA)
            headA=headA.next
        while(headB):
            if(headB in a):
                return(headB)
            headB=headB.next
        return(None)
```

当然，还有一个思路，就是双指针操作，确保两个链表具有相同的长度，然后遍历，寻找是否具有相同节点。示例代码如下。

代码清单 8-3　利用双指针寻找链表的交集

```
class Solution:
    def getIntersectionNode(self, headA: ListNode, headB: ListNode) ->
        ListNode:
        def size(head: ListNode):
            n = 0
            while head:
                n += 1
                head = head.next
            return n
        # 获得链表的长度
        nA = size(headA)
        nB = size(headB)

        if nA==0 or nB==0:
            return

        itr1 = headA
        itr2 = headB

        # 找出链表长度之差
        d = nA-nB
        if d>0:
            while d>0:
                itr1 = itr1.next
                d = d -1
        else:
```

```
        while d<0:
            itr2 = itr2.next
            d = d+1
    # 目前两个链表长度一致，开始遍历
    while itr1 != itr2:
        itr1 = itr1.next
        itr2 = itr2.next
    return itr1
```

8.4 实例3：克隆随机链表

与上面寻找链表的交集比较接近的，就是克隆一个链表。

给定一个链表，使得每个节点都包含一个额外的随机指针，该指针可以指向链表中的任何节点或为空，返回链表的深层拷贝。

链表在输入/输出中表示为 n 个节点的列表。每个节点表示为一对 [val，random_index]，其中：val 表示 Node.val 的整数；random_index 表示随机指针指向节点的索引（范围从 0 到 $n-1$），如果不指向任何节点，则为 null。

思路：主要是遍历链表里面的每个 next 节点和 random 节点。当然需要利用哈希表来存储已经克隆的节点，防止多次生成。示例代码如下。

代码清单 8-4 克隆随机链表

```
class Solution:
    def copyRandomList(self, head: 'Node') -> 'Node':
        if not head: return None
        table = {}
        table[head] = Node(head.val)
        curr = head

        while curr:
            copy = table[curr]
            if curr.next is not None:
                if curr.next not in table:
                    copy.next = Node(curr.next.val)
                    table[curr.next] = copy.next
                else:
                    copy.next = table[curr.next]
            if curr.random is not None:
                if curr.random not in table:
                    copy.random = Node(curr.random.val)
                    table[curr.random] = copy.random
                else:
                    copy.random = table[curr.random]
```

```
            copy = copy.next
            curr = curr.next
        return table[head]
```

8.5 实例4：反转链表

举例如下。

输入：1 → 2 → 3 → 4 → 5 → NULL。

输出：5 → 4 → 3 → 2 → 1 → NULL。

思路：这里使用一个辅助指针 prev，每次更新 prev。

代码清单 8-5 反转链表

```
class Solution:
    def reverseList(self, head: ListNode) -> ListNode:
        node, prev = head, None
        while node:
            next, node.next = node.next, prev
            prev, node = node, next

        return prev
```

在此算法中，每个节点都将被精确移动一次，因此，时间复杂度为 $O(n)$，其中 n 是链表的长度。我们仅使用恒定的额外空间，因此空间复杂度为 $O(1)$。这个问题是在面试中可能遇到的许多链表问题的基础，还有许多其他解决方法。因此我们应该至少熟悉一种解决方法并能够实现它。

Chapter 9 第9章

二 叉 树

树是模拟分层结构常用的数据结构。树的每个节点将具有一个根值和对子节点的引用列表。从图的角度来看，树也可以定义为有 N 个节点和 $N-1$ 个边的有向无环图。

二叉树是最典型的树结构之一。顾名思义，二叉树是一种树数据结构，其中每个节点最多具有两个子节点，称为左子节点和右子节点。本章主要介绍二叉树的遍历方法，以及使用递归来解决与二叉树有关的问题。

9.1 层次顺序遍历

遍历方式有前序遍历、中序遍历和后序遍历。

9.1.1 前序遍历

前序遍历指根节点在最前面输出，所以前序遍历的顺序是父节点、左子节点、右子节点。

代码清单 9-1 前序遍历的递归实现

```
class Solution:
    def preorderTraversal(self, root):  ## 前序遍历
        if not root:
            return []
        return  [root.val] + self.inorderTraversal(root.left) + self.
            inorderTraversal(root.right)
```

代码清单 9-2 前序遍历的循环实现

```
class Solution:
    def preorderTraversal(self, root):  ## 前序遍历
        stack = []
        sol = []
        curr = root
        while stack or curr:
            if curr:
                sol.append(curr.val)
                stack.append(curr.right)
                curr = curr.left
            else:
                curr = stack.pop()
        return sol
```

这里使用栈（stack），每次遍历时，先打印当前节点 curr，并将右子节点送入栈中，然后将左子节点设为当前节点。当前节点 curr 不为 None 时，每一次循环中当前节点 curr 都入栈；当前节点 curr 为 None 时，则一个节点出栈。整个循环在 stack 和 curr 皆为 None 的时候结束。

9.1.2 中序遍历

前、中、后序三种遍历方法对于左右子节点的遍历顺序都是一样的（先左后右），唯一不同的就是根节点的出现位置。对于中序遍历来说，根节点的遍历位置在中间，所以中序遍历的顺序是左子节点、父节点、右子节点。

对于递归实现，每次递归时只需要判断节点是不是 None，若不是，则按照左子节点、父节点、右子节点的顺序打印出节点值 value。

代码清单 9-3 中序遍历的递归实现

```
class Solution:
def inorderTraversal(self, root):
if not root:
return []
return  self.inorderTraversal(root.left) + [root.val] + self.
    inorderTraversal(root.right)
```

循环比递归要复杂得多，因为需要在一个函数中遍历所有节点，所以依然使用 stack。

对于中序遍历的循环实现，每次将当前节点 curr 的左子节点送入栈中，直到当前节点 curr 为 None。这时，让栈顶的第一个元素出栈，设其为当前节点，并输出该节点的值 value，且开始遍历该节点的右子树。整个循环在 stack 和 curr 皆为 None 时结束。

代码清单 9-4 中序遍历的循环实现

```
class Solution:
def inorderTraversal(self, root):
        stack = []
        sol = []
        curr = root
while stack or curr:
if curr:
                stack.append(curr)
                curr = curr.left
else:
                curr = stack.pop()
                sol.append(curr.val)
                curr = curr.right
return sol
```

9.1.3 后序遍历

后序遍历指根节点在最后面输出，所以后序遍历的顺序是左子节点、右子节点、父节点。

代码清单 9-5 后序遍历的递归实现

```
    def postorderTraversal(self, root):  ## 后序遍历
        if not root:
            return []
        return  self.inorderTraversal(root.left) + self.inorderTraversal
            (root.right) + [root.val]
```

代码清单 9-6 后序遍历的循环实现

```
class Solution:
    def postorderTraversal(self, root: TreeNode) -> List[int]:
        curr = root
        stack = []
        s = []
        while True:
            if curr is not None:
                s.append(curr.val)
                stack.append(curr)
                curr = curr.right
            elif (stack):
                curr = stack.pop(-1)
                curr = curr.left
            else:
                break
        return s[::-1]
```

9.1.4 层序遍历

层序遍历是逐级遍历树，实质是广度优先搜索。广度优先搜索是一种遍历或搜索数据结构（如树或图）的算法。该算法从根节点开始，首先访问该节点本身，然后遍历其邻居，遍历其第二级邻居，遍历其第三级邻居，以此类推。在树中进行广度优先搜索时，访问节点的顺序是按层顺序。

代码清单 9-7 二叉树层序遍历

```
from queue import Queue
class Solution:
    def levelOrder(self, root: TreeNode) -> List[List[int]]:

        result = []
        if root == None:
            return

        # 利用 Python 队列
        q = Queue ()
        # add the root
        q.put (root)

        while q.empty () != True :
            # 遍历队列中的元素数量
            temp = []
            for i in range (q.qsize()):
                # 取出第一个值
                node = q.get()
                temp.append(node.val)

                if node.left != None:
                    q.put(node.left)
                if node.right != None:
                    q.put(node.right)

            result.append(temp)
        return result
```

9.2 递归方法用于树的遍历

众所周知，树可以递归定义为一个节点（根节点），该节点包括一个值和对子节点的引用列表，所以递归是解决树问题的最强大且最常用的技术之一。对于每个递归函数调用，仅关注当前节点的问题，然后递归调用该函数就可以解决其子级问题。通常，可以使用自上而下的方法或自下而上的方法递归地解决树问题。

9.2.1 自上而下的解决方案

"自上而下"表示在每个递归调用中，首先访问该节点以提供一些值，然后在递归调用该函数时将这些值传递给其子级。因此，"自上而下"的解决方案可以视为一种预遍历。递归函数 top_down(root, params) 的伪代码如下。

代码清单 9-8 递归函数 top_down (root, params) 的工作方式

```
1. return specific value for null node
2. update the answer if needed                      // answer <-- params
3. left_ans = top_down(root.left, left_params)      // left_params <-- root.
                                                       val, params
4. right_ans = top_down(root.right, right_params)  // right_params <-- root.
                                                       val, params
5. return the answer if needed                      // answer <-- left_ans,
                                                       right_ans
```

例如：给定一棵二叉树，找到其最大深度。

思路：根节点的深度为 1。对于每个节点，如果知道其深度，将知道其子节点的深度。因此，如果在递归调用函数时将节点的深度作为参数传递，则所有节点都将知道其深度。对于叶节点，可以使用深度来更新最终答案。

使用自上而下的递归函数 maximum_depth(root, depth) 找到二叉树的最大深度的伪代码如下。

代码清单 9-9 自上而下的递归伪代码

```
1. if root is a leaf node:
2. answer = max(answer, depth) // 更新结果
3. maximum_depth(root.left, depth + 1) // 左子节点递归调用函数
4. maximum_depth(root.right, depth + 1)// 右子节点递归调用函数
```

代码如下。

代码清单 9-10 找到二叉树的最大深度

```
class Solution:
    def maxDepth(self, root: TreeNode) -> int:
        if root==None:
            return 0
        return 1+max(self.maxDepth(root.left),self.maxDepth(root.right))
```

9.2.2 自下而上的解决方案

"自下而上"是另一种递归解决方案，在每个递归调用中，首先对所有子节点递归调用该函数，然后根据返回的值和当前节点本身的值得出答案，此过程可以视为一种后遍

历。自下而上的递归函数 bottom_up(root) 伪代码如下。

代码清单 9-11 自下而上的递归函数伪代码

```
1. return specific value for null node
2. left_ans = bottom_up(root.left)          // 左子节点递归调用函数
3. right_ans = bottom_up(root.right)        // 右子节点递归调用函数
4. return answers                           //
```

换一种方式继续讨论关于二叉树最大深度的问题：对于树的单个节点，以其自身为根的子树的最大深度 x 是多少？

如果知道以其左子节点为根的子树的最大深度 l 和以其右子节点为根的子树的最大深度 r，我们就可以选择它们之间的最大值，然后加 1 来获取以当前节点为根的子树的最大深度，即 $x = \max(l,r) + 1$。

这意味着对于每个节点，都可以利用其子节点解决问题，也就是说，可以使用自下而上的解决方案。自下而上的递归函数 maximum_depth(root) 的伪代码如下。

代码清单 9-12 递归函数 maximum_depth(root) 的伪代码

```
1. return 0 if root is null                 // 对于空节点，返回 0
2. left_depth = maximum_depth(root.left)
3. right_depth = maximum_depth(root.right)
4. return max(left_depth, right_depth) + 1  // 返回以 root 为根的子树的深度
```

具体代码如下。

代码清单 9-13 递归函数 maximum_depth (root) 的代码

```
int maximum_depth(TreeNode* root) {
    if (!root) {
        return 0;                                   // 对于空节点，返回 0
    }
    int left_depth = maximum_depth(root->left);
    int right_depth = maximum_depth(root->right);
    return max(left_depth, right_depth) + 1;       // 返回以 root 为根的子树深度
}
```

理解递归并找到该问题的递归解决方案并不容易，需要多做练习。

遇到树型问题时，首先思考两个问题：是否可以确定一些参数以帮助节点知道其答案？可以使用这些参数和节点本身的值来确定将什么参数传递给它的子节点吗？如果答案都是肯定的，则可以尝试使用自上而下的方法解决问题。也可以这样思考：对于树中的某个节点，如果知道其子节点的答案，那么可以计算该节点的答案吗？如果答案是肯定的，那么可以使用自下而上的方法解决问题。

9.3 实例1：二叉树的最低共同祖先

给定二叉树，在树中找到两个给定节点的最低共同祖先（LCA）。

最低共同祖先被定义为两个节点 p 和 q 之间的关系，这是树中同时具有 p 和 q 作为后代的最低节点（在这里，允许一个节点成为其自身的后代）。

例如：给定二叉树如图 9-1 所示，给出某节点的最低共同祖先。

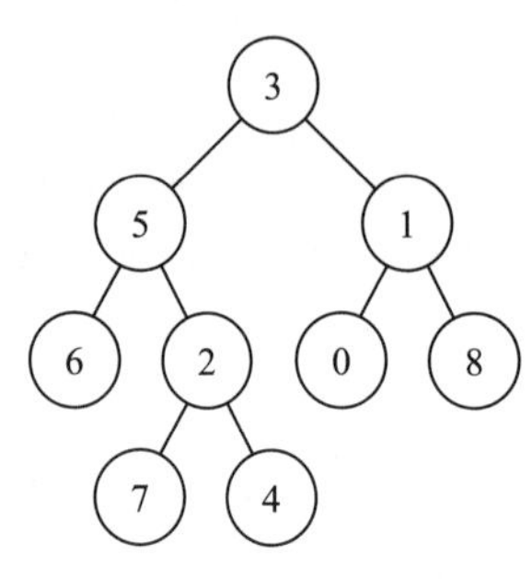

图 9-1 二叉树（1）

输入：root = [3,5,1,6,2,0,8,null,null,7,4], p = 5, q = 1

输出：3

结果：节点 5 和节点 1 的最低共同祖先为节点 3。

思路：利用深度搜索的方式，因为返回的节点可以是二叉树中的任何一个节点。如果当前节点就是 p 或者 q，则返回当前节点；如果当前节点是空节点，说明没有找到，则返回 NULL。对于当前节点，如果左右子树都不是空，就返回此节点；否则返回不是空的那个节点。

由于这里的解决方法是自下而上的，所以时间复杂度为 $O(n)$，空间复杂度为 $O(1)$。

代码清单 9-14 二叉树的最低共同祖先

```
class Solution:
    def lowestCommonAncestor(self, root: 'TreeNode', p: 'TreeNode', q:
       'TreeNode') -> 'TreeNode':
        if root is None:
            return None
        # 找到 p/q 的节点，返回当前节点
        if root is p or root is q:
            return root
        left  = self.lowestCommonAncestor(root.left,p,q)
        right = self.lowestCommonAncestor(root.right,p,q)
        # 左右子树返回的节点不空，则返回当前节点
        if left and right:
```

```
            return root
        elif left:
            return left
        else:
            return right
```

9.4　实例2：序列化和反序列化二叉树

序列化是将数据结构或对象转换为序列的过程，从而将其存储在文件或内存缓冲区中，或者通过网络链接进行传输，以便稍后在相同或另一个计算机环境中进行重构。

设计一种用于对二叉树进行序列化和反序列化的算法。序列化 / 反序列化算法的工作方式没有任何限制，只需要确保可以将二叉树序列化为字符串，并且可以将该字符串反序列化为原始树结构。

例如：将如图 9-2 所示的二叉树序列化为 [1,2,3,null,null,4,5]。

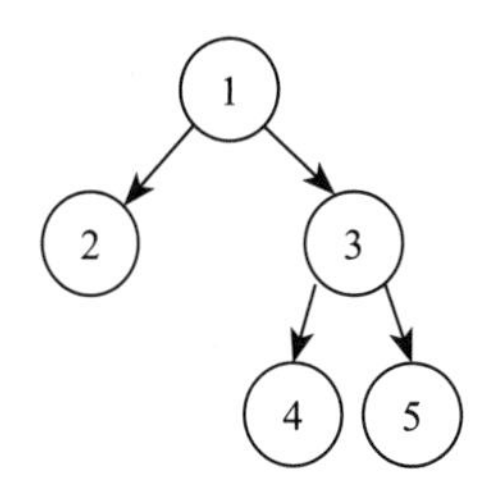

图 9-2　二叉树（2）

思路：利用序列化的方法把二叉树里面的数值转成字符串存起来，但是反序列化需要能够方便解码。这里的关键就是如何处理 null 指针，可以使用“#”标识。在反序列化过程中，快速反序列化字符串非常关键，因此在序列化的过程中需要添加一些特殊的标志，如“#”“$”“&”等，字符串之间可以使用“,”或者空格来区分。

这里用“#”作为空指针的标志，每个节点之间用“,”分开。因此序列化此二叉树后的结果就是 1,2,3,#,#,4,5。

反序列化时，首先把字符串分割成列表，每次从最前面弹出一个元素，检测是否为“#”，如果是，则认为是 null；否则，创建一个新的节点。这样不断递归下去。这里使用的思路是前序遍历。具体代码如下。

代码清单 9-15　序列化和反序列化二叉树

```
class Codec:
    def dfs(self,s):
```

```
        first = s.pop(0)
        if first=="#": return None
        root = TreeNode(int(first))
        root.left  = self.dfs(s)
        root.right = self.dfs(s)
        return root

    def serialize(self, root):
        if root is None:return "#,"
        return str(root.val)+","+self.serialize(root.left)+self.serialize
            (root.right)

    def deserialize(self, data):
        s = data.split(',')
        root = self.dfs(s)
        return root
```

该算法的时间复杂度为 $O(n)$，空间复杂度为 $O(n)$。

9.5 实例3：求二叉树的最大路径和

给定一个非空的二叉树，找到最大路径总和。路径定义为从某个起始节点沿着树的父子关系连接到树中任何节点的序列。该路径必须至少包含一个节点，并且不一定通过根节点。

例如：给定如下二叉树，找到最大路径总和。

输入：[1,2,3]

```
   1
  / \
 2   3
```

输出：6

这里的关键是路径可以经过任何一个节点，如果遇到的节点是空，则返回 0；否则继续递归，获得左右子树的值。有如下两个要点必须掌握。

1）关键返回值是什么，如果左右子树的值是负值，就不需要添加到根节点的值，因此总是返回左右子树中较大的一个正值和当前节点值的和。

2）最大值就是当前节点值，以及左右子树值相加起来的和。这里要注意左右子树值为负的情况，如果为负，则不加入最大值。

下面以图 9-3 为例分析思路。自下而上来看，首先看节点 15，此时左分支为 0，右分支也为 0，节点 15 的最大值为 15，返回父树的值为 15。

同样对于节点 7，此时返回父树的值应为 7。

对于节点 9 而言，向上返回父树的值为 9。

对于节点 20 而言，左子树返回 15，右子树返回 7，best_sum = max(best_sum, v.val+L+R) =max(15,20+15+7)=42，向上返回 35。

对于节点 −10，左子树为 9，右子树为 35，best_sum = max(best_sum, v.val+L+R) = max(42,−10+9+35)=34，向上返回 25，因此最大值为 42。

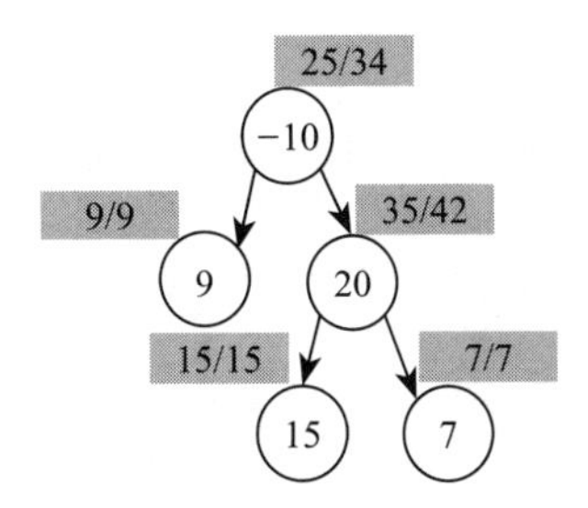

图 9-3 图解求二叉树的最大路径和

具体代码如下。

代码清单 9-16 求二叉树的最大路径和

```
class Solution:
    def maxPathSum(self, root: 'TreeNode') -> int:
        best_sum = -float('inf')                        # tracker for best sum
        def maxPath(v: 'vertex'):                       # define helper function
            nonlocal best_sum                           # reference our tracker
            if v is None:                               # base case
                return 0
            L = maxPath(v.left)                         # recurse on left child
            R = maxPath(v.right)                        # recurse on right child
             # 用子树总和更新跟踪器
            best_sum = max(best_sum, v.val+L+R)
            # 返回父子树的最佳分支
            return max(0, v.val+L, v.val+R)
        maxPath(root)                                   # run recursive traversal
        return best_sum
```

9.6 实例 4：将二叉树转换为双链表

将二叉树转换为有序的双链表，如图 9-4 所示。

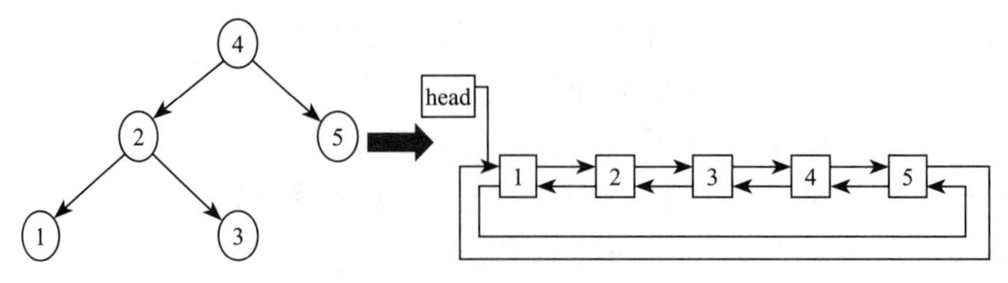

图 9-4 将二叉树转化成有序的双链表

思路：利用中序遍历的方式把每个节点写进列表，然后遍历每个节点，把它们前后相连转成链表。具体代码如下。

代码清单 9-17 将二叉树转换为双链表

```
class Solution:
def treeToDoublyList(self, root: 'Node') -> 'Node':
    if not root:return root
    res = []
    def inorder(node):
        if node is None:return
        inorder(node.left)
        res.append(node)
        inorder(node.right)
    inorder(root)
    for i in range(len(res)-1):
        res[i].right = res[i+1]
        res[i+1].left = res[i]
    res[-1].right = res[0]
    res[0].left = res[-1]
    return res[0]
```

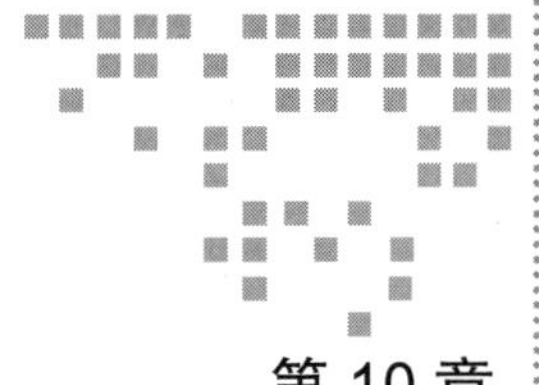

第 10 章 Chapter 10

其他树结构

面试过程中除了需要熟练掌握二叉树以外，还需要了解一些其他常用的树结构，比如前缀树、线段树以及二叉索引树等。

10.1 前缀树

前缀树（Trie）是一种树结构，用于检索字符串数据集中的键。这种非常有效的数据结构有多种应用，例如自动补全（如图 10-1 所示）以及拼写检查（如图 10-2 所示）。

那为什么我们需要前缀树呢？尽管哈希表在寻找键时的时间复杂度为 $O(1)$，但在以下操作中效率不高。

1）查找具有共同前缀的所有键。

2）按字典顺序枚举字符串数据集。

前缀树胜过哈希表的另一个原因是，随着哈希表大小的增加，会有很多哈希冲突的情况发生，并且搜索时间复杂度可能会变为 $O(n)$，其中 n 是插入的键的数目。当存储许多具有相同前缀的密钥时，与哈希表相比，前缀树可以使用更少的空间。在这种情况下，使用前缀树的时间复杂度为 $O(m)$，其中 m 是密钥长度。在平衡树中搜索密钥的时间复杂度为 $O(m\log n)$。

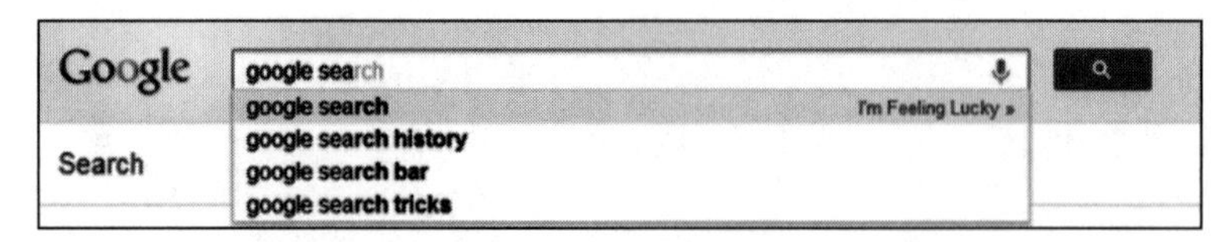

图 10-1 谷歌搜索引擎中使用的自动补全功能

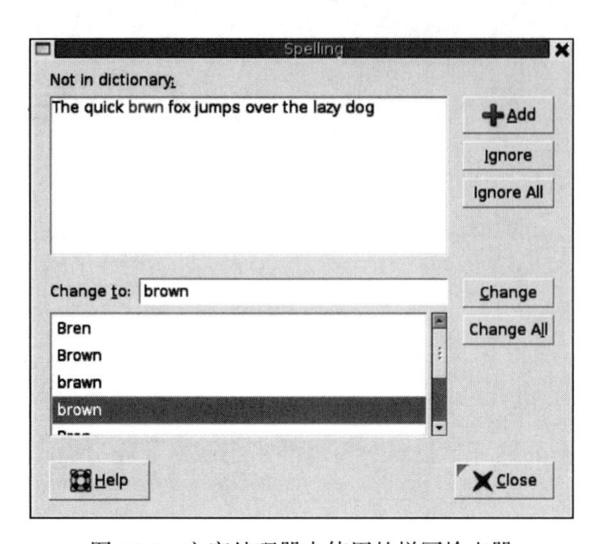

图 10-2 文字处理器中使用的拼写检查器

10.1.1 前缀树节点的数据结构

前缀树是一棵有根的树。它的节点具有以下字段。

1）每个节点到其子节点。最多有 R 个链接，其中每个链接对应于数据集字母表中的一个 R 字符值。在这里，我们假设 R 为 26，即小写英文字母的数量。

2）布尔值字段，用于指定节点是对应于键的结尾还是仅仅是键的前缀。

代码清单 10-1 前缀树节点的数据结构表示

```
class TrieNode():
    def __init__(self):
        self.children =  {}
        self.isWord = False
```

对于前缀树，两个最常见的操作是插入单词、搜索单词。

10.1.2 在前缀树中插入单词

我们通过在前缀树中搜索来插入单词，如图 10-3 所示。

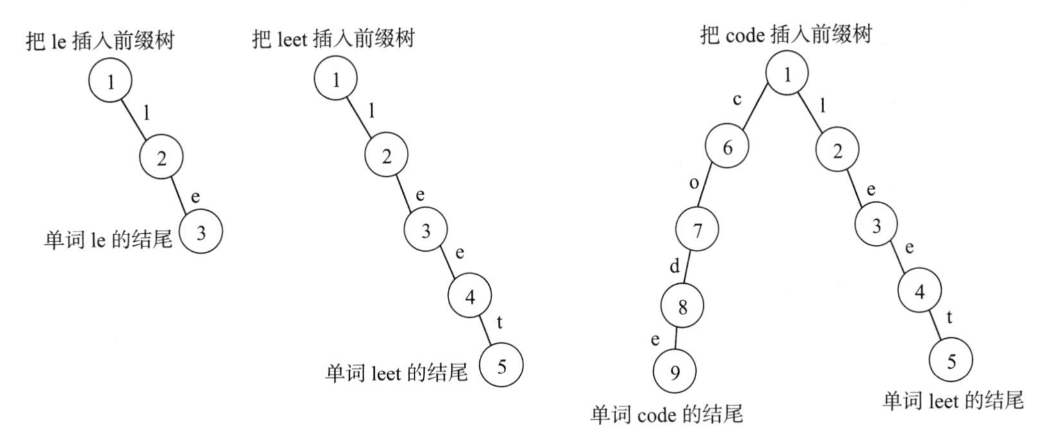

图 10-3 在前缀树中插入单词

我们从根开始并搜索下一个链接，该链接对应于第一个关键字符，可能有如下两种情况。

- 链接存在。沿着链接向下移动到下一个子树，继续搜索下一个关键字符。
- 链接不存在。创建一个新节点，并将其与当前关键字符匹配的父级链接进行链接。重复此步骤，直到遇到单词的最后一个字符，然后将当前节点标记为结束节点，操作完成。

在前缀树中插入单词的代码如下。

代码清单 10-2 在前缀树中插入单词

```
def addWord(self, word: str) -> None:
    """
    在数据结构中添加一个单词
    """
    cur = self.root
    for c in word:
        if c not in cur.children:
            cur.children[c] = TrieNode()
        cur = cur.children[c]

    cur.isWord = True
```

时间复杂度：$O(m)$，其中 m 是单词长度。在算法的每次迭代中，我们都将在前缀树中检查或创建一个节点，直到到达单词的末尾。这仅需要 m 次操作。

空间复杂度：$O(m)$。在最坏的情况下，新插入的单词不会与已经插入到前缀树中的单词共享前缀。我们必须添加 m 个新节点，这需要 $O(m)$ 空间。

10.1.3 在前缀树中搜索单词

每个单词在前缀树中表示为从根到内部节点或叶的路径。如图 10-4 所示，我们从第一个单词字符开始，检查当前节点是否存在与当前单词对应的链接，可能有如下两种情况。

- 链接存在。移动到此链接之后的路径中的下一个节点，然后继续搜索下一个单词关键字符。
- 链接不存在。如果没有可用的单词关键字符，并且当前节点标记为 isEnd，则返回 True。否则，可能存在两种情况，返回 False：一种情况是剩下了关键字符，但是不可能沿着线索中的关键路径进行操作，并且丢失了关键字符；另一种情况是尚无关键字符，但当前节点未标记为 isEnd，因此，搜索关键字符只是前缀树中另一个关键字符的前缀。

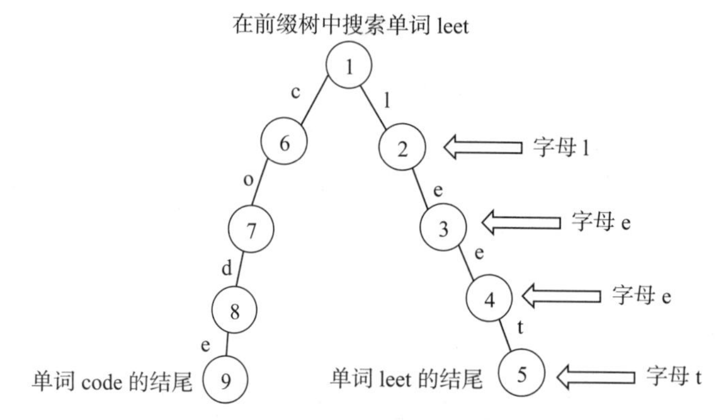

图 10-4 在前缀树中搜索单词

设计一个支持插入和搜索单词操作的数据结构。

- Void addWord(word)：向数据结构中插入一个单词。
- Bool search(word)：搜索数据结构中是否存在与给定单词匹配的单词。可以搜索仅包含字母 a ~ z 或“.”的文字单词及正则表达式字符串，其中“.”可以代表任何一个字母。示例如下。

```
addWord("bad")
addWord("dad")
addWord("mad")
search("pad") -> false
search("bad") -> true
search(".ad") -> true
search("b..") -> true
```

一般这种题目都需要使用前缀树的方法求解。该场景类似于在搜索引擎中输入几个字母，后面总是能给出一些有相同前缀的推荐单词。但是这里的区别在于，“.”代表任何一个字母。

代码清单 10-3 插入和搜索单词

```
class TrieNode():
    def __init__(self):
        self.children =  {}
        self.isWord = False

class WordDictionary:
    def __init__(self):
        """
        初始化数据结构
        """
        self.root = TrieNode()

    def addWord(self, word: str) -> None:
        """
        插入单词
        """
        cur = self.root
        for c in word:
            if c not in cur.children:
                cur.children[c] = TrieNode()
            cur = cur.children[c]

        cur.isWord = True

    def search(self, word: str) -> bool:
        def dfs(i, cur):
            if i == len(word):
                return cur.isWord
            if word[i] == '.':
                for child in cur.children.values():
                    if dfs(i + 1, child):
                        return True
                return False
            else:
                if word[i] not in cur.children:
                    return False
                return dfs(i + 1, cur.children[word[i]])

        return dfs(0, self.root)
```

虽然这已经是最优的方法了，但有没有可能让搜索更快一点？可以在插入的时候把“.”也当作一个标记加进去。例如，如果插入 cat，那么第一层就是“c”“.”，第二层是“a”“.”，标记的子节点就有 27 个了。

10.2 线段树

线段树是一种数据结构，可以有效地对数组进行范围查询，同时仍然足够灵活以允许修改数组，包括找到连续数组元素 $a[l\cdots r]$ 的总和，或使得在此范围内找到最小元素的时间复杂度为 $O(\log n)$。

对于数组的范围查询，线段树允许通过替换一个元素来修改数组，甚至更改整个子段的元素（例如，将所有元素 $a[l\cdots r]$ 分配给任何值。）

通常，线段树是一种非常灵活的数据结构，可以用于解决很多问题。此外，还可以应用更复杂的操作并实现更复杂的查询。线段树的一个重要特点是，它仅需要线性量的内存，因此我们可以很容易地将线段树应用于更大的维度。

如图 10-5 所示，线段树本质上是维护下标为 [0, N] 的 n 个按顺序排列的数的信息，所以其实是“点树”，是维护 n 个点的信息。每个点的数据的含义可以有很多，而在对线段操作的线段树中，每个点代表一条线段，在用线段树维护数列信息的时候，每个点代表一个数。下面在讨论线段树的时候，区间 $[L,R]$ 指的是下标从 L 到 R 的这 $(R-L+1)$ 个数，而不是指一条连续的线段。

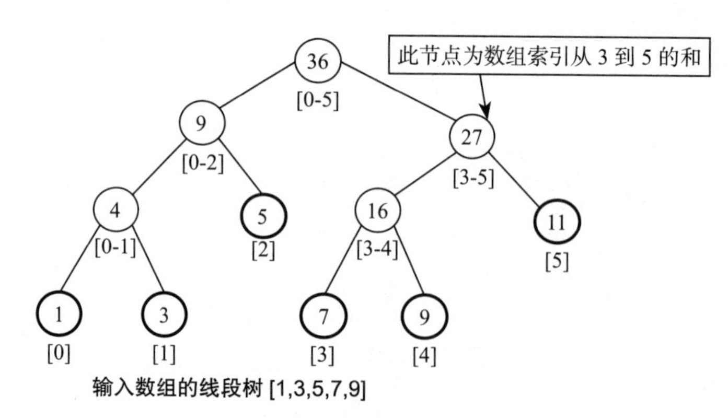

图 10-5 线段树的构造

比如对于数组 [1,3,5,7,9,11]，根节点维护了整个数组的区间 [0,5]，然后把区间分成两个子区间 [0,2] 和 [3,5]，这样不断地分解这个区间，直到区间中只有一个元素。

线段树解决的是求区间和的问题，且该区间会被修改，所以线段树主要实现两个方法：求区间和与修改区间。这两种方法的时间复杂度均为 $O(\log n)$。

代码清单 10-4 线段树的构造

```
class Node:
    def __init__(self):
```

```
        self.left = None
        self.right = None
        self.min = float("inf")
        self.max = float("-inf")
        self.sum = float("inf")
        self.leftEdge = None
        self.rightEdge = None


class SegmentTree:
    def __init__(self):
        """
        用于初始化类级别对象的 Initializer 方法
        :rtype: object
        """
        self.partial_overlap = "Partial overlap"
        self.no_overlap = "No overlap"
        self.complete_overlap = "Complete overlap"

    def get_overlap(self, x1, y1, x2, y2):
        """
        获取给定范围的重叠类型的方法
        X1, Y1 -> 节点范围
        X2, Y2 -> 查询类型
        返回重叠类型
        """
        if (x1 == x2 and y1 == y2) or (x1 >= x2 and y1 <= y2):
            overlap = self.complete_overlap
        elif (y1 < x2) or (x1 > y2):
            overlap = self.no_overlap
        else:
            overlap = self.partial_overlap
        return overlap

    def construct_segment_tree(self, array, start, end):
        """
        使用给定数组元素构造线段树的方法
        参数 end: 数组的终止索引
        参数 start: 数组的起始索引
        参数 array: 数组元素
        返回线段树的根节点
        """
        if end - start <= 0 or len(array) == 0:
            return None
        if end - start == 1:
            node = Node()
            node.min = array[start]
            node.max = array[start]
            node.sum = array[start]
```

```
            node.leftEdge = start
            node.rightEdge = end - 1
            return node
        else:
            node = Node()
            mid = start + (end - start) // 2
            node.left = self.construct_segment_tree(array, start=start,
                end=mid)
            node.right = self.construct_segment_tree(array, start=mid,
                end=end)
            if node.left is None and node.right is None:
                node.sum = 0
                node.leftEdge = start
                node.rightEdge = start
                node.min = float("inf")
                node.max = float("-inf")
            elif node.left is None:
                node.sum = node.right.sum
                node.leftEdge = node.right.leftEdge
                node.rightEdge = node.right.rightEdge
                node.min = node.right.min
                node.max = node.right.max
            elif node.right is None:
                node.sum = node.left.sum
                node.leftEdge = node.left.leftEdge
                node.rightEdge = node.left.rightEdge
                node.min = node.left.min
                node.max = node.left.max
            else:
                node.min = min(node.left.min, node.right.min)
                node.max = max(node.left.max, node.right.max)
                node.sum = node.left.sum + node.right.sum
                node.leftEdge = node.left.leftEdge
                node.rightEdge = node.right.rightEdge
            return node

    def update_segment_tree(self, head, index, new_value, array):
        """
        更新线段树节点值的方法
        返回线段树的头节点
        """
        if index == head.leftEdge == head.rightEdge:
            head.max = new_value
            head.min = new_value
            head.sum = new_value
            array[index] = new_value
            return head
        elif (head.leftEdge <= index <= head.rightEdge) and (head.rightEdge >
            head.leftEdge):
```

```
            left_node = self.update_segment_tree(head=head.left, index=index,
                new_value=new_value, array=array)
            right_node = self.update_segment_tree(head=head.right,
                index=index, new_value=new_value, array=array)
            head.sum = right_node.sum + left_node.sum
            head.min = min(left_node.min, right_node.min)
            head.max = max(left_node.max, right_node.max)
            return head
        else:
            return head

    def get_minimum(self, head, left, right):
        """
        获取给定范围查询最小值的方法
        返回给定范围查询的最小值
        """
        overlap = self.get_overlap(head.leftEdge, head.rightEdge, left, right)
        if overlap == self.complete_overlap:
            return head.min
        elif overlap == self.no_overlap:
            return float("inf")
        elif overlap == self.partial_overlap:
            left_min = self.get_minimum(head=head.left, left=left, right=right)
            right_min = self.get_minimum(head=head.right, left=left, right=right)
            return min(left_min, right_min)

    def get_maximum(self, head, left, right):
        """
        获取给定范围查询最大值的方法
        返回给定范围查询的最大值
        """
        overlap = self.get_overlap(head.leftEdge, head.rightEdge, left, right)
        if overlap == self.complete_overlap:
            return head.max
        elif overlap == self.no_overlap:
            return float("-inf")
        elif overlap == self.partial_overlap:
            left_max = self.get_maximum(head=head.left, left=left, right=right)
            right_max = self.get_maximum(head=head.right, left=left, right=right)
            return max(left_max, right_max)

    def get_sum(self, head, left, right):
        """
        返回给定范围查询的数组元素之和
        """
        overlap = self.get_overlap(head.leftEdge, head.rightEdge, left, right)
        if overlap == self.complete_overlap:
            return head.sum
        elif overlap == self.no_overlap:
```

```
            return 0
        elif overlap == self.partial_overlap:
            left_sum = self.get_sum(head=head.left, left=left, right=right)
            right_sum = self.get_sum(head=head.right, left=left, right=right)
            return left_sum + right_sum

    def preorder_traversal(self, head, array):
        if head is None:
            return
        print("Array = {} Min = {}, Max = {}, Sum = {}".format(array[head.
            leftEdge:head.rightEdge + 1], head.min,
                                                    head.max, head.sum))
        self.preorder_traversal(head=head.left, array=array)
        self.preorder_traversal(head=head.right, array=array)

if __name__ == "__main__":
    arr = [10, 20, 30, 40, 50, 60, 70]
    st = SegmentTree()
    root = st.construct_segment_tree(array=arr, start=0, end=len(arr))
    left_index = 0
    right_index = 4
    update_index = 0
    update_value = 200
    print(st.get_sum(head=root, left=left_index, right=right_index))
    print(st.get_minimum(head=root, left=left_index, right=right_index))
    st.update_segment_tree(head=root, index=update_index, new_value=update_
        value, array=arr)
    print(st.get_maximum(head=root, left=left_index, right=right_index))
    st.preorder_traversal(root, arr)
```

10.3 二叉索引树

考虑以下问题以理解二叉索引树。

给定一个数组 arr[$0,\cdots,n-1$]，我们需要执行以下操作。

1）计算前 i 个元素的总和。

2）修改 arr[i] 为 x，其中 $0 \leqslant i \leqslant n-1$。

思路：一个简单的解决方案是运行一个从 0 到 $i-1$ 的循环，并计算元素的总和。令 arr [i] = x 更新数组。第一个操作花费 $O(n)$ 时间，第二个操作花费 $O(1)$ 时间。

另一个简单的解决方案是创建一个额外的数组，并将前 i 个元素的总和存储在此新数组中的第 i 个索引处。现在可以以 $O(1)$ 时间计算给定范围的总和，但是更新操作现在需要 $O(n)$ 时间。如果查询操作数量很多，但更新操作数量很少，则此方法效果很好。

我们可以在 $O(\log n)$ 时间执行查询和更新操作吗？

一种有效的解决方案是使用能够在 $O(\log n)$ 时间执行这两个操作的线段树。

另一种解决方案是使用二叉索引树，它执行这两个操作也实现了 $O(\log n)$ 的时间复杂度。与线段树相比，二叉索引树需要更小的空间，并且更易于实现。

10.3.1　二叉索引树的表示

二叉索引树表示为数组，记为 BITree[]。二叉索引树的每个节点都存储输入数组中某些元素的总和。二叉索引树的大小等于输入数组的大小，表示为 n。在下面的代码中，为了便于实现，我们使用 $n+1$ 的大小。

下面我们来讨论二叉索引树的两种操作，getSum 以及 update 操作。

10.3.2　getSum 操作

getSum 操作的伪代码如下。

代码清单 10-5　getSum 操作的伪代码

```
getSum(x): 返回子数组 arr[0,…, x] 的总和
// 使用 BITree[0,…,n] 返回由 arr[0,…,n-1] 构造的子数组 arr[0,…,x] 的总和
1) 初始化输出总和为 0，当前索引为 x+1。
2) 在当前索引大于 0 时执行以下操作：
(a) 将 BITree[index] 相加；
(b) 转到 BITree[index] 的父对象，可以通过从当前索引中删除最后一个设置的位来获得父对象，即
    index = index-(index&(-index))。
3) 返回总和。
```

getSum 操作如图 10-6 所示。二叉索引树的每个节点包含两个值：一个是索引，另一个是索引值。比如，对于输入的 arr[0,…,$n-1$]={2,1,1,3,2,3,4,5,6,7,8,9}，其对应的二叉索引树数组 BITree[1,…,n] = {2,3,1,7,2,5,4,21,6,13,8,20}。getSum(i) 会返回 BITree[i] 和 i 的所有父节点的总和。

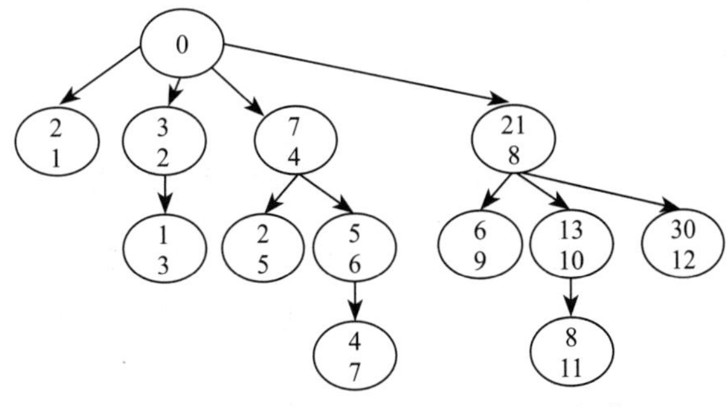

图 10-6　图解二叉索引树的 getSum 操作

图 10-6 介绍了 getSum 操作。以下几点需要补充说明。

- BITree [0] 是一个虚拟节点。
- BITree[y] 是 BITree[x] 的父代，当且仅当 y 可以通过从 x 的二进制表示形式中删除最后一个位来获得时，有 $y = x - (x\&(-x))$。
- 节点 BITree [y] 的子节点 BITree [x] 存储 y（包括）和 x（不包括）之间的元素之和：arr[$y,\cdots,x$]。

10.3.3 update 操作

代码清单 10-6 update 操作伪代码

```
update(x,val)：通过执行 arr [index] + = val 更新二叉索引树
// 注意，update(x, val) 操作不会更改 arr []。它仅更改 BITree[]
1）将当前索引初始化为 x+1。
2）在当前索引小于或等于 n 时执行以下操作。
a）将值添加到 BITree[index]
b）转到 BITree[index] 的父级。可以通过递增当前索引的最后一个设置位来获得父对象，即 index =
    index + (index & (-index))
```

update 操作如图 10-7 所示。

输入数组：arr[$0,\cdots,n-1$] = {2,1,1,3,2,3,4,5,6,7,8,9}
BIT 数组：BITree[$1,\cdots,n$] = {2,3,1,7,2,5,4,21,6,13,8,30}

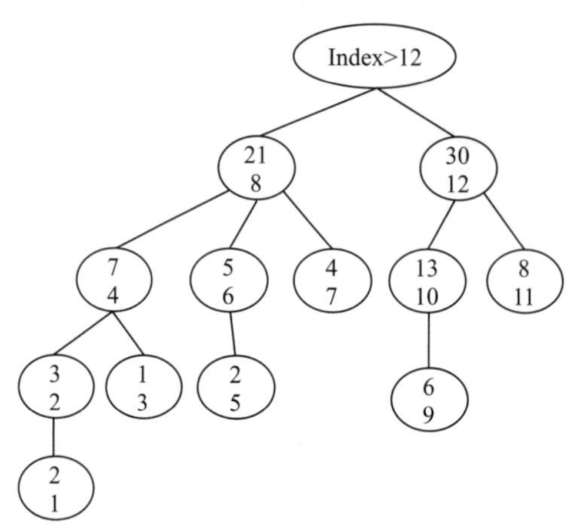

图 10-7 图解二叉索引树的 update 操作

update 操作需要确保所有包含 arr[i] 的 BITree 节点都被更新。通过重复添加与当前索引的最后一个设置位相对应的十进制数，我们遍历 BITree 中的此类节点。对于函数 update (i,val)，我们的目标就是把 val 添加到 BITree [i] 及其所有祖先中。

10.3.4　二叉索引树的工作原理

BITree 的每个节点都存储着 n 个元素的总和。这个想法基于以下事实：所有正整数都可以表示为 2 的幂的和。例如 19 可以表示为 16+2+1 。

例如，利用 getSum() 的操作，可以通过最后 4 个元素的总和（从 9 到 12）加上 8 个元素的总和（从 1 到 8）获得前 12 个元素的总和。数字 n 的二进制表示形式中的置位位数为 $O(\log n)$。因此，我们最多用 $O(\log n)$ 时间遍历 getSum() 和 update() 操作中的节点。构造的时间复杂度为 $O(n\log n)$，因为它对所有 n 个元素都调用 update()。

代码清单 10-7　二叉索引树的 Python 实现

```
# 二叉索引树的 Python 实现

# 返回 arr [0,…,index] 的总和，此函数假定对数组进行了预处理
# 将数组元素的部分和存储在 BITree [] 中
def getsum(BITTree,i):
    s = 0 #初始化结果
    # BITree [] 中的索引比 arr [] 中的索引大 1
    i = i+1
    # BITree 的遍历祖先
    while i > 0:
        # 将 BITree 的当前元素相加
        s += BITTree[i]
        # 将索引移到 getSum 视图中的父节点
        i -= i & (-i)
    return s

#给定索引处更新 BITree 中的节点
#给定值 "val" 被添加到 BITree [i] 及其所有祖先树中
def updatebit(BITTree , n , i ,v):
    # BITree [] 中的索引比 arr [] 中的索引大 1
    i += 1
    # 遍历所有祖先并添加 "val"
    while i <= n:
        # 将 "val" 添加到 BITree 的当前节点
        BITTree[i] += v
        # 在更新视图中将索引更新为父索引
        i += i & (-i)

#为大小为 n 的给定数组构造并返回 BITree
def construct(arr, n):
    # 创建并初始化 BITree [] 为 0
    BITTree = [0]*(n+1)
    # 使用 update() 将实际值存储在 BITree [] 中
    for i in range(n):
        updatebit(BITTree, n, i, arr[i])
```

```
    return BITTree

# 测试代码部分
freq = [2, 1, 1, 3, 2, 3, 4, 5, 6, 7, 8, 9]
BITTree = construct(freq,len(freq))
print("Sum of elements in arr[0..5] is " + str(getsum(BITTree,5)))
freq[3] += 6
updatebit(BITTree, len(freq), 3, 6)
print("Sum of elements in arr[0..5] after update is " + str(getsum(BITTree,5)))
```

输出结果：

```
Sum of elements in arr[0..5] is 12
Sum of elements in arr[0..5] after update is 18
```

我们可以扩展二叉索引树来计算 $O(\log n)$ 时间范围内的总和吗？答案是肯定的，公式如下：

$$\text{rangeSum}(l,r)=\text{getSum}(r)-\text{getSum}(l-1)$$

10.4 实例 1：范围和的个数

给定一个整数数组 nums，返回位于 [lower, upper] 内的范围和的数量。范围总和 $S(i, j)$ 定义为索引 i 和 j 之间的数字之和（$i \leqslant j$）(包括两端）。举例如下。

输入：$\text{nums}=[-2,5,-1]$ ，lower = −2，upper = 2，

输出：3

说明：这三个范围是 [0,0], [2,2], [0,2]，它们各自的总和是 −2, −1, 2。

注意 实现时间复杂度为 $O(n^2)$ 的算法很简单，但是在面试中，需要更加优化的算法。

10.4.1 利用线段树求解

可以利用线段树来解决这个问题。首先计算前缀和为 [0, −2, 3, 2]，此时线段树的节点定义如下。

```
class SegmentTreeNode:
    def __init__(self,low,high):
        self.low = low
        self.high = high
        self.left = None
        self.right = None
        self.cnt = 0
```

对前缀和进行排序，利用排序后的前缀和建立线段树。初始化线段树的结果如图 10-8 所示。

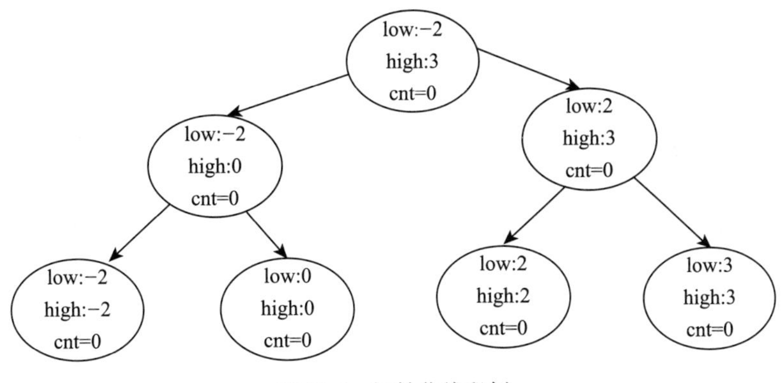

图 10-8　初始化线段树

对于前缀和中第一个值“0”，需要查找 [−2, 2] 所在的节点的 cnt 之和，发现节点 (low:−2,high:−2, cnt:0) 在 [−2,2] 之间，返回 cnt=0，更新 res=0，更新后的线段树如图 10-9 所示。

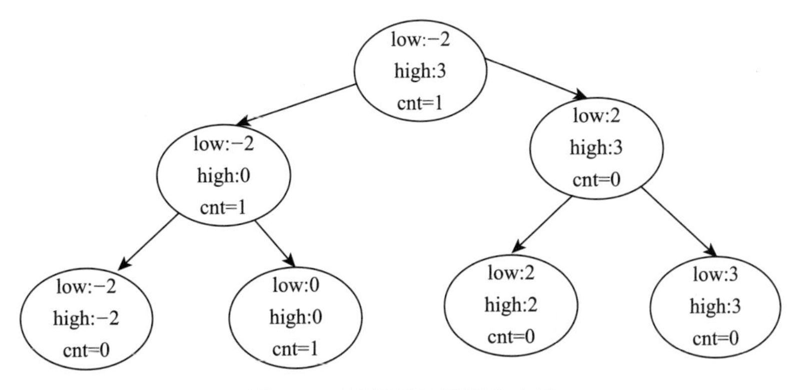

图 10-9　更新后的线段树（1）

对于前缀和中的第二个元素“ −2”，需要查找 [−4,0] 所在的节点的 cnt 之和，得到 res=1，同时更新元素 −2，更新后的线段树如图 10-10 所示。

对于前缀和中的第三个元素“3”，需要查找 [1,5] 所在的节点的 cnt 之和，得到 res=1，同时更新 3，更新后的线段树如图 10-11 所示。

对于前缀和中的第四个元素“2”，需要查找范围 [0,4] 内的所有节点的 cnt 之和，得到 res=3，同时更新元素 2，更新后的线段树如图 10-12 所示。

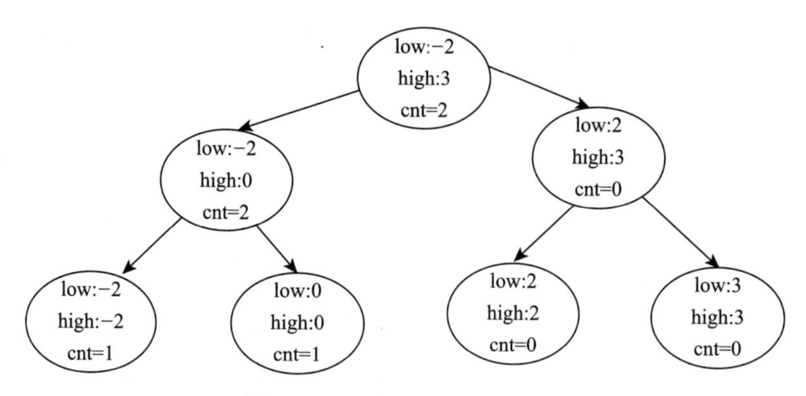

图 10-10 更新后的线段树（2）

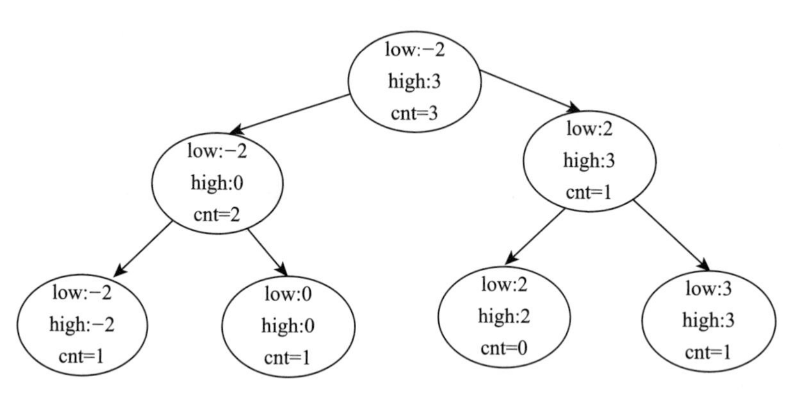

图 10-11 更新后的线段树（3）

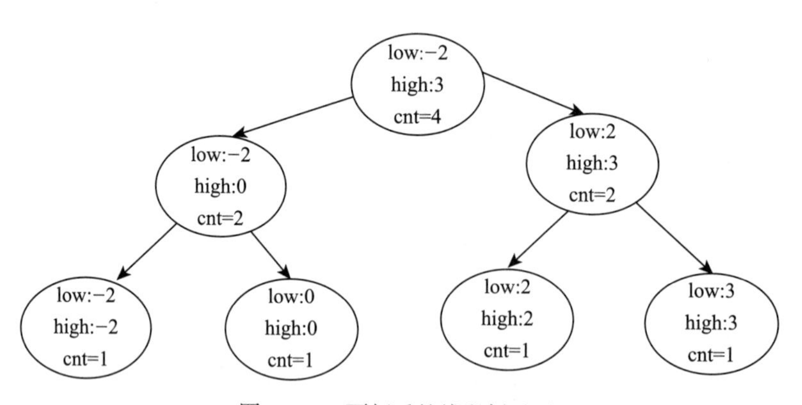

图 10-12 更新后的线段树（4）

代码清单 10-8 利用线段树求解

```
class SegmentTreeNode:
    def __init__(self,low,high):
```

```
        self.low = low
        self.high = high
        self.left = None
        self.right = None
        self.cnt = 0

class Solution:
    def _bulid(self, left, right):
        root = SegmentTreeNode(self.cumsum[left],self.cumsum[right])
        if left == right:
            return root

        mid = (left+right)//2
        root.left = self._bulid(left, mid)
        root.right = self._bulid(mid+1, right)
        return root

    def _print(self,root):
        if not root:
            return
        self._print(root.left)
        self._print(root.right)

    def _update(self, root, val):
        if not root:
            return
        if root.low<=val<=root.high:
            root.cnt += 1
            self._update(root.left, val)
            self._update(root.right, val)

    def _query(self, root, lower, upper):
        if lower <= root.low and root.high <= upper:
            return root.cnt
        if upper < root.low or root.high < lower:
            return 0
        return self._query(root.left, lower, upper) + self._query(root.right,
            lower, upper)

    # prefix-sum + SegmentTree | O(nlogn)
    def countRangeSum(self, nums: List[int], lower: int, upper: int) -> int:
        cumsum = [0]
        for n in nums:
            cumsum.append(cumsum[-1]+n)

        self.cumsum = sorted(list(set(cumsum)))
        root = self._bulid(0,len(self.cumsum)-1)
        self._print(root)
        res = 0
```

```
        for csum in cumsum:
            res += self._query(root, csum-upper, csum-lower)
            self._update(root, csum)
        return res
```

10.4.2 利用二叉索引树求解

因为该题目是范围计数，所以我们可以用二叉索引树来解决。解决此问题时还有一个技巧：在值集中应包含 presum−lower 和 presum−upper，因为我们将使用这两个值进行查询。

将数组转为包含 presum、presum−lower 和 presum−upper 的数组，然后扫描这个数组，计算符合 presum−upper ⩽ x ⩽ presum−lower 的值。

```
let cursum be current sum of arr[0 ~ i]
l = bit.query(x2i[presum - upper] - 1) # 小于presum - lower的数
r = bit.query(x2i[presum - lower]) # 小于或等于presum - upper的数
res += r - l
```

时间复杂度：$O(n\log n)$。$O(n\log n)$ 用于排序，$O(n)$ 用于 x2i 映射，$O(n\log n)$ 用于数值更新和查询。

空间复杂度：$O(n)$。$O(n)$ 用于二叉索引树的空间分配，$O(n)$ 用于 x2i 映射。

对于本题 nums = [−2,5,−1]，首先计算前缀和 presum 的值 ([0,1,2,3,4,5,−4,−2])，打印排序后的 presum 以及对应的位置 ([−4,−20,1,2,3,4,5])，然后需要更新 presum=0 在二叉索引树中的值，即 0,0,0,1,1,0,0,0,1。具体步骤如下。

步骤 1：数组中第 0 个元素为 −2 以及当前前缀和 presum 为 −2。

presum−upper=−4，索引位置为 1，count of values < −4，有 0。

presum−lower=0，索引位置为 3，count of values < 0，有 1。

需要更新当前 presum=−2 对应的索引 2 在二叉索引树中的值，目前二叉索引树的状态为 0,0,1,1,2,0,0,0,2。

步骤 2：数组中第 1 个元素 5 以及当前前缀和 presum 为 3。

presum−upper=1，索引位置为 4，count of values < 1，有 2。

presum−lower=5，索引位置为 8，count of values < 5，有 2。

需要更新当前 presum=3 对应的索引 6 在二叉索引树中的值，目前 BIT 的状态为 0,0,1,1,2,0,1,0,3。

步骤 3：数组中第 2 个元素 −1 以及当前前缀和 presum 为 2。

presum−upper=0，索引位置为 3，count of values < 0，有 1。

cursum−lower=4，索引位置为 7，count of values < 4，有 3。

需要更新当前 presum=2 对应的索引 5 在二叉索引树中的值，目前二叉索引树的状态为 0,0,1,1,2,1,2,0,4。

代码清单 10-9 利用二叉索引树求解

```
class BIT:
    def __init__(self, n):
        self.n = n
        self.tree = [0] * (n + 1)

    def update(self, x, delta):
        while x <= self.n:
            self.tree[x] += delta
            x += x & -x

    def query(self, x):
        res = 0
        while x > 0:
            res += self.tree[x]
            x -= x & -x
        return res

    def dump(self):
        print(" 目前 BIT 的状态 ")
        print(*self.tree,sep=',')

class Solution:
    def countRangeSum(self, nums: List[int], lower: int, upper: int) -> int:
        if not nums:
            return 0
        presum = 0
        values = set([0])
        """
        对于每个 presum, 有
        lower ≤ presum - x ≤ upper
        x ≤ presum - lower
        x ≥ presum - upper
        即
        presum - upper ≤ x ≤ presum - lower
        """
        for x in nums:
            presum += x
            values.add(presum)
            values.add(presum - lower)
            values.add(presum - upper)
        print(f' 当前 presum 的值为: {values}')
        # 将稀疏有序值映射到 1 ~ n
        x2i = {x: i + 1 for i, x in enumerate(sorted(set(values)))}
```

```
        # DEBUG 作用
        print('打印排序后的presum的值以及对应的位置：')
        [print(key, value) for key, value in x2i.items()]
        bit = BIT(len(x2i))
        bit.update(x2i[0], 1)
        print('需要更新一下presum=0在BIT中的值：')
        bit.dump()
        res = cur = 0
        # 计算配对
        for i, x in enumerate(nums):
            cur += x
            print(f'数组中第 {i} 个元素 {x} 以及当前前缀和 {cur} ')
            # 小于cursum - upper
            print(f'cursum-upper={cur-upper} 以及索引位置={x2i[cur - upper]}')
            l = bit.query(x2i[cur - upper] - 1)
            print(f'count of values < {cur - upper} 有 {l}')
            # 小于或等于cursum – lower
            print(f'cursum—lower={cur-lower} 以及索引位置={x2i[cur - lower]}')
            r = bit.query(x2i[cur - lower])
            print(f'count of values < {cur-lower} 有 {r}')
            res += r - l
            print(f'需要更新当前presum={cur}对应的索引{x2i[cur]}在BIT中的值：')
            bit.update(x2i[cur], 1)
            bit.dump()
        return res
```

10.4.3 利用二分搜索求解

sum[i]表示前i项和，任意区间[i, j]的和可以通过sum[j+1]−sum[i]在$O(1)$时间得到，sum[0]=0。要找到满足需求的区间，需要：lower ≤ sum[i + 1] − x ≤ upper，推导可得sum[i + 1] − upper ≤ x ≤ sum[i + 1] − lower。对于二分搜索而言，计算上界和下界的时间复杂度都是$O(n\log n)$，所以该算法的时间复杂度是$O(n\log n)$，而空间复杂度则是$O(n)$。

代码清单 10-10 利用二分搜索求解

```
def countRangeSum_bs(self, nums, lower, upper):
    import bisect
    count, s = 0, 0
    sorted_sums = [0]
    for x in nums:
        s += x  #表示sum[i+1]
        l = bisect.bisect_left(sorted_sums, s - upper)
        r = bisect.bisect_right(sorted_sums, s - lower)
        count += r - l
        bisect.insort(sorted_sums, s)
    return count
```

10.5 实例2：计算后面较小数字的个数

给定一个整数数组 nums，返回一个新的 counts 数组，其中 counts [*i*] 是 nums [*i*] 右侧较小元素的数量。举例如下。

输入：nums = [5,2,6,1]

输出：[2,1,1,0]

说明：

- 在 5 的右边有 2 个较小的元素（2 和 1）。
- 在 2 的右边，只有 1 个较小的元素（1）。
- 在 6 的右边有 1 个较小的元素（1）。
- 在 1 的右边有 0 个较小的元素。

10.5.1 二叉索引树解法

这个题目可以使用二叉索引树来解决。具体方法如下。

首先把数组的元素从小到大排列，得到 [1,2,5,6]，然后把索引转换为原来数组中的顺序，即 index=[2,1,3,0]。

从数组 index 中最后一个数 0 开始，统计数组中在 0 左边的所有数字之和。初始和为 0；同时更新数组中 0 右边的数字。此时数组为 [0,1,1,0,1]。

检测数组 index 中倒数第二个元素 3，统计数组中 3 左边所有数字的和，此时为 1。同时更新数组中 3 右边的数字。此时数组为 [0,1,1,0,2]。

检测数组 index 中倒数第三个元素 1，统计数组中 1 左边所有数字的和，此时为 1。同时更新数组中 1 右边的数字。此时数组为 [0,1,2,0,3]。

最后检测数组 index 中最后一个元素 2，统计数组中 2 左边所有数字的和，此时为 2。同时更新数组中 2 右边的数字。此时数组为 [0,1,2,1,4]。

代码清单 10-11　二叉索引树解法

```
class BIT:
    def __init__(self, nums):
        self.tree = [0] * (len(nums) + 1)

    def sum_query(self, i):
        # 二叉索引树的索引从 1 开始
        output, i = 0, i + 1
        while i > 0:
            output += self.tree[i]
```

```
            i -= i & (-i)
        return output

    def update(self, i, delta=0):
        i += 1
        while 0 < i < len(self.tree):
            self.tree[i] += delta
            i += i & (-i)

class Solution:
    def countSmaller(self, nums: List[int]) -> List[int]:
        # 如果数字是唯一且已排序的，请检查数字的索引位置
        e2index = {e: i for i, e in enumerate(sorted(set(nums)))}
        bit = BIT(e2index)
        # 将这些索引转换回原始顺序
        indexes = [e2index[e] for e in nums]
        # 在二叉索引树中从右到左遍历出现的次数
        output = []
        for index in indexes[::-1]:
            # 查询总和到索引左侧的所有内容
            output.append(bit.sum_query(index - 1))
            # 更新出现计数器直到此索引
            bit.update(index, 1)
        return output[::-1]
```

10.5.2 二分搜索解法

可以使用二分搜索求解，只需从头到尾循环，并维护一个排序列表。每次循环时，将当前数字放入排序列表中，并记录插入位置。

代码清单 10-12 二分搜索解法

```
def countSmaller_bs(self, nums):
    """
    只需要从头到尾循环，并维护一个排序列表，对于每个循环，我们将当前数字放入排序列表中并记录
        插入位置
    """
    res = []
    sorted = []
    from bisect import bisect_left
    for i in reversed(range(len(nums))):
        idx = bisect_left(sorted, nums[i])
        sorted.insert(idx, nums[i])
        res.append(idx)
    res.reverse()
    return res
```

10.5.3　线段树解法

使用线段树求解时，假设每个元素的值是节点的关键字，从列表头部开始遍历，构建二叉索引树。将第一个元素作为根节点，插入后续节点时则从根节点开始遍历树，小于当前元素值则插入左子树，大于当前元素值则插入右子树。直到遍历至叶子节点时，新插入的节点将作为当前叶子节点的左节点或右节点。

代码清单 10-13　线段树解法

```
class SegmentTreeNode(object):
    def __init__(self, val, start, end):
        self.val = val
        self.start, self.end = start, end
        self.left, self.right = None, None

class SegmentTree(object):
    def __init__(self, n):
        self.root = self.buildTree(0, n-1)

    def buildTree(self, start, end):
        if start > end:
            return None
        root = SegmentTreeNode(0, start, end)
        if start == end:
            return root
        mid = (start+end) / 2
        root.left, root.right = self.buildTree(start, mid), self.buildTree
            (mid+1, end)
        return root

    def update(self, i, diff, root=None):
        root = root or self.root
        if i < root.start or i > root.end:
            return
        root.val += diff
        if i == root.start == root.end:
            return
        self.update(i, diff, root.left)
        self.update(i, diff, root.right)

    def sum(self, start, end, root=None):
        root = root or self.root
        if end < root.start or start > root.end:
            return 0
        if start <= root.start and end >= root.end:
            return root.val
        return self.sum(start, end, root.left) + self.sum(start, end, root.
            right)
```

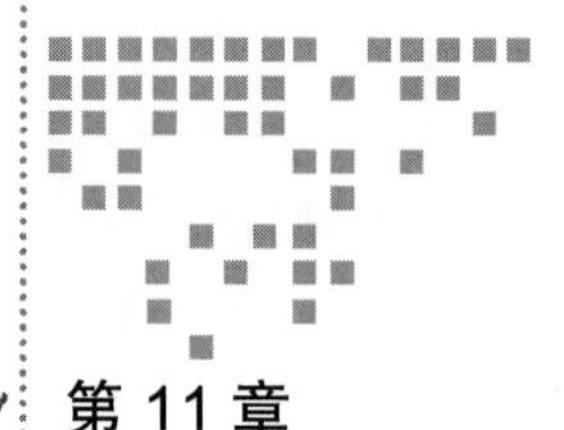

Chapter 11 第 11 章

图

图（Graph）是由节点和边组成的非线性数据结构。节点有时也称为顶点，边是连接图中任意两个节点的线或圆弧。例如，在图 11-1 中，顶点集 $V = \{0,1,2,3,4\}$，边集 $E = \{01,12,23,34,04,14,13\}$。

图用于解决现实生活中的许多问题。图可用于表示网络，例如城市网络、电话网络或电路网络。图还可用于表示诸如 LinkedIn、Meta（Facebook）之类的社交网络。例如，在 Facebook 中，每个人都用一个节点表示，每个节点都是一个结构，包含诸如人的姓名、性别、语言环境等信息。

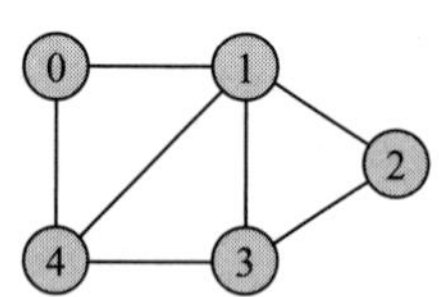

图 11-1　图的示例

图最常用的表示形式有邻接矩阵和邻接表。图也有其他表示形式，例如事件矩阵和事件列表。图表示形式的选择取决于具体情况，包括执行的操作类型和易用性等。

11.1　图的表示

11.1.1　邻接矩阵

邻接矩阵是二维数组，大小为 $V \times V$，其中 V 是图形中的顶点数，图的邻接矩阵表示如图 11-2 所示。假设二维数组为 adj，则数组中的元素 adj [i] [j] = 1 表示从顶点 i 到顶点 j 有一

	0	1	2	3	4
0	0	1	0	0	1
1	1	0	1	1	1
2	0	1	0	1	0
3	0	1	1	0	1
4	1	1	0	1	0

图 11-2　图的邻接矩阵表示

条边。邻接矩阵常用于表示无向图（即图中的边没有特定的方向），无向图的邻接矩阵始终是对称的。邻接矩阵也用于表示加权图，例如：如果 adj [i] [j] = w，则从顶点 i 到顶点 j 有一条权重为 w 的边。

这种表示法更易于实现和理解，且移除边只需要 $O(1)$ 时间。如果查询从顶点 u 到顶点 v 是否存在边，则需要 $O(1)$ 时间。

但是，这种表示法会占用更多的空间，为 $O(V^2)$。即使图是稀疏的（包含较少的边），也会占用相同的空间。并且，添加一个顶点的时间是 $O(V^2)$。

11.1.2　邻接表

使用邻接表表示图时，数组的大小等于顶点数。令数组为 array，元素 array[i] 表示与第 i 个顶点相邻的顶点的链表。该表示法也可以用于表示加权图。边的权重可以表示为成对的链表。图 11-3 是图 11-1 的邻接表表示。

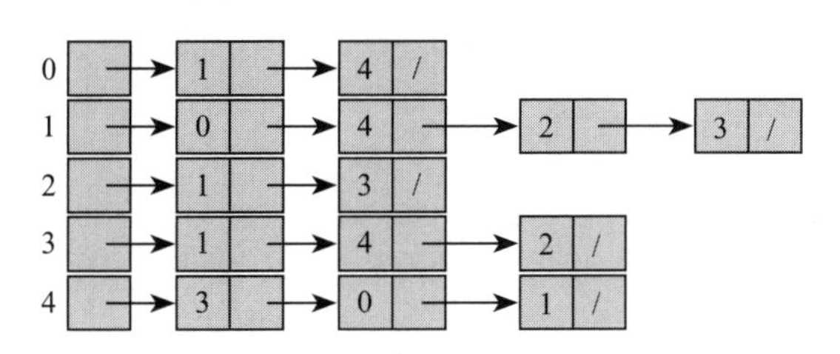

图 11-3　图的邻接表表示

图的邻接表表示代码如下。

代码清单 11-1　图的邻接表表示

```
"""
演示邻接关系的 Python 程序图的列表表示
"""

# 表示节点邻接表的类
class AdjNode:
    def __init__(self, data):
        self.vertex = data
        self.next = None

# 表示图形的类。图是邻接表的列表。数组的大小将是顶点的数量
class Graph:
    def __init__(self, vertices):
        self.V = vertices
        self.graph = [None] * self.V
```

```
    # 在无向图中添加边的功能
    def add_edge(self, src, dest):
        # 将节点添加到源节点
        node = AdjNode(dest)
        node.next = self.graph[src]
        self.graph[src] = node

        # 将源节点添加为目标
        node = AdjNode(src)
        node.next = self.graph[dest]
        self.graph[dest] = node

    # 打印图形的功能
    def print_graph(self):
        for i in range(self.V):
            print("Adjacency list of vertex {}\n head".format(i), end="")
            temp = self.graph[i]
            while temp:
                print(" -> {}".format(temp.vertex), end="")
                temp = temp.next
            print(" \n")


# 上面图类的驱动程序
if __name__ == "__main__":
    V = 5
    graph = Graph(V)
    graph.add_edge(0, 1)
    graph.add_edge(0, 4)
    graph.add_edge(1, 2)
    graph.add_edge(1, 3)
    graph.add_edge(1, 4)
    graph.add_edge(2, 3)
    graph.add_edge(3, 4)

    graph.print_graph()
```

运行结果：

```
Adjacency list of vertex 0
    head -> 4 -> 1

Adjacency list of vertex 1
    head -> 4 -> 3 -> 2 -> 0

Adjacency list of vertex 2
    head -> 3 -> 1
```

```
Adjacency list of vertex 3
    head -> 4 -> 2 -> 1

Adjacency list of vertex 4
    head -> 3 -> 1 -> 0
```

11.2　实例1：克隆图

给定连接无向图中节点的引用关系，要求返回图的深层副本（克隆图），如图11-4所示。

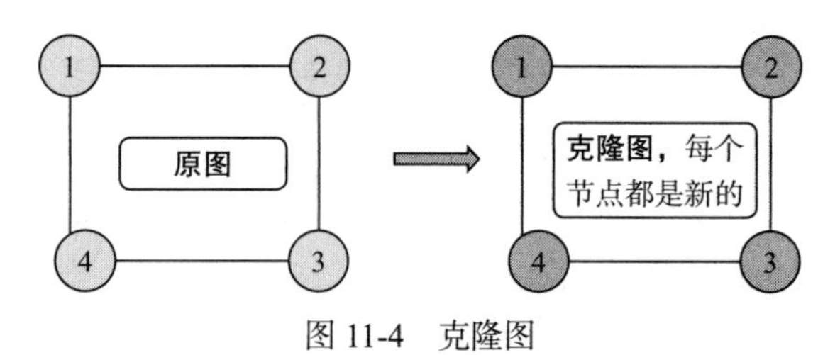

图11-4　克隆图

思路：对于这种题目可以采用标准的广度优先搜索（BFS）算法来解决，利用哈希表来映射原节点和新节点之间的关系。

代码清单11-2　克隆图的BFS解法

```
class Solution:
    def cloneGraph(self, node: 'Node') -> 'Node':
        if node is None:
            return None
        # 定义一个队列
        q = deque()
        q.append(node)
        # 利用哈希表来表示原节点和新节点的对应关系
        vis = defaultdict()
        vis[node] = Node(node.val)

        while q:
            front = q.popleft() #弹出第一个元素
            for child in front.neighbors:
                # 当前节点没有访问过的情况
                if child not in vis:
                    vis[child] = Node(child.val)
                    q.append(child)
                vis[front].neighbors.append(vis[child])
        return vis[node]
```

当然，这个问题也可以使用深度优先搜索（DFS）算法解决，利用哈希表存储已经访问过的节点。

代码清单 11-3 克隆图的 DFS 解法

```
class Solution:
    def cloneGraph(self, node: 'Node') -> 'Node':
        table = {}
        def dfs(node):
            if not node: # 节点为空，则返回
                return node
            elif node.val in table: # 如果节点已经在字典中，则返回
                return table[node.val]
            else:
                ans = Node(node.val) # 创建新的节点
                table[node.val] = ans # 建立对应关系，存储在哈希表中
                for n in node.neighbors: # 遍历当前节点的邻居
                    ans.neighbors.append(dfs(n))
                return ans
        return dfs(node)
```

上述两种方法的时间复杂度都是 $O(n)$，空间复杂度为 $O(n)$。

11.3 实例 2：图验证树

给定 n 个从 0 到 $n-1$ 标记的节点以及一系列无向边（每个边都有一对节点），编写一个函数来检查这些边是否构成有效树（即没有回环）。举例如下。

例 1

输入：$n = 5$，边线 = [[0,1],[0,2],[0,3],[1,4]]

输出：True

例 2

输入：$n = 5$，边线 = [[0,1],[1,2],[2,3],[1,3],[1,4]]

输出：False

> **注意** 可以假设边中不会出现重复。由于所有边都是无向的，因此 [0,1] 与 [1,0] 相同，[0,1] 与 [1,0] 不会同时出现在边中。

这里可以使用三种不同的方法求解：深度优先搜索（DFS）、广度优先搜索（BFS）以及并查（Union Find）算法。

11.3.1 深度优先搜索解法

首先用深度优先搜索算法来求解，根据边线来建立一个图的结构，用邻接表来表示，

还需要一个一维数组 v 来记录某个节点是否被访问过，然后用 DFS 来搜索节点 0。遍历的思想是，当深度搜索到某个节点，先看当前节点是否被访问过，如果已经被访问过，则说明环存在，直接返回 False；如果未被访问过，则将其状态标记为已访问过，然后到邻接表里找与其相邻的节点继续递归遍历，注意，此时还需要一个变量 pre 来记录上一个节点，以免回到上一个节点。遍历结束后，就把和节点 0 相邻的节点都标记为 True，然后看 v 里面是否还有没被访问过的节点，如果有，则说明图不是完全连通的，返回 False，反之则返回 True。

对于例 1，从节点 0 开始执行操作。因为节点 0 没有被访问过，所以把节点 0 标记为已访问过，然后遍历和节点 0 相连的节点 1、2、3。在 DFS 算法中，对于节点 1 而言，和它连接的节点包括节点 0 和节点 4，但是节点 0 是节点 1 的父节点，因此不需要遍历。访问节点 4，同时把节点 4 设成已访问过。因为节点 4 访问完，回到了上一个状态，所以这个时候访问节点 2，节点 2 没有被访问过，把它设成已访问过。访问节点 3，节点 3 也没有被访问过，同样设成已访问过。最后，检测所有节点是否被访问过。如果所有节点都被访问过了，说明没有孤立节点存在，则可以构成有效树，如图 11-5 所示。

对于例 2，同样从节点 0 开始执行操作。因为节点 0 没有被访问过，所以把节点 0 标记为已访问过。然后遍历和节点 0 相连的节点 1。对于节点 1 而言，和它连接的节点包括节点 0、节点 2、节点 3 以及节点 4，但是节点 0 是节点 1 的父节点，因此不需要遍历。接着访问节点 4，同时把节点 4 设成已访问过。节点 4 访问完，开始访问节点 2。节点 2 没有被访问过，设成已访问过。接下来遍历节点 2 的邻居节点 1 和节点 3，因为节点 1 是节点 2 的父节点，所以跳过。对于节点 3，它没有被访问过，设成已访问过。最后回到节点 1 的下一个节点 3，此时发现节点 3 已经被访问过，说明有环产生，返回 False，如图 11-6 所示。

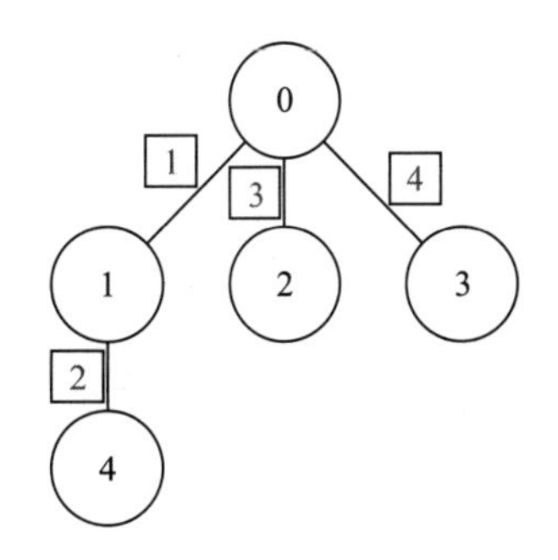

图 11-5　图解使用 DFS 验证有效树（1）

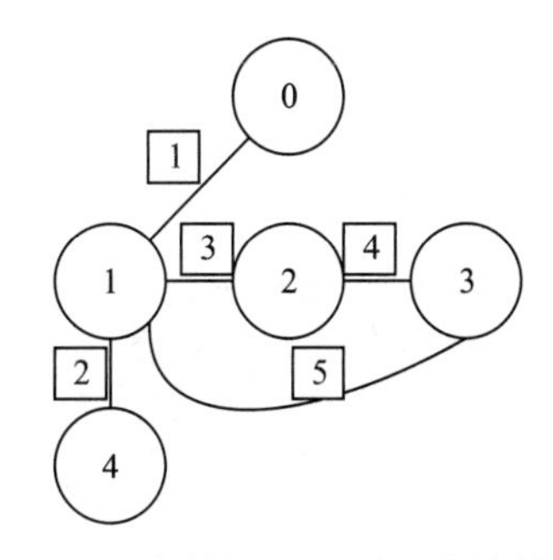

图 11-6　图解使用 DFS 验证有效树（2）

代码清单 11-4 使用 DFS 验证有效树

```
class Solution(object):
    def validTree(self, n, edges):
        lookup = collections.defaultdict(list)
        for edge in edges:# 把每条边都写进邻接表
            lookup[edge[0]].append(edge[1])
            lookup[edge[1]].append(edge[0])
        visited = [False] * n # 预先定义一个列表，所有的节点状态都是 False

        if not self.helper(0, -1, lookup, visited):
            return False

        for v in visited:# 确保每个节点都被访问过
            if not v:
                return False

        return True

    def helper(self, curr, parent, lookup, visited):
        if visited[curr]: # 如果节点被访问过，则返回 False
            return False
        visited[curr] = True # 设置当前节点被访问过
        for i in lookup[curr]:# 检查当前节点的下一个状态
            if (i != parent and not self.helper(i, curr, lookup, visited)):
                return False

        return True
```

11.3.2 广度优先搜索解法

下面来看广度优先搜索算法，思路很相近，需要用队列来辅助遍历，这里没有用一维数组来标记节点是否被访问过，而是用了一个哈希表。如果遍历到一个节点，它在哈希表中不存在，则将其加入哈希表，如果已经存在，则返回 False。在遍历邻接表时，遍历完成后需要将节点删掉。

代码清单 11-5 使用 BFS 验证有效树

```
class Solution(object):
    def validTree(self, n, edges):
        if len(edges) != n - 1:  # Check number of edges.
            return False

        # 初始化邻居节点
        neighbors = collections.defaultdict(list)
        for u, v in edges:
```

```
        neighbors[u].append(v)
        neighbors[v].append(u)

    # 使用 BFS 判断是否是有效树
    visited = {}
    q = collections.deque([0])
    while q:
        curr = q.popleft()
        for node in neighbors[curr]:
            if node not in visited:
                visited[node] = True
                q.append(node)
     else:
       return False;

    return len(visited) == n
```

11.3.3 并查集解法

并查集（Union Find）对于解决连通图的问题很有效。思路是遍历节点，如果两个节点相连，则将其根节点相连，这样可以找到环。初始化根节点数组为对应的索引，然后对一条边的两个节点分别调用 find 函数。得到的值如果相同，则说明存在环，返回 False；如果不同，则使其根节点连通。

仍然以例 2 来解释 Union Find 是如何实现的，如图 11-7 所示。定义一个 roots 数组，数组中的每个元素均对应于其索引。首先看边 [0,1]，虽然节点 0 和节点 1 对应的父节点不一样，但是它们是相连的。把节点 1 的父节点连接到节点 0 的父节点，因此节点 1 的父节点就是节点 0。

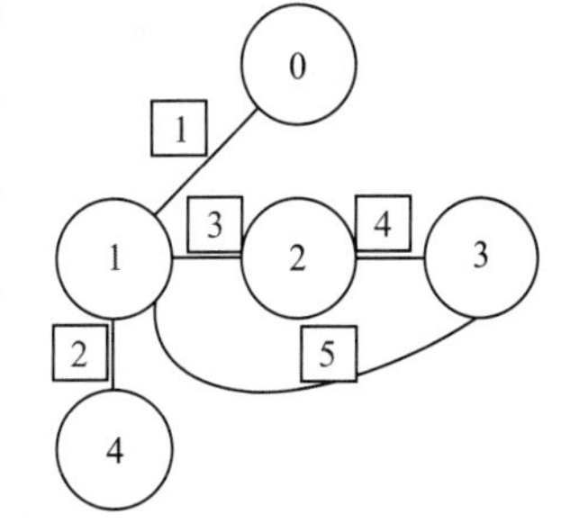

图 11-7 图解使用 Union Find 验证图

对于边 [1,4]，因为它们的父节点分别是节点 0 和节点 4，而它们是相连的，所以把节点 4 的父节点连接到节点 0 上。

对于边 [1,2]，因为它们的父节点分别是节点 0 和节点 2，而它们是相连的，所以把节点 2 的父节点连接到节点 0 上。

对于边 [2,3]，因为它们的父节点分别是节点 0 和节点 3，而它们是相连的，所以把节点 3 的父节点连接到节点 0 上。

对于边 [1,3]，因为它们的父节点分别是节点 0 和节点 0，它们的父节点已经相同，所以它们已经相连了，环存在。

代码清单 11-6 使用 Union Find 验证有效树

```
class Solution:
    # @param {int} n, 一个整数
    # @param {int[][]} edges, 无向边的列表
    # @return {boolean} 如果是有效树, 则返回 True; 否则返回 False
    def validTree(self, n, edges):
        root = [i for i in range(n)] # 初始化每个节点的父节点
        for i in edges: # 遍历每条边
            root1 = self.find(root, i[0])
            root2 = self.find(root, i[1])
            if root1 == root2: # 说明这条边的两个点已经相连
                return False
            else:
                root[root1] = root2
        return len(edges) == n - 1

    def find(self, root, e):
        if root[e] == e:
            return e
        else:
            root[e] = self.find(root, root[e])
            return root[e]
```

第三部分 Part 3

算　　法

- 第12章　二分搜索
- 第13章　双指针法
- 第14章　动态规划
- 第15章　深度优先搜索
- 第16章　回溯
- 第17章　广度优先搜索
- 第18章　并查集
- 第19章　数据结构与算法面试真题实战

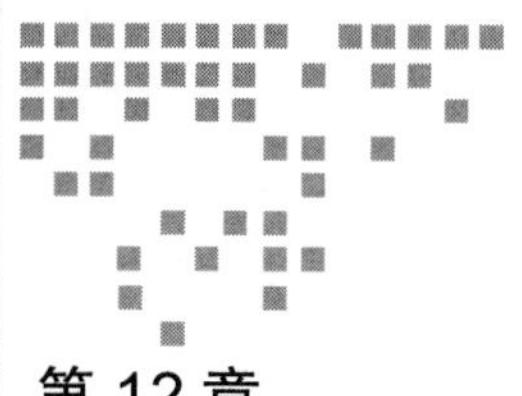

Chapter 12 第12章

二分搜索

二分搜索（也称为二分法）是计算机科学中的基本算法之一，一般用于排好序的数组。它通过将搜索间隔分成两半来搜索排序的数组。从覆盖整个数组的间隔开始，如果搜索键的值小于间隔中间的项目，将间隔缩小到下半部分，否则将其缩小到上半部分。重复搜索，直到找到该值或间隔为空。计算复杂度是 $O(\log n)$。

下面来看一下比较常见的几个二分法的面试题目。

12.1 实例1：求平方根

实现 int sqrt(int x)，计算并返回 x 的平方根，其中 x 是一个非负整数。由于返回类型是整数，因此十进制数字将被截断，并且仅返回结果的整数部分。

思路：利用二分法求解。

代码清单 12-1 利用二分法求平方根

```
class Solution:
    def mySqrt(self, x: int) -> int:
        if x == 0:
            return 0
        if x == 1:
            return 1
        left =0
        right = x
```

```
        value = -1
        while left <= right:
            mid = (left + right) // 2
            if mid * mid > x:
                value = mid
                right = mid -1
            else:
                left = mid + 1
        if value * value > x:
            return value - 1
        return value
```

12.2　实例 2：在旋转排序数组中搜索

假设以升序排序的数组以未知的某个枢轴旋转，如 [0, 1, 2, 4, 5, 6, 7] 可能会变成 [4, 5, 6, 7, 0, 1, 2]。请在该数组中搜索目标值，如果目标值在数组中找到，则返回其索引，否则返回 −1。可以假设数组中不存在重复项，算法的运行时间复杂度必须为 $O(\log n)$。

思路：利用二分法求解。如果中间的元素大于左边的那个元素，说明左边部分已经排好序；否则，说明右边部分已经排好序。

代码清单 12-2　在旋转排序数组中搜索

```
class Solution:
    def search(self, nums: List[int], target: int) -> int:
        l, r = 0, len(nums) - 1

        while l <= r:
            mid = (l + r) // 2
            if target == nums[mid]:
                return mid
            # 对 nums[left to mid] 进行排序
            if nums[l] <= nums[mid]:
                if target > nums[mid] or target < nums[l]:
                    l = mid + 1
                else:
                    r = mid - 1
            # 对 nums[mid to right] 进行排序
            else:
                if target < nums[mid] or target > nums[r]:
                    r = mid - 1
                else:
                    l = mid + 1
        return -1
```

12.3 案例3：会议室预订问题

设计一个会议室预订系统，系统有一个book函数，该函数将在一个时间间隔内多次调用。如果房间可用，系统将返回True并存储该时间间隔。如果不可用，它只会返回False。

只有当时间间隔不与任何其他预订的时间间隔重叠时，才能预订房间。举例如下：

- book(10, 20) —> True
- book(20, 30) —> True
- book(5, 15) —> False

第三个时间间隔与第一个时间间隔重叠，这就是它返回False的原因。

这是目前面试常考的一道典型问题。当然，我们可以利用数组保存每个会议室预订的时间间隔，遇到新的会议室预订时，就会遍历已有的数组，来比较数组中的每个元素和新的会议室预订时间是否有重叠。面试的时候可以做以下假设：时间间隔只是数字，而不是像分钟或小时这样的“真实时间”。

12.3.1 问题1：如何优化

最优的解决方案是创建一个时间间隔数组，并按开始时间对其进行排序，例如，bookings = [[10, 20], [20, 30], [70, 72]]。然后，使用二分法来查找区间是否重叠。

代码清单12-3 会议室预订问题

```
class Event:
    def __init__(self, start, end):
        self.start = start
        self.end   = end

class ConferenceBooking:

    def __init__(self):
        self.schedules = []


    def booking(self, event):
        if event.start > event.end:
           return False
        low, high = 0, len(self.schedules)-1
        while low < high:
           mid = (low+high)//2
           if event.start > self.schedules[mid].end:
               low = mid + 1
           elif event.end < self.schedules[mid].start:
               low = mid - 1
```

```
            else:
                return False
        self.schedules.insert(low, event)
        return True

if __name__ == "__main__":
    solution = ConferenceBooking()
    event1 = Event(10,20)
    res = solution.booking(event1)
    assert res == True
    event2 = Event(20,30)
    res = solution.booking(event2)

    assert res == True
    event3 = Event(10, 15)
    res = solution.booking(event3)
    assert res == False
```

12.3.2 问题 2：如何预订多个房间

假设你现在有两个房间，你将如何更改代码，以便可以最多“重叠”两个预订？

解决此问题的一种方法如下。

1）创建一个排序数组，最多可以重叠 2 个（或在一般情况下为 N 个），该数组具有所有开始和结束时间，但不再组合在一起，如下所示：

```
bookings: [{type: "开始",时间:10},{类型:"结束",时间:20},{类型:"开始",时
    间:30},{类型:"结束",时间:40}]
```

2）将“新的可能预订”插入到正确位置的数组中。

3）循环遍历数组。初始化计数器为 0。每次找到 type = "start" 时，则计数器加 1。每次找到 type = "end" 时，从计数器中减去 1。如果在任何时候计数器 counter > 2（或者计数器 counter > N），那么这意味着对于这个新的预订，会议室将重叠，所以函数应该返回 False，并从 bookings 数组中删除添加的值。

使用二分搜索解决此问题的另一种更有效的方法是：

- ❑ 对于每个点都存储类型、时间和计数器。
- ❑ 使用二分搜索查找插入新起始位置的位置。
- ❑ 使用二分搜索查找插入新结束位置的位置。
- ❑ 如果可能，插入起始位置并尝试递增每个计数器，直到结束位置。

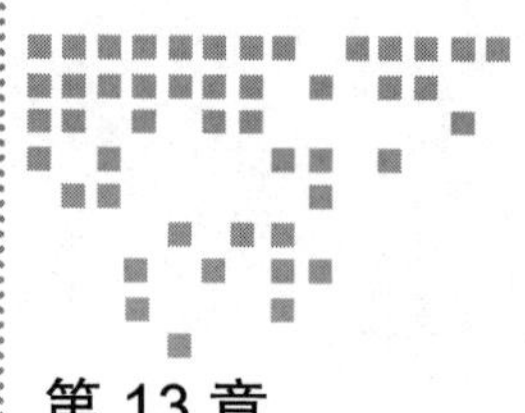

Chapter 13 第 13 章

双指针法

13.1 实例 1：稀疏向量的点积

假设有非常大的稀疏向量（向量中的大多数元素为 0）：

- 找到一个数据结构来存储它们；
- 计算点积。

如果其中一个向量中的元素很少，该怎么办？

思路：该题是脸书常用的电话面试问题，可以用双指针法来解决。一般正常的算法就是遍历两个数组，分别相乘，最后把相乘的结果相加。但是由于向量稀疏，很多元素都为 0，因此上述方法显然效率不高。首先需要考虑如何保存稀疏向量结构中的数据。因为大部分元素是 0，一种方式就是利用哈希表来保存非零元素索引和其对应的数值关系。当然哈希表还是需要额外的数据结构。另一种方式就是利用另一个数组，数组中的每个元素用来存储非零数据的索引和数值，然后比较两个数组的每个元素的索引，如果一致，就相乘，否则移动指针。

代码清单 13-1　稀疏向量的点积

```
a = [(1,2),(2,3),(100,5)]
b = [(0,5),(1,1),(100,6)]

i = 0; j = 0
result = 0
```

```
    while i < len(a) and j < len(b):
        if a[i][0] == b[j][0]: # 如果两个数组的索引相同，则相乘
            result += a[i][1] * b[j][1]
            i += 1
            j += 1
        # 如果数组A非零元素的索引小于数组B非零元素的索引，A移到下一个非零元素
        elif a[i][0] < b[j][0]:
            i += 1
        ## 如果数组B非零元素的索引小于数组A非零元素的索引，B移到下一个非零元素
        else:
            j += 1
    print(result)
```

复杂度分析：时间复杂度为 $O(N)$，空间复杂度为 $O(N)$，其中 N 为非零元素的个数。

13.2 实例2：最小窗口子字符串

给定一个字符串S和一个字符串T，找到S中的最小窗口，窗口中将包含T中的所有字符，时间复杂度为 $O(n)$。举例如下。

输入：S = “ADOBECODEBANC”，T = “ABC”

输出：“BANC”

思路：这种问题一般使用双指针法求解。但是如何判断一个字符串S包含T中所有的字符呢？这里可以非常巧妙地利用哈希表来解决。首先利用一个哈希表存储所有T里面的字符，同时统计T里的字符个数，即figures。然后不断移动右指针，每移动一个字符，检测当前字符是否在哈希表中，如果在的话，那么哈希表中对应的字符个数就减1，如果对应的字符的个数为0，figures减去1。如果figures变为0，说明当前的字符串里面包含了字符串T，这时需要检测当前的长度是不是最小长度。同时移动左指针，每移动一个左指针的字符，需要检测当前字符是否在哈希表中，如果在的话，那么哈希表中相对应的字符个数就加1，如果对应的字符的个数大于0，figures加1。

代码清单13-2 最小窗口子字符串

```
class Solution:
    def minWindow(self, s: str, t: str) -> str:
        s+="@"
        # 定义一个字典
        dict_t = collections.Counter(t)
        # 定义左指针、右指针，还有T里面不同字符的个数
        l, r, figures = 0,0, len(dict_t.keys())
        res = [0,len(s) + 1] # 定义长度
        while r < len(s):
```

```
            if figures == 0: # 此时字符串已经满足 T 的要求
                if r - l < res[1] - res[0]: # 更新一下长度
                    res = [l,r]
                if s[l] in dict_t:# 如果左指针所指向的字符在字典中
                    dict_t[s[l]] += 1
                    if dict_t[s[l]] > 0: # 如果对应字符的个数已经大于 0，说明新增了一
                        个字符
                        figures += 1
                l += 1 # 移动左指针
            else:
                if s[r] in dict_t:# 如果右指针所指向的字符在字典中
                    dict_t[s[r]] -= 1 # 个数减 1
                    if dict_t[s[r]] == 0:# 如果对应字符的个数为 0，说明在字符串中去除
                        当前字符
                        figures -= 1
                r+=1 # 移动右指针
        # 返回结果
        if res == [0,len(s) + 1]: return ""
        else: return s[res[0]:res[1]]
```

13.3 实例 3：间隔列表相交

给定两个闭合间隔列表，每个间隔列表成对不相交并按顺序排列，要求返回这两个间隔列表的交集。通常，闭合间隔 [*a*, *b*]（其中 $a \leqslant b$）表示实数 *x* 的集合，其中 $a \leqslant x \leqslant b$。两个闭合间隔的交集要么为一组实数，或可以表示为闭合间隔，要么为空。例如，[1, 3] 与 [2, 4] 的交集为 [2, 3]。下面以图 13-1 为例进行介绍。

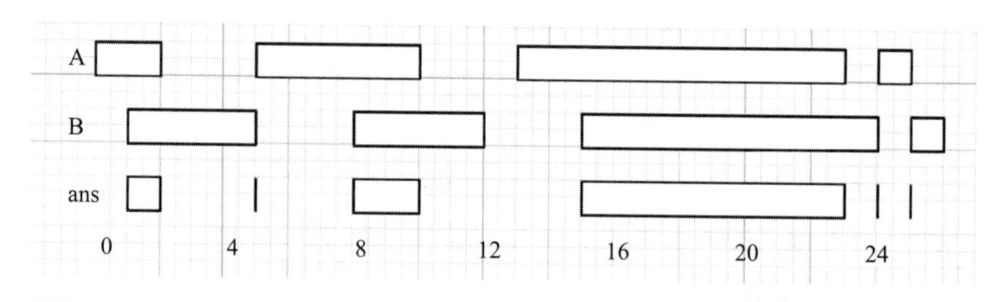


```
输入：A = [[0,2],[5,10],[13,23],[24,25]], B = [[1,5],[8,12],[15,24], [25,26]]
输出：[[1,2],[5,5],[8,10],[15, 23],[24,24],[25,25]]
```

图 13-1　两个间隔列表的交集

思路：在间隔 [*a*, *b*] 中，将 *b* 称为“端点”。在给定的间隔中，请考虑具有最小端点的间隔 *A* [0]（不失一般性，此间隔在数组 *A* 中）。在数组 *B* 的间隔中，*A* [0] 只能与数组 *B* 中一个这样的间隔相交（如果 *B* 中的两个间隔与 *A* [0] 相交，则它们都共享 *A* [0] 的端

点，但是间隔在 B 中是不相交的，矛盾）。

如果 A [0] 的端点最小，则它只能与 B [0] 相交。之后，可以丢弃 A [0]，因为它无法与其他任何间隔相交。同样，如果 B [0] 的端点最小，则它只能与 A [0] 相交，并且由于 B [0] 无法与其他任何间隔相交，因此可以丢弃 B [0]。在此使用两个指针 i 和 j 来虚拟地重复管理“丢弃” A [0] 或 B [0]。具体求解过程如图 13-2 ～图 13-6 所示。

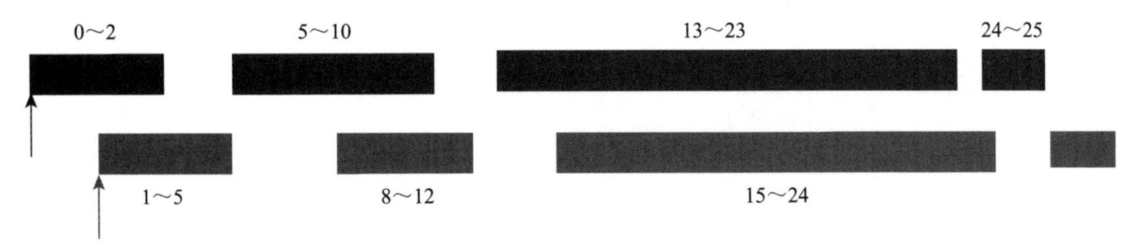

图 13-2 图解间隔列表交集（1）

第一步：i=0，j=0，lo = max(A[i][0],B[j][0]) = 1，Hi = min(max(A[i][1],B[j][1])) = 2，所以有交集 [1,2]。

因为 A[i][1]<B[j][1]，i++，所以 i= 1。

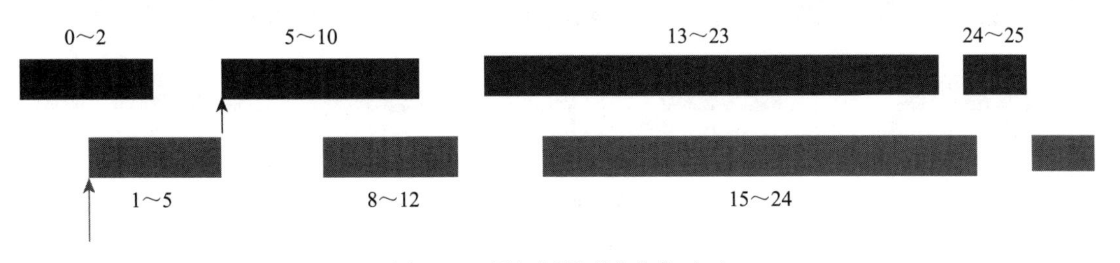

图 13-3 图解间隔列表交集（2）

第二步：i=1，j=0，lo = max(A[i][0],B[j][0]) = 5，Hi = min(max(A[i][1],B[j][1])) = 5，没有交集。

因为 A[i][1]>B[j][1]，j++，所以 j= 1。

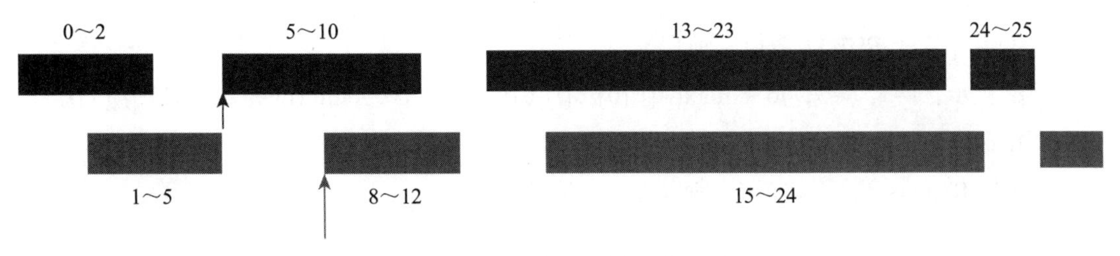

图 13-4 图解间隔列表交集（3）

第三步：i=1，j=1，lo = max($A[i][0]$,$B[j][0]$) = 8，Hi = min(max($A[i][1]$,$B[j][1]$)) = 10，交集为 [8,10]。

因为 $A[i][1]<B[j][1]$，i++，所以 i= 2。

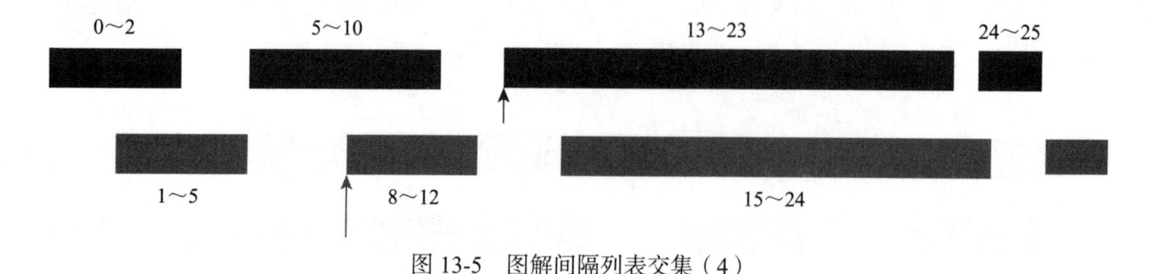

图 13-5 图解间隔列表交集（4）

第四步：i=2，j=1，lo = max($A[i][0]$,$B[j][0]$) = 13，Hi = min(max($A[i][1]$,$B[j][1]$)) = 12，无交集。

因为 $A[i][1]>B[j][1]$，j++，所以 j= 2。

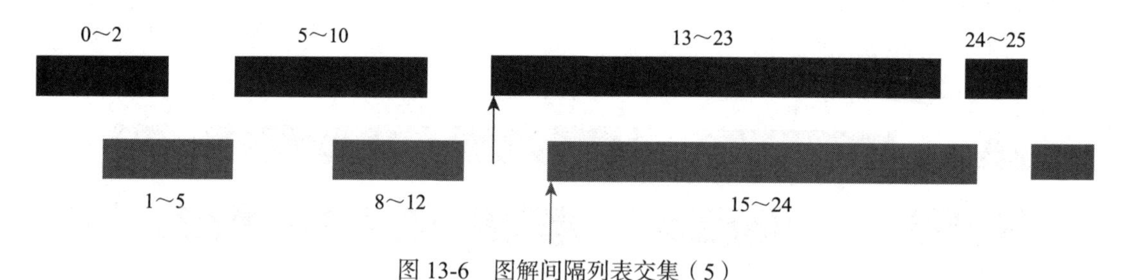

图 13-6 图解间隔列表交集（5）

第五步：i=2，j=2，lo = max($A[i][0]$,$B[j][0]$) = 15，Hi = min(max($A[i][1]$,$B[j][1]$)) = 13，交集为 [15,23]。

因为 $A[i][1]<B[j][1]$，i++，所以 i= 3。

第六步：i=3，j=2，lo = max($A[i][0]$,$B[j][0]$) = 24，Hi = min(max($A[i][1]$,$B[j][1]$)) = 24，无交集。

因为 $A[i][1]>B[j][1]$，j++，所以 j= 3。

第七步：i=3，j=3，lo = max($A[i][0]$,$B[j][0]$) = 25，Hi = min(max($A[i][1]$,$B[j][1]$)) = 25，无交集。

因为 $A[i][1]<B[j][1]$，j++，所以 j= 4，越界结束。

代码清单 13-3　间隔列表的交集

```
class Solution:
    def intervalIntersection(self, A: List[List[int]], B: List[List[int]]) ->
        List[List[int]]:
        ans = []
        i = j = 0

        while i < len(A) and j < len(B):
            # 检查A[i]是否与B[j]相交
            # lo—交点的起点
            # hi—相交的端点
            lo = max(A[i][0], B[j][0])
            hi = min(A[i][1], B[j][1])
            if lo <= hi:
                ans.append([lo, hi])

            # 删除具有较小末端点的间隔
            if A[i][1] < B[j][1]:
                i += 1
            else:
                j += 1
        return ans
```

复杂度分析：时间复杂度为 $O(n)$，空间复杂度为 $O(1)$。

13.4　实例 4：最长连续 1 的个数

问题：给定数组 A 为 0 和 1，我们最多可以将 K 个数值从 0 更改为 1。返回仅包含 1 的最长（连续）子数组的长度。举例如下。

例 1

输入：$A = [1,1,1,0,0,0,1,1,1,1,0]$，$K = 2$

输出：6

说明：[1,1,1,0,0,1,1,1,1,1,1]，粗体数字从 0 翻转为 1，最长的子数组带下划线。

例 2

输入：$A = [0,0,1,1,0,0,1,1,1,0,1,1,0,0,0,1,1,1,1]$，$K = 3$

输出：10

说明：[0,0,1,1,1,1,1,1,1,1,1,1,0,0,0,1,1,1,1]，粗体数字从 0 翻转为 1，最长的子数组带下划线。

思路：利用双指针法，如果遇到 0，则统计 0 的个数，可以用变量 flip 表示，如果 0 的个数大于 K，则需要移动左指针，如果遇到 0，则 flip 的个数需要减去 1。计算过程如图 13-7 所示。

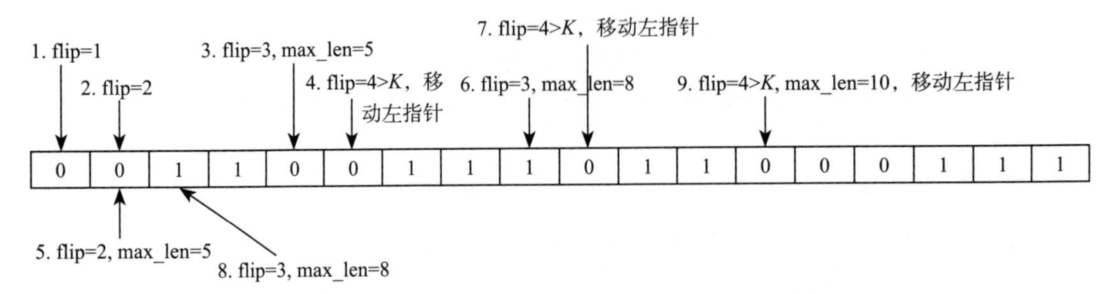

图 13-7 图解最长连续 1 的个数

第一步：遇到 0，flip++，flip =1，max_len = 1。

第二步：遇到 0，flip++，flip =2，max_len = 2。

第三步：遇到两个 1，flip =2，max_len = 4，直到下一个 0，flip++，flip=3，此时 max_len=5。

第四步：遇到 0，flip++，flip =4，此时 flip >K，开始移动左指针。

第五步：移动左指针，遇到 0，flip−−，flip = 2，max_len = 5。

第六步：继续移动右指针，由于遇到 1，直接更新长度，max_len = 8。

第七步：继续移动右指针，遇到 0，flip++，此时 flip=4>K，所以开始移动左指针。

第八步：移动左指针，遇到 0，flip−−，flip = 3，max_len = 8。

第九步：移动左指针，遇到连续两个 1，直接更新长度，max_len=10。

代码清单 13-4 最长连续 1 的个数

```
class Solution:
    def longestOnes(self, A: List[int], K: int) -> int:
        max_len = -1
        # 定义双指针
        left, right = 0,0
        # 定义遇到零的个数
        flip = 0
        for right, item in enumerate(A):
            if item == 0: flip+=1
            # 确保当前零的个数不超过 K
            while flip>K:
                if A[left]==0: flip-=1
                left+=1
            #更新一下当前的最大长度
            max_len = max(max_len,right-left+1)
        return max_len
```

复杂度分析：时间复杂度为 $O(n)$，空间复杂度为 $O(1)$。

13.5 实例5：查找字符串中的所有字母

给定字符串 s 和非空字符串 p，在 s 中找到 p 的异位词的所有起始索引。字符串仅包含小写英文字母，并且字符串 s 和 p 的长度分别不得大于 100、20。输出顺序无关紧要。举例如下。

输入：s 为“cbaebabacd”，p 为“abc”

输出：[0, 6]

说明：起始索引为 0 的子字符串是“cba”，它是“abc”的字形。起始索引为 6 的子字符串是“bac”，它是“abc”的字形。

思路：利用双指针法的思路。首先利用哈希表存储目标字符串，然后遍历给定字符串，如果两个指针之间的距离等于目标字符串的长度，则需要检测两个哈希表是否相同。同时移动左指针。计算过程如图 13-8 所示。

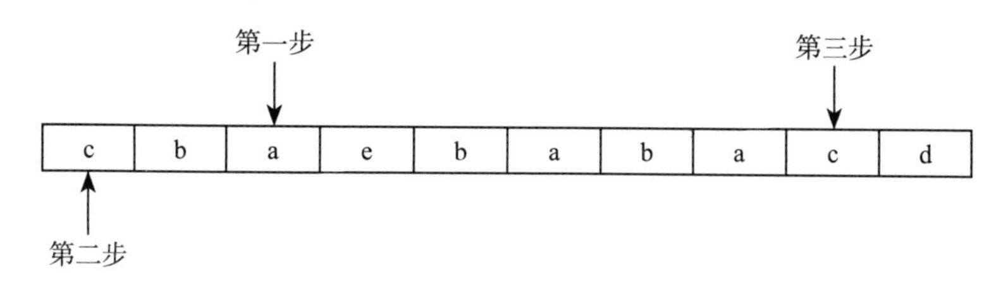

图 13-8 图解如何查找字符串中的所有字母

第一步：当右指针到达长度为 3 的时候，需要检测 s_counter 与 p_counter 是否相等，如果相等，把左指针地址 0 写进列表。

第二步：移动左指针，s_counter[c]=1，所以删除字典里的字符 c。

第三步：继续移动右指针，发现此时 s_counter=p_counter，把左指针的地址 6 写进列表。

代码清单 13-5 查找字符串中的所有字母

```
class Solution:
    def findAnagrams(self, s: str, p: str) -> List[int]:
        # 定义两个哈希表
        p_counter = Counter(p)
        s_counter = Counter()

        # 最终结果
        ans = []
        np = len(p)
        ns = len(s)
```

```
        # 利用滑动窗口
        left = 0;
        for i in range(ns): # 右指针
            s_counter[s[i]] += 1
            # 如果字符串长度等于目标字符串长度
            if i-left+1==np:
                # 如果两个哈希表相同，则把起始地址压入列表
                if s_counter == p_counter:
                    ans.append(left)
                # 如果当前字符只有一个，需要从字典中删除此字符
                if s_counter[s[left]] == 1:
                    del s_counter[s[left]]
                else:
                    s_counter[s[left]] -= 1
                # 移动左指针
                left+=1

        return ans
```

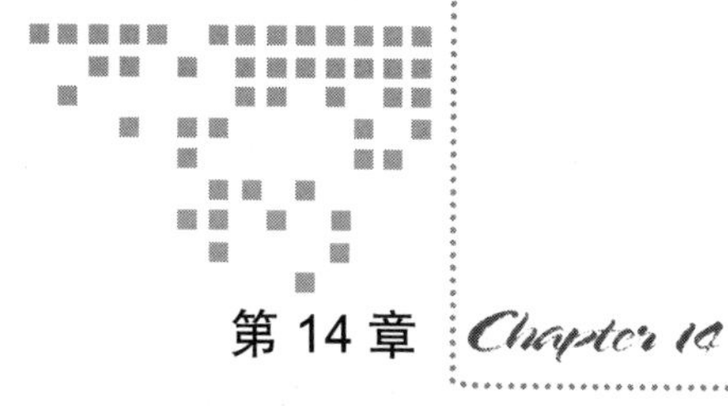

第 14 章 Chapter 14

动态规划

动态规划（Dynamic Programming，DP）的主要思想是将一个复杂问题分解为多个子问题，将子问题的解结合在一起来构成原问题的解。如果能够利用动态规划解决问题，将大大提高解题技能。本章主要介绍如何通过动态规划解决给定问题。

14.1 动态规划的基础知识

动态规划是一种算法技术，通常基于递归公式和一个或多个起始状态，问题的子解决方案是从先前解决的问题中构造出来的。动态规划解决方案具有多项式复杂性，与其他技术（例如回溯、无穷搜索等）相比，运行更快。

借助示例来介绍动态规划的主要思想。给定 N 个硬币（可以根据需要使用任意数量的同种类型的硬币）的列表，它们的值为（$V_1,V_2,\cdots,V_N$），总和为 S，要找到总和为 S 的最小硬币数量，或返回“不可能以总和为 S 的方式选择硬币”。

为了构建 DP 解决方案，首先需要找到一个状态，为该状态找到最优解，并且借助它可以为下一个状态找到最优解。

我们需要解决如下问题。

- “状态”代表什么？这是描述情况的一种方法，是问题的子解决方案。例如，当前状态是总和 i 的解，其中 $i \leqslant S$，比当前状态小的状态将是总和 j 的解，其中 $j < i$。为了找到当前状态，需要先找到所有较小的状态（总和为 j）。而找到了总和为 i 的

最小硬币数量后，则可以轻松找到总和为 $i+1$ 的解决方案。

- 如何找到最优解？对于每个硬币 j，$V_j \leqslant i$，通过计算 $dp[i]=\min\{dp[i-V_1]+1, dp[i-V_2]+1, dp[i-V_3]+1, \cdots, dp[i-V_n]+1\}$，利用已经找到的最小硬币数量来计算当前状态下的最小硬币数量。

14.2 实例 1：买卖股票的最佳时间

假设有一个数组，其中第 i 个元素表示第 i 天给定股票的价格，并且只允许最多完成一笔交易（即买入和卖出一股股票），另外，不能在买股票之前卖出股票，要求设计一种算法以找到最大利润。举例如下。

输入：[7,1,5,3,6,4]

输出：5

说明：在第 2 天买入（价格 = 1）并在第 5 天卖出（价格 = 6），利润为 6−1 = 5。

思路：找到当天之前的最低的股票价格，然后利用当天价格减去之前最低的价格。

代码清单 14-1 买卖股票的最佳时间

```
class Solution:
    def maxProfit(self, prices: List[int]) -> int:
        min_price, profit = inf, 0
        for price in prices:
            min_price = min(min_price, price)
            profit = max(profit, price - min_price)

        return profit
```

14.3 实例 2：硬币找零

假设有不同面额的硬币和总金额，编写一个函数来计算组成该总金额所需的最少数量的硬币。如果这笔钱不能用硬币的任何组合来完成，则返回 −1。举例如下。

例 1

输入：硬币 = [1,2,5]，总金额 = 11

输出：3

说明：11 = 5 + 5 + 1。

例 2

输入：硬币 = [2]，总金额 = 3

输出：-1

思路：这种问题就是一个典型的动态规划问题，如图 14-1 所示，可以先计算硬币总金额为 1 的硬币数量，然后在此基础上，计算下一个硬币总金额为 2 的硬币数量。在计算总和为 i 的最小硬币数量 $F(i)$ 之前，必须计算直到 i 的所有最小计数。在算法的每次迭代中，$F(i)=\min_{j=0,\cdots,n-1}F(i-C_j)+1$，其中 C_j 是每个硬币的面值。

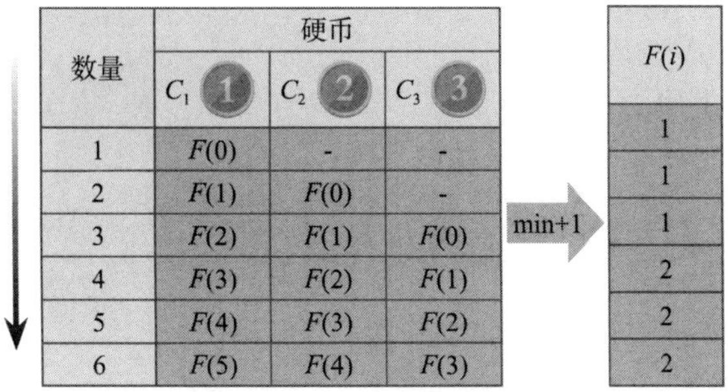

数量	硬币				$F(i)$
	C_1 1	C_2 2	C_3 3		
1	$F(0)$	-	-	min+1	1
2	$F(1)$	$F(0)$	-		1
3	$F(2)$	$F(1)$	$F(0)$		1
4	$F(3)$	$F(2)$	$F(1)$		2
5	$F(4)$	$F(3)$	$F(2)$		2
6	$F(5)$	$F(4)$	$F(3)$		2

图 14-1　硬币找零的动态规划

代码清单 14-2　硬币找零

```
class Solution:
    def coinChange(self, coins: List[int], amount: int) -> int:
        dp = [maxsize]*(amount+1)
        dp[0]=0
        for coin in coins:
            for i in range(1, amount+1):
                if i>=coin:
                    dp[i] = min(dp[i-coin]+1,dp[i])
        if dp[amount]>amount:
            return -1
        return dp[amount]
```

14.4　实例 3：计算解码方式总数

使用以下映射将字母 A ～ Z 解码为数字（或将数字解码为字母）。

```
A-> 1
B-> 2
...
Z-> 26
```

给定一个仅包含数字的非空字符串，请确定其解码方式的总数。举例如下。

例 1

输入：“12”

输出：2

说明：可以将其解码为“AB”(1 2)或“L”(12)。

例 2

输入：“226”

输出：3

说明：可以将其解码为“BZ”(2 26)、“VF”(22 6)或“BBF”(2 2 6)。

思路：利用动态规划求解，具体代码如下。

代码清单 14-3 利用动态规划计算解码方式总数

```
class Solution:
    def numDecodings(self, s: str) -> int:
        n = len(s)
        # 定义一个长度为 n+1 的列表
        dp =[0]*(n+1)
        dp[0] = 1
        dp[1]= 0 if s[0]=='0' else 1
        for i in range(2,n+1,1):
            # 获取当前位置的前一个数
            first = int(s[i-1:i])
            second = int(s[i-2:i])
            if first>=1 and first<=9 :
                dp[i]+=dp[i-1]
            if second>=10 and second<=26:
                dp[i]+=dp[i-2]
        return dp[n]
```

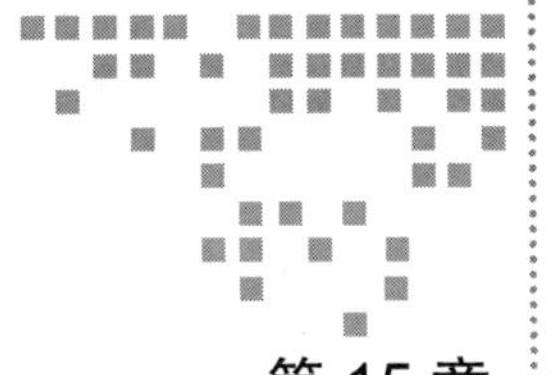

第 15 章 Chapter 15

深度优先搜索

图的遍历一般使用深度优先搜索（DFS）/ 广度优先搜索（BFS）算法，目前很多面试题目都可以利用这种思路来解决。

深度优先搜索是一种用于遍历树或图数据结构的算法，该算法从根节点开始（在图的情况下，选择任意节点作为根节点），并在回溯之前尽可能沿着每个分支进行探索。因此，基本思想是从根节点或任意节点开始，标记该节点，接着移至相邻的未标记节点，然后继续此循环，直到没有未标记的相邻节点为止。最后回溯并检查其他未标记的节点并遍历它们。

采用深度优先搜索解题的要点是：

- 设置初始条件；
- 利用变量防止进入循环或者已经遍历过的节点；
- 确定下一个阶段需要遍历的节点。

15.1 深度优先搜索的应用

深度优先搜索（Depth-First Search，DFS）是一种图遍历算法，它从起始节点开始，沿着一条路径尽可能深入地探索，直到无法再继续前进，然后回溯并探索其他路径。DFS 在计算机科学和工程领域有广泛的应用，包括但不限于以下几种情境：

- 图遍历：DFS 用于遍历图或树结构，查找特定节点、路径或执行拓扑排序。例如，计算两个节点之间的最短路径，查找连接两个节点的路径，或者确定图的连通性等。

- 迷宫解决问题：在迷宫问题中，DFS 可用于寻找从起点到终点的路径。它会尽可能深入地探索迷宫，通过递归或栈来实现。
- 拓扑排序：DFS 用于执行拓扑排序，这是一种用于有向无环图（DAG）的排序算法。它在编译器设计、任务调度、依赖关系分析等领域广泛使用。
- 连通性分析：DFS 用于确定图中的连通分量或查找强连通分量，这在网络分析、社交网络分析等领域非常有用。
- 解谜游戏：在解决八皇后、数码游戏等谜题时，DFS 用于探索可能的解法。
- 人工智能和机器学习：DFS 可用于搜索问题空间，寻找问题的最佳解决方案。例如，在博弈树搜索、迷宫问题、规划问题中都可以应用 DFS。
- 数据库查询：在数据库系统中，DFS 可用于查询处理和优化查询执行计划。
- 编译器设计：DFS 用于语法分析、构建语法树和代码生成等编译器的各个阶段。
- 人际关系分析：在社交网络分析和推荐系统中，DFS 可用于发现社交网络中的社区结构、确定两个人之间的关联程度等。
- 路径查找：在地理信息系统（GIS）中，DFS 可用于查找两个地点之间的最短路径，如导航应用。

15.2 实例 1：太平洋和大西洋的水流问题

问题：给定一个 $m \times n$ 的非负整数矩阵，表示一个大陆中每个单元的高度，“太平洋”触及矩阵的左边缘和上边缘，而“大西洋”触及右边缘和下边缘。水只能向上、向下、向左或向右从一个单元流向另一个高度相同或更低的单元。请给出水可以同时流向太平洋和大西洋的坐标。

思路：这道题目如果使用深度优先搜索的话，可以从太平洋接触的上边缘和左边缘的点出发，看看水流能到达哪些点，同时，从大西洋接触的右边缘和下边缘出发，看看水流能到达哪些点。

代码清单 15-1 基于深度优先搜索的算法

```
class Solution:
    def pacificAtlantic(self, matrix: List[List[int]]) -> List[List[int]]:
        if not matrix or not matrix[0]:
            return []
```

```
        R, C = len(matrix), len(matrix[0])
        pacific, atlantic = set(), set()
        def dfs(r, c, seen):
            if (r, c) in seen:
                return
            seen.add((r, c))
            for nr, nc in ((r, c+1), (r, c-1), (r+1, c), (r-1, c)):
                # 下一个点要高于当前点
                if 0 <= nr < R and 0 <= nc < C and matrix[nr][nc] >= matrix [r][c]:
                    dfs(nr, nc, seen)
        for r, c in [(r, 0) for r in range(R)] + [(0, c) for c in range(C)]:
            dfs(r, c, pacific)
        for r, c in [(r, C-1) for r in range(R)] + [(R-1, c) for c in range(C)]:
            dfs(r, c, atlantic)
        return pacific & atlantic
```

15.3　实例 2：预测获胜者

给定分数数组，这些分数是非负整数。有两个玩家，玩家 1 从数组的任一端选择一个数字，接着玩家 2 选，然后是玩家 1 选，以此类推。每当玩家选择一个号码时，该号码将不可用于下一个玩家。不断进行选择，直到选择了所有分数为止，得分最高的玩家获胜。如果玩家 1 获胜，返回 True，否则返回 False。举例如下。

输入：[1,5,2]

输出：False

说明：最初玩家 1 可以在 1 和 2 之间选择。如果他选择 2（或 1），则玩家 2 可以从 1（或 2）和 5 中选择。如果玩家 2 选择 5，则玩家 1 将剩下 1（或 2）。因此，玩家 1 的最终得分为 1 + 2 = 3，而玩家 2 为 5。因此，玩家 1 永远不会是赢家，最后返回 False。

思路：这种问题一般是利用 minmax 的方法求解。对于玩家 1 来说，如果取第一个 nums[s]，那么玩家 2 可以取剩下的第一个或最后一个元素。因此对于玩家 1 来说，只能加上数组中剩下元素较小的一个。

当然，玩家 1 也可以取最后一个元素，玩家 2 就在剩余的元素中，取第一个或者最后一个元素，而玩家 1 也只能加上剩余元素较小的一个。

代码清单 15-2　预测获胜者

```
class Solution:
    def PredictTheWinner(self, nums: List[int]) -> bool:
        sum = 0
        for num in nums:
```

```
            sum+=num
        first = self.dfs(nums,0,len(nums)-1)
        second = sum-first
        return first>=second
    def dfs(self,nums:List[int],s:int,e:int) ->int:
        if s > e:return 0
        start = nums[s]+min(self.dfs(nums,s+1,e-1),self.dfs(nums,s+2,e))
        end = nums[e]+min(self.dfs(nums,s+1,e-1),self.dfs(nums,s,e-2))
        return max(start,end)
```

15.4 实例 3：表达式加运算符

给定一个仅包含数字 0 ～ 9 和目标值的字符串，返回在数字之间添加二进制运算符（非一元）+、- 或 * 的所有可能性，以便通过运算符得到目标值。举例如下。

例 1

输入：num ="123"，目标 = 6

输出：["1 + 2 + 3"，"1 * 2 * 3"]

例 2

输入：num ="232"，目标 = 8

输出：["2 * 3 + 2"，"2 + 3 * 2"]

例 3

输入：num ="105"，目标 = 5

输出：["1 * 0 + 5"，"10-5"]

思路：利用深度遍历的方式求解。需要注意的是，如果遇到乘法，需要把以前的数字减掉，乘上当前的数字，前一个数字需要保存下来。另外，还要注意，选取的下一个数字第一位不能为零。下面以例 1 为例说明计算过程，如图 15-1 所示。

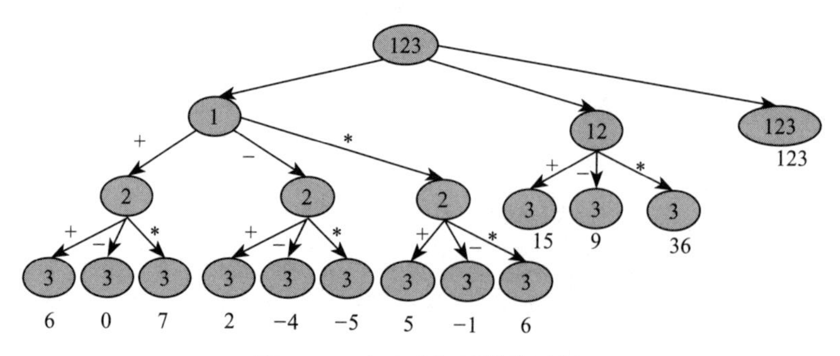

图 15-1 表达式加运算符示例

代码清单 15-3 表达式加运算符

```
class Solution:
    def addOperators(self, num: str, target: int) -> List[str]:
        res = []
        self.target = target

        for i in range(1, len(num) + 1):
            if i==1 or (i>1 and num[0] != '0'):
                self.dfs(num[i:], num[:i], int(num[:i]), int(num[:i]), res)
        return res

    def dfs(self, num, fstr, fval, flast, res):
        # fstr是当前表达式
        # fval是当前表达式的值
        # 例如，如果fstr=2+3，则flast=3，如果fstr=2-3，则flast=-3，如果fstr=2+3*
            4，则flast=3*4=12
        if not num:
            if fval == self.target:
                res.append(fstr)
            return

        for i in range(1, len(num)+1):
            val=num[:i]
            if i == 1 or (i>1 and num[0] != '0'):
                self.dfs(num[i:], fstr + '+' + val, fval + int(val),
                    int(val), res)
                self.dfs(num[i:], fstr + '-' + val, fval - int(val),
                    -int(val), res)
                self.dfs(num[i:], fstr + '*' + val, fval-flast+flast*int(val),
                    flast*int(val), res)
```

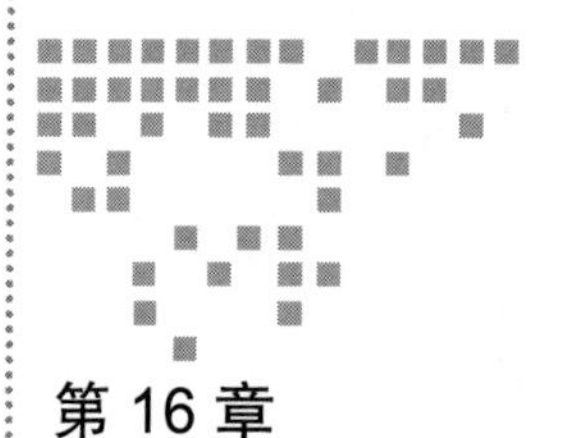

Chapter 16 第16章

回　　溯

回溯是一种算法思想，主要通过递归来构建并求解问题，当发现不满足问题的条件时，就回溯寻找其他满足条件的解。

运用回溯思想求解的问题之所以难，是因为递归和循环同时存在，思考问题和求解的过程变得比较复杂。

可以将回溯问题的求解步骤大致分为三个。

- 选择项，即在这个问题中我们可以做哪些事情。例如在数独空格中，我们的选择有0～9这10个数字。
- 约束，即我们并不能随心所欲地选择，在做选择的同时，有一定的约束会限制我们。例如在数独空格中，我们需要依据数的规则，每个空格选填一个数字，并不是每个空格填0～9中的任意一个数字都可以。
- 目标或者递归的停止条件。随着选择的不断进行，达到目标或递归的停止条件时，就不用再做选择了，即问题求解完成。

16.1　实例1：数独求解

编写程序以通过填充空白单元格来解决数独难题。数独解决方案必须满足以下所有规则：数字1～9中的每个数字必须在每行中恰好出现一次。每个数字1～9必须在每列中出现一次。在网格的9个3×3子框中，每个数字1～9必须恰好出现一次。空单元格由字符“.”指示。数独示例及其求解图如图 16-1 和图 16-2 所示。

5	3			7				
6			1	9	5			
	9	8					6	
8				6				3
4			8		3			1
7				2				6
	6					2	8	
			4	1	9			5
				8			7	9

图 16-1　数独示例

5	3	4	6	7	8	9	1	2
6	7	2	1	9	5	3	4	8
1	9	8	3	4	2	5	6	7
8	5	9	7	6	1	4	2	3
4	2	6	8	5	3	7	9	1
7	1	3	9	2	4	8	5	6
9	6	1	5	3	7	2	8	4
2	8	7	4	1	9	6	3	5
3	4	5	2	8	6	1	7	9

图 16-2　数独示例的求解图

思路：首先把空格的位置压入列表，对于每一个空格位置上的值，有 9 个值的可能性。遍历每个数值，看其是否符合条件，即检测行 / 列以及所在的空格的值是否满足数独的条件。如果成功就返回，否则需要回溯。

代码清单 16-1　数独求解

```
class Solution(object):
    def isValid(self, board, x, y, rows, cols, digit):
        # 检测列
        for j in range(cols):
            if (board[x][j] == digit):
                return False

        # 检测行
        for i in range(rows):
            if (board[i][y] == digit):
                return False

        # 检测 3x3 方块
        boundary_x = x - x%3
        boundary_y = y - y%3

        for i in range(boundary_x, boundary_x + 3):
            for j in range(boundary_y, boundary_y + 3):
                if (i == x and j == y):
                    continue
                if (board[i][j] == digit):
                    return False

        return True
```

```
    def emptySlots(self, board, rows, cols):
        empty = []

        # 把空格的位置坐标压入列表
        for i in range(rows):
            for j in range(cols):
                if (board[i][j] == '.'):
                    empty.append((i,j))

        return empty

    def DFS(self, board, empty, start, N, rows, cols):

        # N 是空格数
        if (start >= N):
            return True

        # 获得当前空格位置的坐标
        x = empty[start][0]
        y = empty[start][1]

        # 遍历 9 个值
        for k in range(1,10):
            # 检测当前数值是否满足要求
            if (self.isValid(board, x, y, rows, cols, str(k))):
                board[x][y] = str(k) # 赋值
                if (self.DFS(board, empty, start+1, N, rows, cols)):
                    return True
        # 回溯
        board[x][y] = '.'
        return False

    def solveSudoku(self, board):
        """
        :type board: List[List[str]]
        :rtype: None Do not return anything, modify board in-place instead.
        """

        rows = len(board)
        cols = len(board[0])

        empty = self.emptySlots(board, rows, cols)
        self.DFS(board, empty, 0, len(empty), rows, cols)
```

时间复杂度为 $O(M \times 9)$，其中 M 是空格的个数，对于每一个空格，都有 9 个可能的值需要遍历。

16.2 实例 2：扫地机器人

给定一个模拟为网格的房间中的扫地机器人。网格中的每个单元格可以为空或被阻止。具有 4 个给定 API 的扫地机器人可以前进、左转或右转，每转一圈为 90 度。当它试图移动到一个被占领的单元格时，其传感器会检测到障碍物，并停留在当前单元格上。使用下面显示的 4 个给定的 API 设计一种算法来清洁整个房间。

```
interface Robot {
    // 下一个单元格是空的，扫地机器人移动过去，返回 True
    // 下一个单元格是障碍物，扫地机器人停留在当前单元格，返回 False
    boolean move();

    // 向左或向右转，每次旋转 90°
    void turnLeft();
    void turnRight();

    // 清扫当前单元格
    void clean();
}
```

输入：

房间 = [

[1,1,1,1,1,0,1,1],

[1,1,1,1,1,0,1,1],

[1,0,1,1,1,1,1,1],

[0,0,0,1,0,0,0,0],

[1,1,1,1,1,1,1,1]

]

row = 1

col = 3

说明：

房间中的所有单元格都用 0 或 1 标记。0 表示该单元格被阻止，而 1 表示该单元格可访问。

扫地机器人最初从 row = 1、col = 3 的位置开始。从左上角开始，它的位置在下面一行，在右边三列。

思路：利用深度优先搜索的方法求解，但是要注意回溯。因为当前位置可能已经被清扫过了。

代码清单 16-2 扫地机器人

```
class Solution(object):
    def cleanRoom(self, robot):
        """
        :type robot: Robot
        :rtype: None
        """
        directions = [(0, 1), (1, 0), (0, -1), (-1, 0)]

        def goBack(robot):
            robot.turnLeft()
            robot.turnLeft()
            robot.move()
            robot.turnRight()
            robot.turnRight()

        def dfs(pos, robot, d, lookup):
            if pos in lookup:
                return
            lookup.add(pos)

            robot.clean()
            for _ in directions:
                if robot.move():
                    dfs((pos[0]+directions[d][0],   pos[1]+directions[d][1]),
                        robot, d, lookup)
                    goBack(robot)
                robot.turnRight()
                d = (d+1) % len(directions)

        dfs((0, 0), robot, 0, set())
```

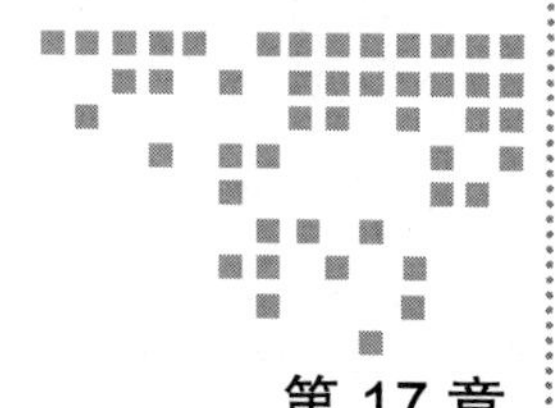

第 17 章 Chapter 17

广度优先搜索

广度优先搜索（BFS）又叫宽度优先搜索或横向优先搜索，是从根节点开始沿着树的宽度搜索遍历，将离根节点最近的节点先遍历出来，继续深挖下去。

BFS 的基本思想如下。

1）从图中某个顶点 V0 出发，并访问此顶点；

2）从 V0 出发，访问 V0 的各个未曾访问的邻接点 W1，W2，…，W*k*。然后，依次从 W1，W2，…，W*k* 出发访问各自未被访问的邻接点。

3）重复步骤 2，直到全部顶点都被访问为止。

广度优先搜索就是把当前所有状态的下一个状态压入队列，如果越界或者下一个状态节点已经被访问过，则不加入队列。在遍历的过程中，通常需要求解最短距离，需要额外的变量来存储遍历过程中的一些数值等。

代码清单 17-1　广度优先搜索解法

```
from collections import deque

class Solution:
    def pacificAtlantic(self, matrix: List[List[int]]) -> List[List[int]]:
        if not matrix:
            return []
        pacificSeen = set()
        pacificQueue = deque()
        for y in range(len(matrix)):
            pacificSeen.add((y, 0))
```

```
            pacificQueue.append((y, 0))
        for x in range(1, len(matrix[0])):
            pacificSeen.add((0, x))
            pacificQueue.append((0, x))

        atlanticSeen = set()
        atlanticQueue = deque()
        for y in range(len(matrix)):
            atlanticSeen.add((y, len(matrix[0])-1))
            atlanticQueue.append((y, len(matrix[0])-1))
        for x in range(0, len(matrix[0]) - 1):
            atlanticSeen.add((len(matrix)-1, x))
            atlanticQueue.append((len(matrix)-1, x))

        self.bfs(matrix, pacificQueue, pacificSeen)
        self.bfs(matrix, atlanticQueue, atlanticSeen)

        both = pacificSeen & atlanticSeen
        return [list(point) for point in both]


    def bfs(self, matrix, queue, seen):
        while queue:
            y, x = queue.popleft()
            dirs = ((0,1), (0, -1), (1, 0), (-1, 0))
            for dy, dx in dirs:
                if not (0 <= y+dy < len(matrix)) or not(0 <= x+dx <
                    len(matrix[0])):
                    continue
                if (y+dy, x+dx) in seen:
                    continue
                if matrix[y+dy][x+dx] < matrix[y][x]:
                    continue
                seen.add((y+dy, x+dx))
                queue.append((y+dy, x+dx))
```

17.1 广度优先搜索的应用

以下是一些广度优先搜索的常见应用：

- 最短路径查找：BFS 可以用于查找两个节点之间的最短路径，特别是在无权图中，它可以找到最短路径的步数。这在导航应用、地理信息系统（GIS）和计算机游戏中有广泛应用。
- 网络爬虫：在互联网搜索引擎中，BFS 用于网页爬取，以发现和检索网站上的链接和内容。它帮助搜索引擎建立网页索引。

- 社交网络分析：BFS 用于探索社交网络中的关系，查找两个人之间的最短路径或查找特定社交网络中的社交圈。
- 最小生成树：在图论中，BFS 可用于生成最小生成树，如广度优先树。最小生成树在网络设计和通信中有应用。
- 拓扑排序：BFS 用于执行拓扑排序。拓扑排序是一种在有向无环图（DAG）中对节点进行排序的算法，在编译器设计和任务调度中有广泛应用。
- 通信网络：在通信网络设计中，BFS 用于查找通信路径、路由算法和网络故障排查。
- 棋盘游戏和谜题解决：BFS 可用于解决各种棋盘游戏和谜题，如八数码谜题和迷宫问题。
- 图像处理：在计算机视觉中，BFS 用于图像分割、区域填充、连通区域检测和边缘检测等应用。
- 文件系统和目录遍历：在文件系统中，BFS 用于遍历文件和目录，以查找文件或执行备份操作。
- 模拟和仿真：BFS 在模拟和仿真应用中用于模拟传播、传染病传播、流动和传感器网络等问题。

总之，BFS 是一种多用途的算法，适用于许多不同领域的问题，尤其是需要查找路径、关系、最短路径或图结构分析的问题。

17.2　实例 1：墙和门

对一个 $m \times n$ 二维网格，使用 3 个值进行初始化：

- −1 表示墙壁或障碍物；
- 0 表示门；
- INF 表示一个空房间，使用值 214748367 表示 INF。

向每个空房间填充到其最近的门的距离。如果不可能到达大门，则应填充 INF。

比如，给定如下二维网格：

$$
\begin{matrix}
\text{INF} & -1 & 0 & \text{INF} \\
\text{INF} & \text{INF} & \text{INF} & -1 \\
\text{INF} & -1 & \text{INF} & -1 \\
0 & -1 & \text{INF} & \text{INF}
\end{matrix}
$$

当执行函数后，网格变为：

$$\begin{matrix} 3 & -1 & 0 & 1 \\ 2 & 2 & 1 & -1 \\ 1 & -1 & 2 & -1 \\ 0 & -1 & 3 & 4 \end{matrix}$$

这个题目一般用来作为电话面试的经典题目，可以用DFS/BFS求解。选择“0”门开始，利用DFS/BFS，在遍历的时候，需要一个辅助变量visited，避免让遍历进入死循环。

当然，这里可以修改遍历条件的检查，如果下一个位置的值小于当前值，则表明已经访问过。

首先看一下DFS的解法，从“0”的位置开始DFS。在遍历下一个位置前，确保边界保护以及查看当前的位置是不是已经被访问过，如果没有，改变当前数组的值。然后进入下一个状态，距离加1。

代码清单 17-2 墙和门的 DFS 解法

```
def wallsAndGates(self, rooms: List[List[int]]) -> None:
    if not rooms:
        return []
    row = len(rooms)
    col = len(rooms[0])
    directions=[(-1,0),(0,1),(1,0),(0,-1)]
    def dfs(x,y,dis):
        for dx, dy in directions:
            nx, ny = x+dx, y+dy
            if 0<=nx<row and 0<=ny<col and rooms[nx][ny]>rooms[x][y]:
                rooms[nx][ny]=dis+1
                dfs(nx,ny,dis+1)

    for x in range(row):
        for y in range(col):
            if rooms[x][y] == 0:
                dfs(x,y,0)
```

下面来看一下BFS的解法。首先把所有“0”的位置压入队列，然后判断下一个位置的数字是不是大于当前位置的数字，如果大于，则改变下一个位置的数字大小，同时压入堆栈。

代码清单 17-3 墙和门的 BFS 解法

```
class Solution:
    def wallsAndGates(self, rooms):
        """
        :type rooms: List[List[int]]
        """
        if not rooms:
```

```
            return
        row, col = len(rooms), len(rooms[0])
        # 找到门的索引
        q = [(i, j) for i in range(row) for j in range(col) if rooms[i][j] == 0]
        for x, y in q:
            # 获取当前位置到门的距离
            distance = rooms[x][y]+1
            directions = [(-1,0), (1,0), (0,-1), (0,1)]
            for dx, dy in directions:
                # 找到门附近的空房间
                new_x, new_y = x+dx, y+dy
                if 0 <= new_x < row and 0 <= new_y < col and rooms[new_x][new_
                    y] == 2147483647:
                    # 更新值
                    rooms[new_x][new_y] = distance
                    q.append((new_x, new_y))
```

题目变形：给一个棋盘，上面有三种类型的点，第一种是空位，第二种是障碍物，第三种是猫。如果你是老鼠，你想离猫越远越好，应该待在哪个 / 些点上，请输出这些点。

17.3 实例 2：课程表

假设你必须参加的课程总数为 numCourses，标记为 0 ～ numCourses−1。学习某些课程可能有先决条件，例如，要学习课程 0，你必须首先学习课程 1，该课程表示为 [0,1]。给定课程总数和先决条件对列表，你是否可以完成所有课程？

思路：首先要把课程的前后依赖关系表示成图，记录每个节点的入度的数目，然后把入度的数目为零的节点压入堆栈，利用 BFS 的方式不断释放节点的依赖关系。

代码清单 17-4 课程表的 BFS 解法

```
class Solution:
    def canFinish(self, numCourses: int, prerequisites: List[List[int]]) ->
        bool:
        if numCourses==0:return true

        # 找到 indegree = 0，先上没有前置课程的课
        # 记录每一门前置课程 preReq 上完之后可以解锁的后置课 Node -> leafs
        adj = [[] for _ in range(numCourses)]
        q = deque()

        #记录每一门课需要的 preReq 数量
        indegree = [0]*numCourses
        count = 0
```

```
for i in range(len(prerequisites)):
    # 完成了 preReq，才可以去上后置课 course
    adj[prerequisites[i][1]].append(prerequisites[i][0])
    # 记录入度，Course 的 preReq 数量 + 1,
    indegree[prerequisites[i][0]]+=1

# 找到度为 0、不需要上前置课程的课放入 queue 中
for i in range(numCourses):
    if indegree[i]==0:
        q.append(i)
        count+=1

# 用 indegree = 0 的课程去解锁其他课程，直到都解锁，就返回 True
while q:
    # 上完 current 这门课，current 就解锁了之后的课
    front = q.popleft()
    for child in adj[front]:
        indegree[child]-=1
        # 如果新产生了入度 0 的课，放入 q 中
        if indegree[child]==0:
            q.append(child)
            count+=1

return count==numCourses
```

17.4 实例 3：公交路线

有公交路线清单。每条路线 route[*i*] 是第 *i* 条重复的公交车路线。例如，如果 routes [0] = [1、5、7]，则表示第 1 条总线（第 0 个索引）的运行顺序为 1 → 5 → 7 → 1 → 5 → 7 → 1……。假设从 S 站开始（最初不在公共汽车上），想去 T 站，仅乘公共汽车旅行，返回到达目的地必须最少乘坐多少辆公共汽车。如果不可能，则返回 −1。

输入：路线 = [[1, 2, 7], [3, 6, 7]]；S = 1，T = 6。

输出：2。

说明：最好的策略是乘坐第 1 辆公共汽车到 7 号公交车站，然后乘坐第 2 辆公共汽车到 6 号公交车站。

思路：使用广度优先搜索求解。利用哈希表存储每个公共汽车停车站相对应的公交路线。把起始车站压入队列，然后遍历这个车站所对应的公交路线中的每个停车站，看有没有终点车站，如果有的话，则结束。如果没有，并且对应的公交路线已经遍历过（利用额外的一个数组来检查站台是否已经遍历过），如果停车站没有遍历过，则压入队列。

代码清单 17-5　公交路线

```
class Solution:
    def numBusesToDestination(self, routes: List[List[int]], S: int, T: int)
        -> int:
            if S==T:
                return 0
            stop_bus = collections.defaultdict(list)
            # 用于存储每个站台对应的公交路线
            for i, route in enumerate(routes):
                for stop in route:
                    stop_bus[stop].append(i)

            # 定义队列相关的数据结构，用于广度遍历
            bus_visited = set()
            queue = collections.deque()
            queue.append((S,1))

            while queue:
                # 获取当前车站能达到的公交路线
                stop, buses = queue.popleft()
                # 检测每条公交路线
                for bus in stop_bus[stop]:
                    # 当前公交路线是否遍历过
                    if bus in bus_visited:
                        continue
                    bus_visited.add(bus)
                    # 遍历公交路线中的每个站台
                    for s in routes[bus]:
                        if s == T:
                            return buses
                        queue.append((s, buses + 1))
            return -1
```

17.5　实例 4：判断二分图

存在一个无向图，图中有 n 个节点。其中每个节点都有一个介于 0 ～ $(n-1)$ 的唯一编号。给定一个二维数组 graph ，其中 graph[u] 是一个节点数组，由节点 u 的邻接节点组成。形式上，对于 graph[u] 中的每个节点 v，都存在一条位于节点 u 和节点 v 之间的无向边。该无向图同时具有以下属性：

- 不存在自环（graph[u] 不包含 u）。
- 不存在平行边（graph[u] 不包含重复值）。
- 如果 v 在 graph[u] 内，那么 u 也应该在 graph[v] 内（该图是无向图）。

- 这个图可能不是连通图，也就是说两个节点 u 和 v 之间可能不存在一条连通彼此的路径。

如果能将一个图的节点集合分割成两个独立的子集 A 和 B ，并使图中的每一条边的两个节点一个来自 A 集合，一个来自 B 集合，就将这个图称为二分图 。在下面的例子中，如果图是二分图，返回 True ；否则，返回 False 。

例 1

输入：[[1,3]，[0,2]，[1,3]，[0,2]]

输出：True

说明：该图如图 17-1 所示。

可以将顶点分为两组：{0，2} 和 {1，3}。

例 2

输入：[[1,2,3], [0,2], [0,1,3], [0,2]]

输出：False

说明：该图如图 17-2 所示，找不到将节点集分为两个独立子集的方法。

图 17-1 二分图示例（1） 图 17-2 二分图示例（2）

思路：利用广度优先搜索的方法求解。

代码清单 17-6 判断图是二分的

```
class Solution:
    def isBipartite(self, graph: List[List[int]]) -> bool:
        size = len(graph)
        q = deque()
        visited = {}
        colors = [""]*size
        for i in range(size):
            if i in visited:
                continue
            visited[i] = True
            q.append(i)
            colors[i] = "red"
            while q:
                # 这一轮队列中的节点和下一个节点应该有不同的颜色
                for _ in range(len(q)):
                    curr_id = q.popleft()
```

```
                curr_color = colors[curr_id]
                for next_id in graph[curr_id]:
                    if next_id not in visited:
                        next_color = "green" if curr_color=="red" else "red"
                        q.append(next_id)
                        colors[next_id] = next_color
                        visited[next_id] = True
                    else:
                        if colors[next_id] == curr_color:
                            return False
        return True
```

17.6　实例 5：单词阶梯

给定两个单词（beginWord 和 endWord）以及字典的单词列表，找到从 beginWord 到 endWord 的所有最短转换序列，并且满足：一次只能更改一个字母，每个转换的单词都必须存在于单词列表中。注意 beginWord 不是转换后的单词。举例如下。

例 1

输入：

beginWord = “hit”

endWord = “cog”

wordList = [“hot”，“dot”，“dog”，“lot”，“log”，“cog”]

输出：

[

  [“hit”，“hot”，“dot”，“dog”，“cog”]，

  [“hit”，“hot”，“lot”，“log”，“cog”]

]

例 2

输入：

beginWord = “hit”

endWord = “cog”

wordList = [“hot”，“dot”，“dog”，“lot”，“log”]

输出：[]

说明：endWord “ cog” 不在 wordList 中，因此无法进行转换。

思路：首先利用 BFS 找到从 endWord 到 beginWord 的所有变换关系。然后利用 DFS

计算从 beginWord 到 endWord 的所有路径。

代码清单 17-7 单词阶梯 II

```
class Solution:
    def findLadders(self, beginWord, endWord, wordList):
        # 建立从 endWord 到 beginWord 的单词距离
        dist = {endWord:0}
        q = deque()
        q.append((endWord, 0))
        words = set(wordList)

        # 生成与输入单词相差一个字符的所有可能单词
        def nextWords(word):
            result = []
            for i in range(len(word)):
                for c in string.ascii_lowercase:
                    if c == word[i]: continue
                    w = word[:i] + c  + word[i+1:]
                    if w in words or w == beginWord:
                        result.append(w)
            return result

        # BFS
        while q:
            word, distance = q.popleft()
            if word == beginWord:
                break
            for w in nextWords(word):
                if w not in dist:
                    dist[w] = 1 + distance
                    q.append((w, 1+distance))

        solution = []

        # 使用 DFS 计算出从 beginWord 到 endWord 的所有路径
        def dfs(word, res):
            if word == endWord:
                solution.append(res[:])
                return
            for w in nextWords(word):
                if w not in dist: continue
                if dist[w] == (dist[word] - 1): # 只考虑与当前单词在距离上相邻的下
                    一个单词
                    res.append(w)
                    dfs(w, res)
                    res.pop()

        dfs(beginWord, [beginWord])
        return solution
```

第 18 章 Chapter 18

并　查　集

并查（Union Find）集用于判断两个点所在的集合是否属于同一个集合，若属于同一个集合但还未合并，则将两个集合进行合并。属于同一个集合的意思是这两个点是连通的，直接相连或者通过其他点连通。

动态连接问题是指在一组可能相互连接也可能相互没有连接的对象中，判断给定的两个对象是否连通的一类问题。这类问题可以抽象为如下形式：

- 有一组构成不相交集合的对象；
- Union：联通两个对象；
- Find：返回两个对象之间是否存在一条联通的通路。

18.1　并查集的基础知识

如图 18-1 所示，能找到一个从 p 到 q 的路径吗？

我们希望有一种数据结构，能很快地查询出：任意两点是不是相互连通的（换句话说，是否属于同一个分组）。

一种做法就是使用 Quick Find 算法，维护每个点所在分组的 id。其基本思路是，初始化时，给每个点一个唯一的 id，然后不断地合并两个不同分组的点（例如把 5 号分组全部并入 3 号分组中，就是把所有 id=5 的点，全改成 id=3）。

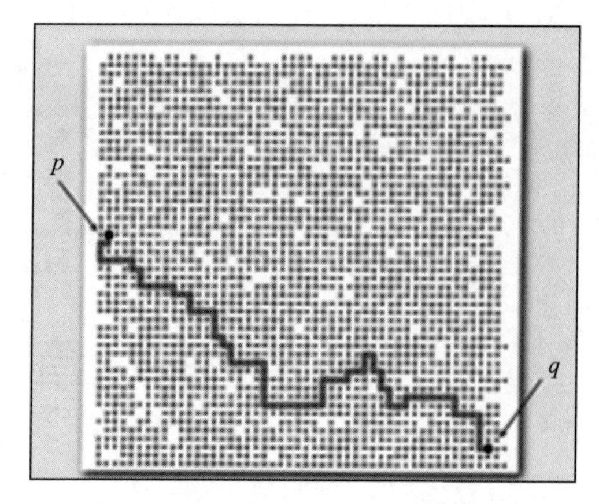

图 18-1 连接 p 以及 q 之间的路径

更好的 Quick Union 算法，复杂度 $O(n^2)$。不是一定要给相同的分组相同的编号。而是以一棵树的结构保存一个分组。目的是让所有属于同一分组的点都拥有同一个根节点。每个节点中只要保存其某个父节点的编号即可。

如图 18-2 所示，p=5 的祖先节点是 1，q=9 的父节点是 8，因为它们的父节点不同，所以将节点 1 连到节点 8 上去，使得 p 和 q 连通。

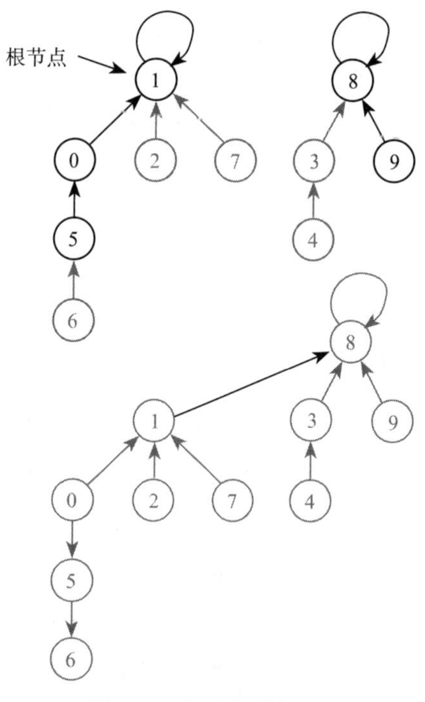

图 18-2 并查集的概念

这样做的好处是，合并两个分组的时候，不需要遍历所有节点，然后改变分组中所有节点的编号。只需要改变被吃掉的那个分组的根节点的 id 即可。

这里最精妙的一个技巧在于区分一个节点是不是根节点。在数组中，如果一个节点的 id 编号和它的下标相等 (id[*i*] = *i*)，它就是根节点。

Python 联合查找算法程序如下。

代码清单 18-1 Python 联合查找算法程序

```
# Python 联合查找算法程序，用于检测无向图中的循环
from collections import defaultdict

# 此类使用邻接表表示无向图
class Graph:

    def __init__(self,vertices):
        self.V= vertices #顶点个数
        self.graph = defaultdict(list) # 存放图的字典


    # 向图添加边的功能
    def addEdge(self,u,v):
        self.graph[u].append(v)

    # 定义一个寻找元素的父节点的函数
    def find_parent(self, parent,i):
        if parent[i] == -1:
            return i
        if parent[i]!= -1:
            return self.find_parent(parent,parent[i])

    # 定义一个函数用来连通两个不同的集合
    def union(self,parent,x,y):
        x_set = self.find_parent(parent, x)
        y_set = self.find_parent(parent, y)
        parent[x_set] = y_set


    # 检查给定图是否包含循环的主要功能
    def isCyclic(self):

        # 分配内存以创建 V 个子集并将所有子集初始化为单个元素集
        parent = [-1]*(self.V)

        # 遍历图的所有边，找到每个边的两个顶点的子集
    # 如果两个子集相同，则图中存在循环
    for i in self.graph:
            for j in self.graph[i]:
```

```
                x = self.find_parent(parent, i)
                y = self.find_parent(parent, j)
                if x == y:
                    return True
                self.union(parent,x,y)


# 创建一个图
g = Graph(3)
g.addEdge(0, 1)
g.addEdge(1, 2)
g.addEdge(2, 0)

if g.isCyclic():
    print "Graph contains cycle"
else :
    print "Graph does not contain cycle"
```

18.2 实例：朋友圈

一班有 N 个学生，他们中有些是朋友，有些不是。他们的友谊本质上是传递的。例如，如果 A 是 B 的直接朋友，并且 B 是 C 的直接朋友，则 A 是 C 的间接朋友。我们定义朋友圈是一组是直接或间接朋友的学生。

给定一个 $N \times N$ 矩阵 $\boldsymbol{M}$ 表示班上学生之间的朋友关系。如果 $M[i][j] = 1$，则第 i 个和第 j 个学生是彼此的直接朋友，否则不是。输出所有学生之间的朋友圈总数。举例如下。

输入：[[1,1,0], [1,1,0], [0,0,1]]

输出：2

说明：第 0 个和第 1 个学生是直接朋友，因此他们在朋友圈中。第 2 个学生本人则在朋友圈中。所以返回 2。

思路：可以利用广度优先搜索或深度优先搜索的方法求解。当然也可以利用 Union Find 方法求解。

18.2.1 广度优先搜索解法

代码清单 18-2 广度优先搜索解法

```
def findCircleNum_bfs(self, M: List[List[int]]) -> int:
    def bfs(i,j):
```

```
        q = deque()
        q.append((i,j))
        M[i][j] = -1 # 标记为访问过
        while q:
            currx, curry = q.popleft()
            for dirx,diry in ((-1,0),(1,0),(0,-1),(0,1)):
                nextx = currx+dirx
                nexty = curry+diry
                if nextx<0 or nextx>=m or nexty<0 or nexty>=n or M[nextx]
                    [nexty]!=1: continue
                M[nextx][nexty] = -1 # 标记为访问过
                q.append((nextx,nexty))

    m, n = len(M), len(M[0])
    cnt = 0
    for i in range(m):
        for j in range(n):
            if M[i][j]==1:
                cnt+=1
                bfs(i, j)
    return cnt
```

18.2.2 深度优先搜索解法

代码清单 18-3 深度优先搜索解法

```
def findCircleNum(self, M: List[List[int]]) -> int:
    def dfs(i,j):
        if M[i][j]==-1: #访问过
            return
        M[i][j] = -1
        for dir in ((-1,0),(1,0),(0,-1),(0,1)):
            next_i = i+dir[0]
            next_j = j+dir[1]
            if next_i<0 or next_i>=m or next_j<0 or next_j>=n or M[next_i]
                [next_j]!=1: continue
            dfs(next_i, next_j)

    m, n = len(M), len(M[0])
    cnt = 0
    for i in range(m):
        for j in range(n):
            if M[i][j]==1:
                cnt+=1
                dfs(i, j)
    return cnt
```

18.2.3 并查集解法

代码清单 18-4 并查集解法

```
# Union Find
def findCircleNum_unionfind(self, M: List[List[int]]) -> int:
    m, n = len(M), len(M[0])
    roots = [-1]*m*n
    total_cnt = 0
    for x in range(m):
        for y in range(n):
            if M[x][y] == 1:
                total_cnt += 1

    def find_roots(x,y):
        idx = x*n+y
        while roots[idx]!=-1:
            idx = roots[idx]
        return idx

    for x in range(m):
        for y in range(n):
            if M[x][y] == 1:
                # 检查邻居节点
                for dirx,diry in  ((-1,0),(1,0),(0,-1),(0,1)):
                    nextx = x+dirx
                    nexty = y+diry
                    if nextx<0 or nextx>=m or nexty<0 or nexty>=n or M[nextx]
                        [nexty]!=1: continue
                    curr_root = find_roots(x,y)
                    next_root = find_roots(nextx,nexty)
                    if curr_root != next_root:
                        roots[next_root] = curr_root
                        total_cnt -=1
    return total_cnt
```

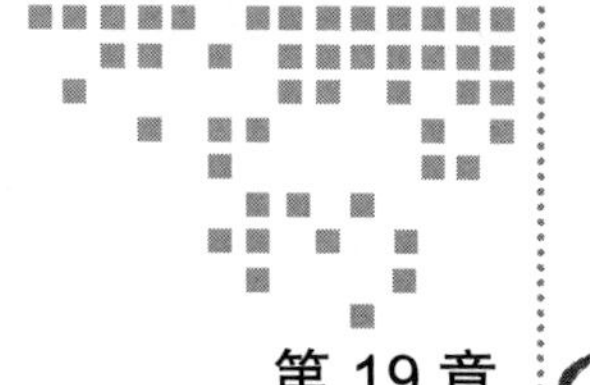

第 19 章 Chapter 19

数据结构与算法面试真题实战

在技术面试中，面试官通常从以下角度来评判候选人。

（1）编程

一个优秀的候选人会将图创建与搜索组分开。

优秀的候选人将编写模块化代码，以快速适应后续问题，并且应该会扩展问题。

（2）数据结构和算法

优秀的候选人将能够将算法转换为代码，并很快识别出最佳的时间复杂度。

（3）设计

一个优秀的候选人会很快认识到问题可以使用嵌套的 for 循环来解决，并给出正确的时间复杂度。

下面结合作者的一些面试经历，选择几道典型的面试真题来具体讲解。

19.1 实例 1：文件系统

问题描述：假设我们设计了一个简单的文件系统元数据。有两种类型的实体："文件"和"目录"。每个实体都有一个整数"实体 id"，并有一个"名称"。文件实体还有一个"大小"字段，表示它们消耗了多少空间（以字节为单位）。如下所示。

```
=============== 给定一个文件系统 ================
root (id=1)
```

```
    dir (id=2)
        file1 (id=4): 100b
        file2 (id=5): 200b
file3 (id=3): 300b
```

这个时候面试官需要和候选人需要沟通，让候选人理解这个题目的意思。接下来我们可以用一个更加直观的例子来描述这个问题。

比如，上面这个题目可以表示成如下结构。

```
Filesystem =
{ 1: { type: 'directory', name: "root", children: [2, 3] },
  2: { type: 'directory', name: "dir", children: [4, 5] },
  4: { type: 'file', name: "file1", size: 100 },
  5: { type: 'file', name: "file2", size: 200 },
  3: { type: 'file', name: "file3", size: 300 }
}
```

19.1.1 关于数据结构的探讨

首先你需要要求候选人提供正确的数据结构来表示上述概念（需要与候选人讨论），如果候选人很快给出如下数据结构来描述上面这个问题，可以给候选人的数据结构加分。

```
class Entity:
    def __init__(self, id, type,name,size,children):
        self.id = id
        self.type = type
        self.name = name
        self.size = size
        self.children = children
```

同时给出上面这个问题的初始化，如下所示。

```
def build_dict(self):
    entities = [Entity(id=1, type='directory', name="root", size=0,
        children=[2,3]),
                Entity(id=2, type='directory', name="dir", size=0,
                    children=[4,5]),
                Entity(id=3, type='file',       name="file1", size=100,
                    children=[]),
                Entity(id=4, type='file',       name="file2", size=200,
                    children=[]),
                Entity(id=5, type='file',       name="file3", size=300,
                    children=[])]
    Dict = {}
    for entity in entities:
        Dict[entity.id] = entity
    return Dict
```

大多数问题都围绕“entitySize(Filesystem，EntityId)”函数来计算给定实体消耗的总大小。对于“文件”，它只是该文件的大小，而对于“目录”，它是该目录和子目录中所有文件的总大小。

问题1：为给定示例中的每个实体id计算下面的文件大小。

比如，此时给定id=1，让候选人计算这个id下面的文件大小。

问题2：编写一个函数，给定文件系统和实体id，返回该实体的大小。

这里可以利用深度遍历的算法求解，这里可以考查候选人的算法思路，如果候选人很快指出可以利用深度遍历算法，并且清楚地说出思路，这也是一个加分项。

但是为了快速找到当前id的实体，最好使用哈希表/字典，否则需要遍历整个列表来寻找指定id的实体。如果候选人能指出利用哈希表/字典来加速，这也是一个加分项。

```
def entity_size(self, entity_id: int) -> int:
    # 返回与 entity_id 关联的文件或目录的大小
    if entity_id not in self.id_to_entity:
        return -1
    # 利用字典找到和 id 相关联的 entity
    entity = self.id_to_entity[entity_id]
    # 如果当前 entity 是目录，继续递归
    if entity.type == 'directory':
        return self.dfs(entity)
    # 如果当前 entity 为文件，那么就返回文件大小
    if entity.type == 'file':
        return entity.size

    return 0
```

如果候选人正确回答了以上两个问题，一般可以通过了。但是如果有时间的话，可以和候选人探索如下问题。如果候选人还能继续回答出以下几个问题，面试结果就是强烈推荐了。

问题3：如果我们在同一个文件系统中查询多个实体id，如何优化？

对于这个问题，我们期望候选人利用“缓存”的思路来解决。

问题4：“有效”文件系统结构的属性是什么？

这个问题主要是开放性讨论，本质上我们需要确保数据结构是“树”，而不是“森林”，没有循环或多个目录之间共享的文件。我们还可以验证所有子实体是否都存在于原始文件系统中。这里一般就是遍历图，但不能出现回环，以确保每个文件实体都被访问过。这里可以参考第11.3节图验证树。

问题5：编写一个函数来验证文件系统结构的有效性。

问题 6：编写一个函数来返回给定 entity_id 的完整路径，这可能需要为查询的基本字符串构建 map<entity_id, parent_entity_id> 来建立对应关系，最后利用深度遍历把完整的路径打印出来。

问题 7：编写一个函数“ addEntity(filesystem, Entity, parent_entity_id)”对问题 3 进行扩展，但仍然保持 entitySize 缓存。

问题 8：编写一个函数“ removeEntity(filesystem, entity_id)”。这里应该递归删除 entity，并维护缓存。

问题 9：设计一个运行相同元数据的文件系统（可以扩展成一个设计问题），支持添加和删除实体，还支持快照。

基本上，每个添加 / 删除操作都会生成文件系统的新快照，可以在任何快照处查看文件系统。

19.1.2 面试题考查点

首先，我们要考查候选人对数据结构的应用，以及分析问题和理解问题的能力，能不能很快地给出数据结构来描述这个问题。

然后，我们主要考查候选人的深度遍历问题，这是目前面试常考的一个算法。

最后，如果候选人的背景很强，可以拓展开来，比如验证文件系统的有效性，添加和删除文件系统，以及文件系统的快照。

19.1.3 完整代码

代码清单 19-1 文件系统参考代码

```
from collections import deque
class Entity:
    def __init__(self, id, type,name,size,children):
        self.id = id
        self.type = type
        self.name = name
        self.size = size
        self.children = children

class FileSystem:
    def __init__(self):
        self.id_to_entity = self.build_dict()

    def entity_size(self, entity_id: int) -> int:
        # 返回与 entity_id 关联的文件或目录的大小
```

```
        if entity_id not in self.id_to_entity:
            return -1
        # 利用字典找到和entity-id相关联的entity
        entity = self.id_to_entity[entity_id]
        # 如果当前entity是目录，继续递归
        if entity.type == 'directory':
            return self.dfs(entity)
        # 如果当前entity为文件，那么就返回文件大小
        if entity.type == 'file':
            return entity.size

        return 0

    def build_dict(self):
        # 返回字典
        entities = [Entity(id=1, type='directory', name="root", size=0,
            children=[2,3]),
                        Entity(id=2, type='directory', name="dir",
                            size=0, children=[4,5]),
                        Entity(id=3, type='file',      name="file1",
                            size=100, children=[]),
                        Entity(id=4, type='file',      name="file2",
                            size=200, children=[]),
                        Entity(id=5, type='file',      name="file3",
                            size=300, children=[])]
        Dict = {}
        for entity in entities:
            Dict[entity.id] = entity
        return Dict


    def dfs(self, entity):
        if entity.type == 'file':
            return entity.size
        if entity.type == 'directory' and len(entity.children) == 0:
            return 0
        # dfs 方法
        res = 0
        for child in entity.children:
            res += self.dfs(self.id_to_entity[child])
        return res
```

19.2　实例2：最长有效词

问题：找到可以连续删除字母的最长词，这样它一直是有效的字典词，一直到单个字母。示例链如下所示。

- I -> in -> sin -> sing -> sting -> string -> staring -> starling
- a -> at -> sat -> stat -> state -> Estate -> restate -> restated - > restarted

看到这种问题之后，首先需要向面试官确认以下问题。

- 输入顺序：首先向面试官确认这些单词的输入顺序，是不是有特定的规律。这里假设输入的单词列表是无序列表。
- 字母：可以假设只有小写字母，例如拉丁字符（a ～ z）。

从概念上讲，可以将最长的有效词表示为单词的有向无环图，其中两个单词有效连接的条件是，从一个单词到下一个，恰好一个字母被删除。因此，我们需要找到可以出现在给定单词之前或之后的单词集，这导致了两种不同递归的方法。

- 减法：从给定的单词开始，分别删除其每个字符并检查结果单词是否有效，然后对生成的单词递归地重复深度搜索。例如，对于单词 string，删除一个字母后的候选单词将是 ["tring", "sring", "sting", "strng", "strin"]。
- 加法：这是与“减法”相反的方向。从给定的单词开始，在单词的每个可能位置添加字母表中的每个字母，并检查结果单词是否是字典的一部分。然后对生成的单词递归地重复深度搜索。递归要么以空词开始，要么以有效的单字母词开始。例如，对于单词 a，其后面的候选单词将是 ["aa", "ba", "ca",⋯, "za, "ab", "ac", "ad",⋯, "az"]。

19.2.1 找到更快的解决方案

我们应该缓存先前计算的结果，应该能够识别多次计算相同结果的位置，并记住部分结果。

接下来，算法需要一种机制来检查一个单词（添加生成或减法）是否已经在字典中。假设输入是一个无序列表，我们需要建立一个更有效的数据结构来进行检查。这里有两个选项。

- 哈希集：将字典存储为哈希集，还允许有效查找给定单词是否在字典中，这是最简单的方法。
- Trie：我们也可以将整个字典表示为一个 Trie，允许字典的高效查找和紧凑表示。

但是不要使用 Trie，原因如下：

1）实施时间太长并且没有给出有用的信号，因为我们可以在任意位置添加和删除字母。

2）可能会将问题误认为是前缀查找问题，并尝试使用 Trie 作为核心数据结构。

3）可能会尝试遍历树来识别可以在有效链中相互跟随的单词。这是一个不明智的做法，因为可以在单词的任何位置添加和删除字母。

19.2.2　基于存储 / 缓存的解决方案

一个关键点是在递归的过程中，可能多次遇到同一个词。字母可以按不同的顺序删除。有一个单词列表为 [abc, zbc, bc, c]，“abc”可以通过 abc → bc → c 的路径到达 c，而 zbc 可以通过 zbc → bc → c 的路径到达 c。两者都有一个共同的子问题，即检查“bc”是否可以简化为单个字母词，在比较粗暴的实现方案中，这个问题需要多次解决。因此，简单的递归方案需要多次解决相同的子问题（查找以特定单词开头或结尾的更改）。在最坏的情况下，这会导致指数级的时间复杂度。

更好的解决方案是使用存储 / 缓存，它可以缓存已经完成的特定单词的计算。由于单个操作（哈希集查找）需要的是恒定时间，所以时间复杂度是 $O(1)$。

1）减法操作的时间复杂度：$O(N \times M)$，其中 N 是字典中的单词数，M 是字典中最长单词的长度。

代码清单 19-2　最长有效词的减法参考代码

```
def chain_from_sub(self,word, all_words, chain_length, cache):
    if not word:
        # 如果已经为空，返回长度
        return chain_length - 1

    # 如果单词已经被访问过，返回其长度
    if word in cache:
        return cache[word] + chain_length - 1

    #如果单词不在字典中，返回 -1
    if word not in all_words:
        return -1

    max_chain_length = 0
    for i in range(len(word)):
        new_word = word[:i] + word[i+1:]
        current_chain_length = self.chain_from_sub(new_word, all_words,
            chain_length + 1, cache)
        max_chain_length = max(max_chain_length, current_chain_length)

    cache[word] = max_chain_length
    return max_chain_length

def longest_subword_chain_sub(self,words):
    all_words = set()
```

```
    for w in words:
        all_words.add(w)

    max_chain_length = 0
    cache = {}
    for w in words:
        current_chain_length = self.chain_from_sub(w, all_words, 1, cache)
        if current_chain_length > max_chain_length:
            max_chain_length = current_chain_length

    return max_chain_length
```

2）加法操作的时间复杂度：$O(M \times N \times A)$，其中 A 是字母表中字母对应的排序数（例如 26）。

代码清单 19-3 最长有效词的加法参考代码

```
def chain_from_add(self,word, all_words, chain_length, cache):
    # 已经遍历过，所以直接返回当前单词的值
    if word in cache:
        return cache[word] + chain_length - 1

    max_chain_length = chain_length
    for i in range(len(word) + 1):
        #添加每个字母
        for a in string.ascii_lowercase:
        new_word = word[:i] + a + word[i:]
        #检测当前生成的单词是否在字典中
        if new_word in all_words:
            # 深度遍历
            current_chain_length = self.chain_from_add(
                new_word, all_words, chain_length + 1, cache)
        if current_chain_length > max_chain_length:
            max_chain_length = current_chain_length

    cache[word] = max_chain_length
    return cache[word]

def longest_subword_additive(self,words):
    all_words = set()
    # 把所有单词压入哈希表
    for w in words:
        all_words.add(w)

    max_chain_length = 0
    cache = {}
    # 检测遍历每个单词
    for w in words:
        current_chain_length = self.chain_from_add(w, all_words, 1, cache)
```

```
        if current_chain_length > max_chain_length:
            max_chain_length = current_chain_length

    return max_chain_length
```

这个问题可以扩展：如果我们要把最长的单词链打印出来，那要怎么办？各位读者可以思考一下。

19.2.3　面试题考查点

首先考查候选人对题目的理解和沟通能力，以及大胆思考和提问的能力；然后候选人应该能够写出深度遍历的算法代码，并且给出算法的计算复杂度；最后，如果候选人能够利用缓存的方法来优化深度遍历的代码，可以作为加分项。

19.3　实例3：圆圈组

圆是由 x 轴位置、y 轴位置和半径来定义的。圆圈是重叠的圆的集合。给定一个圆的列表，确定它们是否属于同一个圆圈。这个时候可以和面试候选人讨论输入的格式，以及用什么标准判断两个圆是否属于同一个圆圈。

在讨论过程中，逐步让候选人明白以下几点。

- 圆圈重叠是双向的。
- 一个组可以包含间接连接的圆圈。例如，考虑具有 1<-->3、2<-->3 重叠的 1,2,3 个圆圈，这是一个圆圈组，因为从任何节点到其他节点都有一条路径。
- 对于基于图的解决方案，如果未预先计算邻接列表或矩阵，则时间复杂度可能为 $O(n^3)$。即邻居是即时计算的。
- 让候选人知道他们可以做出以下假设：如果圆圈相互接触，则它们是该组的一部分。

这是一个图遍历问题。任何标准的图遍历算法（BFS、DFS 等）都会给出最佳解决方案。也可以通过嵌套的 for 循环来解决。

图解决方案：考虑问题的一种方法是，圆的中心是一个顶点，如果两个圆相连，则它们之间有一条边。

- 通过循环遍历所有圆圈来构建图形（邻接表或矩阵）。
- 选择图中的任何节点进行遍历（BFS 或 DFS），并跟踪访问过的节点。
- 如果在一次遍历中访问了所有节点，则返回 True，否则返回 False。

最佳时间复杂度为 $O(n^2)$，因为构建图（邻接表或矩阵）需要 $O(n^2)$ 复杂度。

代码清单 19-4 是否属于同一个圆圈的 DFS 算法

```
import math
class Circle:
    def __init__(self, x, y, r):
        self.x = x
        self.y = y
        self.r = r

# 这里提供了一个使用 DFS 算法的解决方案
class CircleGroup(object):
    def IsOverlapped(self,circle1, circle2):
        distance = math.sqrt(
            math.pow(circle1.x-circle2.x ,2) + math.pow(circle1.y-circle2.
                y,2))
        if distance <= (circle1.r + circle2.r):
            return True
        return False

    def ConstructAdjacencyDict(self,circles):
        # 预先存储相邻的圆
        adjacency_dict = dict()
        for circle1 in circles:
            if circle1 not in adjacency_dict:
                adjacency_dict[circle1] = set()

            for circle2 in circles:
                if circle2 not in adjacency_dict:
                    adjacency_dict[circle2] = set()
                if circle1 != circle2 and self.IsOverlapped(circle1, circle2):
                    adjacency_dict[circle1].add(circle2)
                    adjacency_dict[circle2].add(circle1)
        return adjacency_dict

    def DFS(self, node, adjacency_dict, current_group):
        # 如果当前节点已经访问过，返回
        if node in current_group:
            return
        current_group.add(node)

        for child_node in adjacency_dict[node]:
            self.DFS(child_node, adjacency_dict, current_group)

    def IsSingleGroup(self, circles) -> bool:
        """ 给定圆圈的列表，返回它们是否属于同一个圆圈 """
        visited = set()
        # 利用相邻链接表来构建图
        adjacency_dict = self.ConstructAdjacencyDict(circles)
        # 深度遍历
```

```
        self.DFS(circles[0], adjacency_dict, visited)
        # 确保每个圆都被访问过了
        return len(visited) == len(circles)
```

19.3.1 圆圈组的个数

给定一个圆圈列表，返回圆圈组的个数。此问题的解法与主要问题的图解决方案基本相同。但不是跟踪所有节点是否都在一个组中，而是跟踪总组的数量。

代码清单 19-5 圆圈组的个数

```
def CountGroups(self, circles: List[Circle]) -> int:
    """ 给定一个圆圈列表，返回圆圈组的个数 """
    total_groups = 0
    visited = set()
    adjacency_dict = self.ConstructAdjacencyDict(circles)

    for circle in circles:
        if circle in visited:
            continue
        self.DFS(circle, adjacency_dict, visited)
        total_groups += 1

    return total_groups
```

19.3.2 最大的 *k* 个圆圈组

给定一个圆圈列表，返回最大的 *k* 个圆圈组。

代码清单 19-6 返回最大的 *k* 个圆圈组

```
def GetTopKGroups(self, circles: List[Circle], top_k: int) -> List[List[Circle]]:
    """ 给定一个圆圈列表，返回最大的 k 个圆圈组 """
    visited = set()
    size_and_groups = []
    adjacency_dict = self.ConstructAdjacencyDict(circles)

    for circle in circles:
        if circle in visited:
            continue
        current_group = set()
        self.DFS(circle, adjacency_dict, current_group)
        size_and_groups.append((len(current_group), current_group))
        visited.union(current_group)

    return [list(group) for _, group in heapq.nlargest(top_k, size_and_groups)]
```

第四部分 Part 4

系统设计

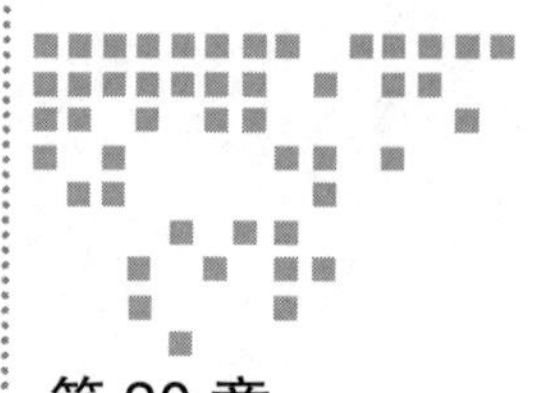

Chapter 20 第20章

系统设计理论

一般系统设计主要考查面向对象的设计或者大数据系统分析。针对系统设计的面试题往往是一个开放式的对话，面试官期望候选人去主导这个对话。

20.1 设计步骤

以大数据系统为例，可以通过下面的步骤来完成系统设计的面试题。

20.1.1 描述使用场景、约束和假设

把所有必要的信息梳理在一起，审视面试题，持续提问，以明确系统使用场景和约束，讨论假设条件。谁会使用这个系统？他们会怎样使用它？有多少用户？系统的主要功能是什么？系统的输入、输出分别是什么？期望它能处理多少数据，每秒处理多少个请求，以及读写比率是多少？

20.1.2 构建高层设计

大数据系统的高层设计是一个综合规划，涉及数据采集、存储、处理、分析、应用和安全等方面。以下是大数据系统的高层设计的关键要素。

1）需求分析：首先，了解业务需求和目标。明确要解决的问题，数据的来源，数据类型和数据量，以及所需的分析和报告。

2）数据采集与收集：确定数据采集和收集策略。考虑如何从不同来源（例如数据库、日志、传感器、社交媒体）收集数据，并确保数据的高质量和一致性。

3）数据存储：选择适当的数据存储方案。这可能包括分布式文件系统（如 HDFS）、列式数据库、数据湖、内存数据库和 NoSQL 数据库。数据存储层应该支持扩展性、容错性和高可用性。

4）数据处理：设计数据处理层，包括批处理引擎、流处理引擎和查询引擎。使用适当的工具和技术来处理与转换数据，以满足分析和应用的需求。

5）数据分析和挖掘：定义数据分析和挖掘任务，包括数据清洗、转换、模型训练和预测等。使用机器学习和数据挖掘算法来获得有价值的信息。

6）数据应用和可视化：开发数据应用程序和可视化工具，以将分析结果传递给最终用户，例如仪表板、数据报告和决策支持系统。

7）数据安全性和合规性：确保数据的安全性和合规性，包括数据加密、身份验证、访问控制和合规性检查。

8）性能和可伸缩性：考虑系统的性能和可伸缩性。使用负载均衡和缓存来提高性能，并实施弹性伸缩策略以适应负载变化。

9）监控和管理：实施监控工具来跟踪系统性能、资源利用率和异常。建立日志记录和审计机制以支持故障排除和合规性。

10）备份和容错：开发备份和容错策略，以确保数据的安全和可恢复性。

11）定期评估和改进：进行定期的系统评估和性能测试，以保持系统的高效运行，并根据需求进行适时改进和优化。

12）培训和支持：建立培训计划，确保团队熟悉大数据系统的运维工作，并提供支持以解决问题和应对挑战。

这些要素是大数据系统高层设计的基础，能够确保系统满足业务需求、高效运行并持续演进。设计应根据组织的需求和资源进行定制，以便构建出一个强大、高性能的大数据系统。面试的时候一般需要把给定的问题转化成高层设计。

20.1.3 设计核心组件

大数据系统的核心组件是构建和管理大规模数据的关键部分。对每一个核心组件进行深入的分析。以下是大数据系统中的一些核心组件。

1）分布式文件系统（Distributed File System，DFS）：这是大数据系统的核心组件之一，用于存储大量分布在多个节点上的数据。一些常见的 DFS 包括 HDFS 和 Amazon S3。

2）批处理引擎：批处理引擎用于处理大规模批量数据。Hadoop MapReduce 和 Apache Spark 是常见的批处理引擎，它们支持分布式计算。

3）流处理引擎：流处理引擎用于处理实时数据流，允许对数据进行实时分析和响应。Apache Kafka 和 Apache Flink 是流处理引擎的示例。

4）查询和分析引擎：查询和分析引擎允许用户查询和分析存储在大数据系统中的数据，常见的工具有 Apache Hive、Presto、Apache Impala 和 Apache Drill。

5）数据仓库：数据仓库是一种专门用于存储和查询数据的数据库系统，通常用于支持业务智能和数据分析。常用的数据仓库包括 Amazon Redshift、Google BigQuery 和 Snowflake。

6）机器学习和深度学习框架：大数据系统通常包括机器学习和深度学习框架，用于构建和训练模型，以进行预测和分类。TensorFlow、PyTorch、Scikit-learn 等是常用的机器学习和深度学习框架。

7）NoSQL 数据库：NoSQL 数据库用于存储半结构化和非结构化数据，以支持大数据应用程序。MongoDB、Cassandra、HBase 和 Couchbase 是常见的 NoSQL 数据库。

8）缓存层：缓存层用于加速数据访问、降低存储和计算的负载。缓存层工具包括 Redis、Memcached 和 Apache Kafka。

9）数据管理工具和元数据存储：数据管理工具和元数据存储用于管理数据和跟踪数据的来源、定义和质量。

10）数据可视化工具：数据可视化工具用于将分析结果可视化，以便用户理解数据并制定决策。Tableau、Power BI 和 Matplotlib 等是常见的数据可视化工具。

11）监控和日志记录工具：监控工具用于跟踪系统性能和资源利用率，而日志记录工具用于记录操作日志和审计数据。

12）负载均衡器：负载均衡器用于平衡请求和任务，确保资源有效分配。

这些核心组件是构建大数据系统的关键部分，根据组织的需求和具体的大数据用例，可以选择和配置适当的组件。大数据系统通常采用分布式和云架构，以应对大规模数据的挑战，同时保持高性能、可扩展性和可靠性。

例如，如果你被问到设计一个 URL 缩写服务，则可以讨论以下要点。

1）生成并存储一个完整 URL 的哈希值。

使用 MD5 还是 Base62：我们可以使用 MD5 和 Base62 这两种算法来获得随机哈希值。实际上两种算法均可，但本次我们使用 Base62，因为该算法可以生成超过 3 万亿个字符串组合。而 MD5 哈希的一个小问题，是它会给出 20~22 个字符长的哈希值，而我们只需要 7 个字符。

哈希碰撞是指在哈希函数中，两个不同的输入值（通常是数据或关键字）映射到相同的哈希值的情况。哈希函数的目标是将数据均匀分散到哈希表或哈希桶中，以便在进行查找、插入和删除操作时能够快速访问数据。然而，由于输入空间远大于哈希值的输出空间，哈希碰撞是不可避免的。

使用 SQL 还是 NoSQL：根据经验，如果需要分析数据的行为或构建自定义仪表板，则使用 RDBMS（关系数据库管理系统）及 SQL 是更好的选择。此外，SQL 通常允许更快的数据存储和恢复，并且可以处理更复杂的查询。如果想扩展 RDBMS 的标准结构或者需要创建灵活的架构，则 NoSQL 将是更好的选择。

数据库模型。数据库模型描述了在数据库中结构化和操纵数据的方法。模型的结构部分规定了数据如何被描述（例如树、表等）。模型的操作部分规定了数据的添加、删除、显示、维护、打印、查找、选择、排序和更新等操作。

2）将一个 hashed URL 转成完整的 URL。

3）讨论如何进行面向对象设计以及 API 的设计。

20.1.4　扩展设计

这里结合图 20-1 来简单介绍大数据架构设计的基本知识点。

大数据架构的扩展设计是为了应对不断增长的数据量和更高的性能需求。以下是关于大数据架构扩展设计的一些建议：

1）分布式存储的扩展：如果存储层使用的是分布式文件系统（如 HDFS）或云存储（如 Amazon S3），可以考虑添加更多的存储节点，以增加容量。此外，确保存储层可以水平扩展，以应对数据量的增长。

2）计算资源的扩展：在数据处理层，如批处理引擎和流处理引擎，考虑添加更多的计算节点，以提高处理能力。可以使用云服务提供商的弹性计算资源，根据需求动态扩展或缩小资源。

3）数据分区：将数据分成更小的分区，以便进行并行处理和负载均衡。这可以提高性能，并缩短单个任务或查询的执行时间。

4）数据压缩和归档：针对历史数据，可以实施数据压缩和归档策略，以降低存储成本，但仍然能够快速检索和分析旧数据。

5）缓存层的增强：在数据处理层添加缓存，以减轻存储和计算资源的负载，提高响应速度。

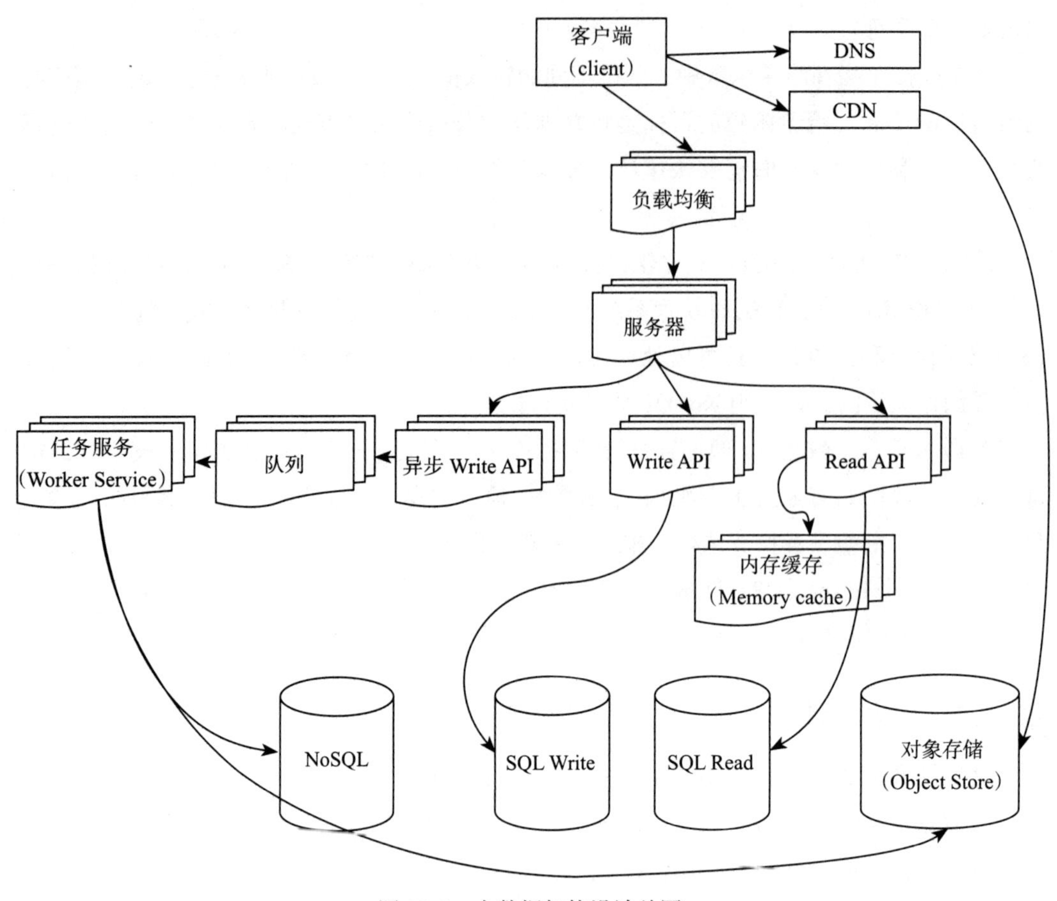

图 20-1 大数据架构设计总图

6）负载均衡：使用负载均衡器来将请求和任务均匀分布到不同的计算节点和数据节点，以确保资源有效利用。

7）数据分区策略：考虑采用更精细的数据分区策略，以使数据在不同节点之间更均匀地分布，防止热点。

8）自动化和弹性伸缩：实施自动化的资源调整和弹性伸缩策略，以根据负载动态分配和释放资源。

9）备份和容灾：实施有效的备份和容灾计划，以防止数据丢失和系统中断。在不同的地理位置备份数据。

10）安全性和合规性：随着数据量的增加，确保数据的安全性和合规性变得更加重要。加强数据加密、身份验证和审计，以满足合规性要求。

11）监控和性能调整：使用监控工具来跟踪系统性能和资源使用情况，及时识别问题并进行性能调整。

12）定期评估和规划：定期评估大数据架构的性能和需求，制定长期规划，以应对未来的需求。

大数据架构的扩展设计是一个持续的过程，需要根据不断变化的需求和技术发展进行调整。通过合理规划和实施扩展策略，可以确保大数据平台高效地处理大规模数据，并满足组织的需求。

20.2　域名系统

域名系统（Domain Name System，DNS）是互联网的核心组成部分，它用于将人类可读的域名（如 www.example.com）转换为计算机可理解的 IP 地址（如 192.0.2.1），其工作原理如图 20-2 所示。

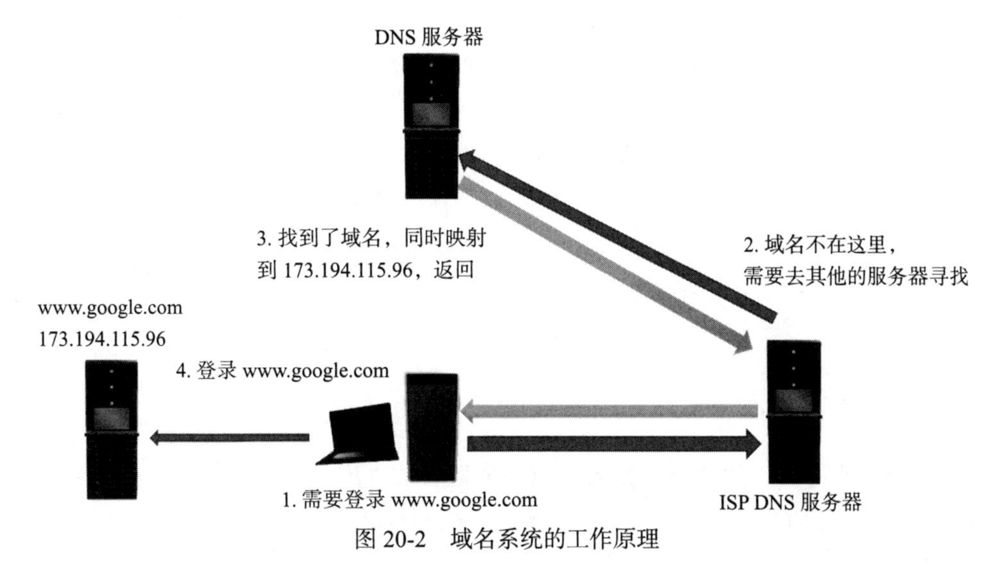

图 20-2　域名系统的工作原理

DNS 的工作原理如下。

1）域名查询请求：在浏览器中输入一个网址（例如，www.example.com），浏览器首先会检查本地 DNS 缓存（本地主机文件）以查找对应的 IP 地址。如果没有找到，浏览器将向本地 DNS 服务器发出查询请求。

2）本地 DNS 服务器查询：本地 DNS 服务器是由互联网服务提供商（ISP）或所连接的网络（如公司或学校）提供的。本地 DNS 服务器会尝试在其缓存中查找相应的 IP 地址。如果找到了，它将直接返回 IP 地址给浏览器。

3）递归查询：如果本地 DNS 服务器没有所需域名的 IP 地址，它会执行递归查询。

在递归查询中，本地 DNS 服务器将向根域名服务器发送请求，请求根域名服务器提供顶级域名服务器（TLD 服务器，例如 .com）的 IP 地址。

4）根域名服务器：根域名服务器是 DNS 层次结构的最高层，管理顶级域名服务器的信息。根域名服务器返回本地 DNS 服务器所需顶级域名服务器的 IP 地址。

5）顶级域名服务器：本地 DNS 服务器接下来会向顶级域名服务器发出请求，请求顶级域名服务器提供二级域名服务器的 IP 地址。例如，对于 .com 域，顶级域名服务器将返回 example.com 域名服务器的 IP 地址。

6）域名服务器：本地 DNS 服务器获得了二级域名服务器的 IP 地址后，继续向该域名服务器发出请求。域名服务器通常由网站的托管提供商管理，并存储有关特定域名的 DNS 记录。

7）DNS 记录查询：域名服务器根据请求返回相应的 DNS 记录，例如，A 记录（将域名映射到 IPv4 地址）或 AAAA 记录（将域名映射到 IPv6 地址）。

8）本地 DNS 服务器缓存：本地 DNS 服务器将从域名服务器接收的 DNS 记录存储在其缓存中，以便将来的查询使用，这可以减少对外部 DNS 服务器的依赖。

9）返回 IP 地址：最终，本地 DNS 服务器将所需的 IP 地址返回给浏览器，浏览器将使用该 IP 地址建立与目标服务器的连接。

整个过程是逐级查询的，从根域名服务器到顶级域名服务器，再到域名服务器，最终到达目标域名的 DNS 记录。这使得 DNS 能够有效地将域名转换为 IP 地址，从而使互联网用户能够轻松地访问各种网站和资源。

20.3 负载均衡器

负载均衡器将传入的请求分发到应用服务器和数据库等计算资源。无论哪种情况，负载均衡器都将来自计算资源的响应返回给恰当的客户端。

负载均衡器的效用在于：防止请求进入不好的服务器；防止资源过载；帮助消除单一的故障点。

负载均衡器的设计如图 20-3 所示。

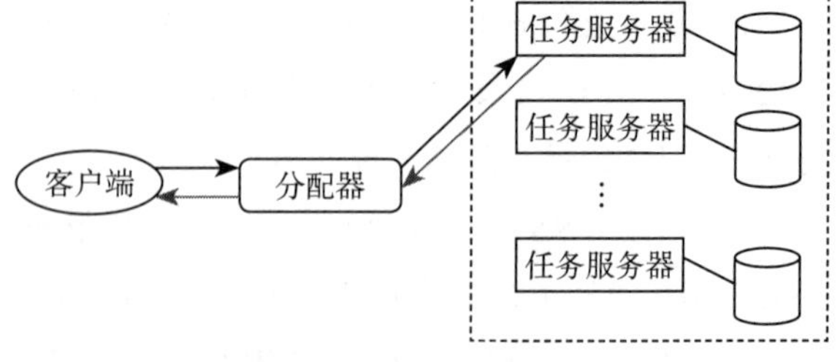

图 20-3 负载均衡器的设计

从图 20-3 中可以看到，用户访问负载均衡器，再由负载均衡器将请求转发给后端服务器。在这种情况下，单点故障转移到负载均衡器上了，又可以通过引入第二个负载均衡器来缓解。但在讨论之前，我们先探讨负载均衡器的工作方式。

负载均衡算法是用于在多个服务器之间分配负载（如网络请求、数据流量等）的策略，以确保服务器资源的有效利用，提高性能和可用性。以下是一些常见的负载均衡算法。

1）轮询（Round Robin）：这是最简单的负载均衡算法之一，它按照顺序将每个请求分配给下一个服务器。当到达服务器列表的末尾时，轮询重新开始。轮询对于具有相似硬件性能的服务器非常有效。

2）加权轮询（Weighted Round Robin）：在加权轮询中，每个服务器都被赋予一个权重，以决定每个服务器获得多少请求。这对于服务器性能不均等情况非常有用。

3）最少连接（Least Connections）：这个算法会将请求分配给当前连接数最少的服务器。它适用于服务器之间的负载不均等情况。

4）加权最少连接（Weighted Least Connections）：类似于最少连接，但考虑了每个服务器的权重，以便更好地处理性能不均等情况。

5）IP 哈希（IP Hash）：这种方法使用客户端的 IP 地址来计算哈希值，将请求分配给特定的服务器。这对于确保相同客户端的请求都被发送到相同的服务器很有用。

6）URL 哈希（URL Hash）：这种方法使用请求的 URL 来计算哈希值，以决定请求应该发送到哪个服务器。这对于缓存和内容分发网络（CDN）等应用很有用。

7）最短响应时间（Least Response Time）：这个算法会将请求发送到响应时间最短的服务器。这需要实时监控服务器的响应时间。

8）随机（Random）：随机算法随机选择一个服务器来处理请求。尽管它非常简单，但在某些情况下很有效。

9）源 IP 哈希（Source IP Hash）：这种方法使用客户端的源 IP 地址来计算哈希值，以决定请求应该发送到哪个服务器。它适用于会话保持的应用。

10）最大连接（Maximum Connections）：这个算法将请求分配给允许的最大连接数未达到上限的服务器。

不同的负载均衡算法适用于不同的应用场景，通常根据服务器性能、应用需求和负载分布等因素选择合适的算法。一些负载均衡器还支持自定义算法，以满足特定需求。

20.4　分布式缓存系统

Memcached 是一个高性能的分布式内存对象缓存系统，广泛用于加速应用程序的数据访问。它采用了分布式架构，允许将数据存储在多个服务器节点上，并通过哈希算法将数据分布到这些节点上，以提高性能和可伸缩性。

Memcached 一般通过缓存数据库查询结果，可减少数据库的访问次数，以提高动态 Web 应用的速度和扩展性。分布式缓存的架构如图 20-4 所示。

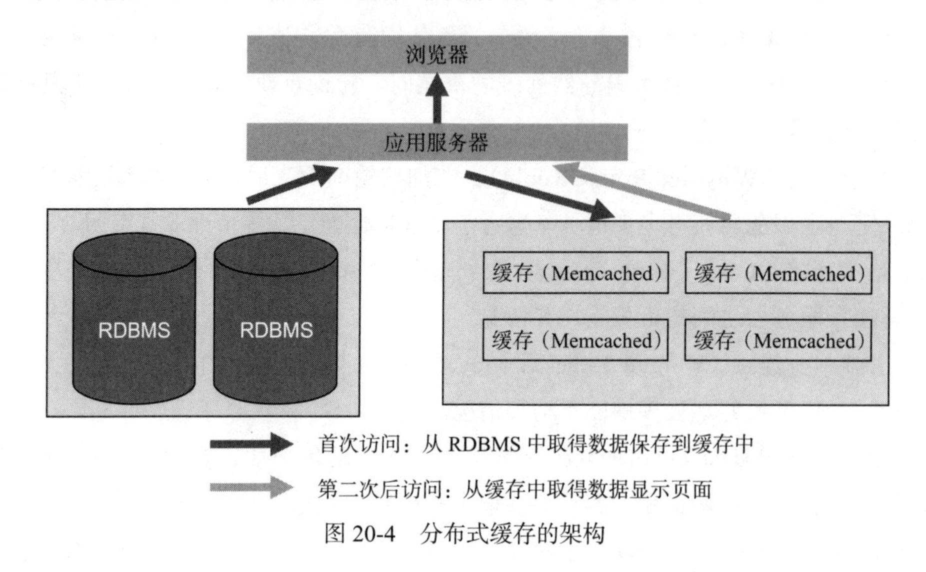

图 20-4 分布式缓存的架构

在缓存存储容量满的情况下，删除缓存对象需要考虑多种机制：一种是按队列机制；另一种是根据缓存对象的优先级。Memcached 会优先使用已超时的记录空间，但即使如此，也会发生追加新记录时空间不足的情况。此时就要使用名为最近最少使用（Least Recently Used，LRU）的机制来分配空间。因此当 Memcached 的内存空间不足并且获取到新记录时，就在最近未使用的记录中搜索，将空间分配给新的记录。

Memcached 虽然称为“分布式”缓存服务器，但服务器端并没有分布式的功能。Memcached 的分布式完全是由客户端实现的。下面举例说明 Memcached 是如何实现分布式缓存的。

例如，假设有三台 Memcached 服务器 Node1 ～ Node3，应用程序要保存键名为“tokyo”“kanagawa”“chiba”“saitama”“gunma”的数据。

首先向 Memcached 中添加“tokyo”。将“tokyo”传给客户端程序库后，客户端实现的算法就会根据“键”来决定保存数据的 Memcached 服务器。服务器选定后，即命令它保存“tokyo”及其值。

同样，“kanagawa”“chiba”“saitama”“gunma”都是先选择服务器再保存。

接下来获取保存的数据。这时要将要获取的键“tokyo”传递给函数库。函数库利用与数据保存时相同的算法，根据“键”选择服务器，然后发送 get 命令。只要数据没有出于某些原因被删除，就能获得保存的值。

Memcached 服务器实现分布式缓存的原理如图 20-5 所示。

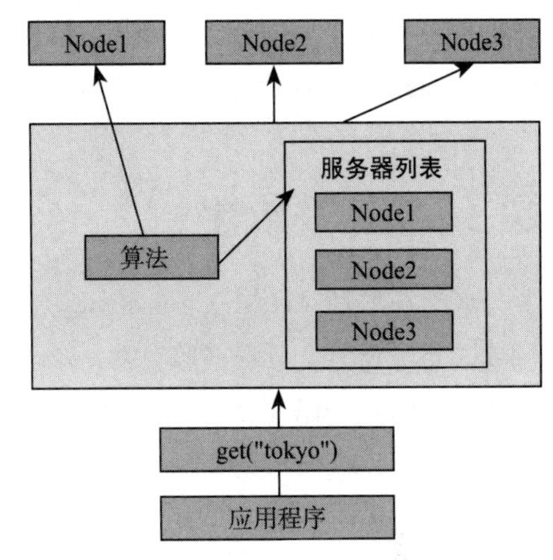

图 20-5　Memcached 服务器实现分布式缓存的原理

这样，将不同的键保存到不同的服务器上，就实现了分布式缓存。Memcached 服务器增多后，键就会分散，即使一台 Memcached 服务器发生故障无法连接，也不会影响其他缓存，系统依然能继续运行。

以下是关于 Memcached 分布式系统的一些要点。

1）节点和集群：Memcached 分布式系统由多个节点组成，每个节点可以是一台独立的服务器。这些节点一起构成了 Memcached 集群，负责存储缓存数据。

2）数据分片：Memcached 使用分片（Sharding）策略，将数据分成多个片段。每个节点负责存储其中的一个或多个数据片段。

3）一致性哈希：为了确定哪个节点存储特定的数据，Memcached 使用了一致性哈希（Consistent Hashing）算法。这个算法利用哈希函数将数据的键映射到环形空间，然后选择离哈希值最近的节点来存储数据。

4）节点的动态加入和退出：Memcached 支持节点的动态加入和退出。当节点加入或退出集群时，一致性哈希算法会重新分布数据，确保数据均匀分布，并避免大规模数据迁移。

5）数据备份：为了提高可用性，Memcached 可以配置数据备份。每个数据片段通常有一个主节点和一个备份节点。如果主节点失效，备份节点可以立即接管数据服务。

6）负载均衡：通过一致性哈希和数据分片，Memcached 可以实现负载均衡。数据被均匀分布到不同的节点上，防止热点问题。

7）数据过期和失效：Memcached 允许为存储的数据设置过期时间，一旦数据过期，它将自动从缓存中删除。这有助于释放内存并确保数据的时效性。

8）扩展性：Memcached 集群可以轻松扩展，通过添加更多的节点来增加存储容量和处理能力。

9）多语言支持：Memcached 客户端库支持多种编程语言，如 Java、Python、C++ 等，这使得 Memcached 可以与不同类型的应用程序集成。

Memcached的分布式架构使其成为一个高性能的缓存系统，适用于许多不同类型的应用程序，特别是需要快速数据访问的Web应用程序。通过合理的配置和管理，Memcached可以提供高可用性和可伸缩性，以满足不断增长的数据访问需求。

20.5 哈希一致性

哈希一致性（Hash Consistency）是一种分布式计算和数据存储算法，用于确定如何将数据分布到多个节点或服务器。哈希一致性的主要思想是将数据的键（或标识符）通过哈希函数转换为哈希值，然后将这些哈希值映射到节点或服务器，以确定数据应存储在哪个节点上。

哈希一致性原理如图20-6所示，首先求出Memcached服务器（节点）的哈希值，并将其配置到划分为2^{32}个节点的圆上。然后用同样的方法求出存储数据的键的哈希值，并映射到圆上。然后从数据映射到的位置开始顺时针查找，将数据保存到找到的第一个服务器上。如果超过2^{32}个节点仍然找不到服务器，就会保存到第一台Memcached服务器上。

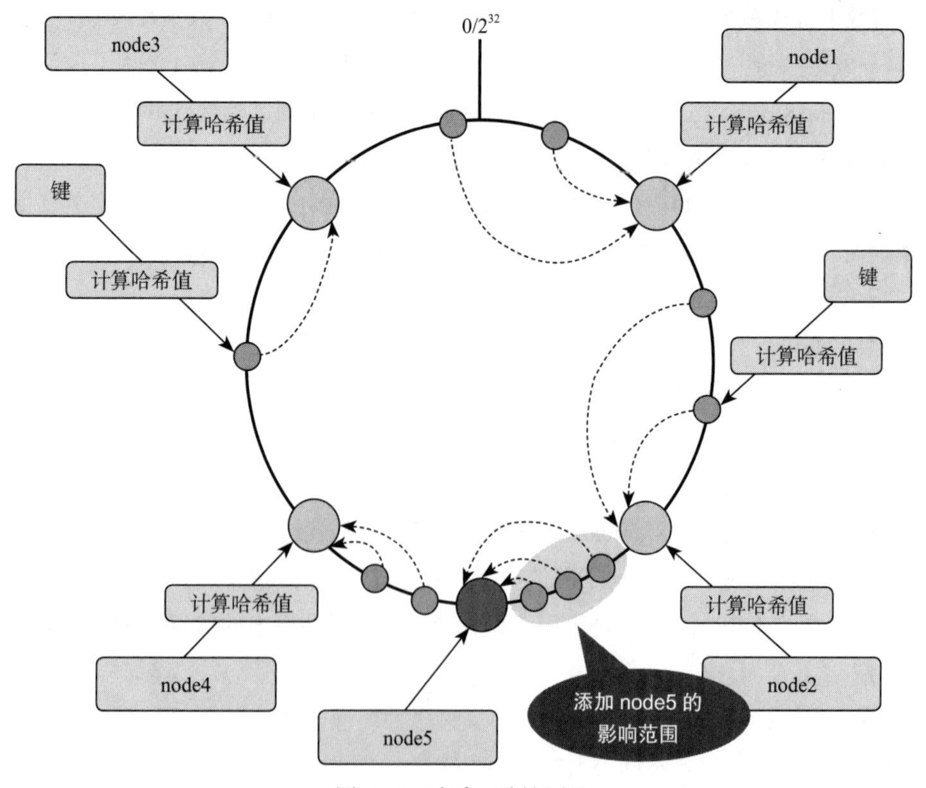

图20-6 哈希一致性原理

在图 20-6 的状态下添加一台缓存服务器。余数分布式算法由于保存键的服务器会发生巨大变化而影响缓存的命中率，但由于哈希一致性，只有在圆上增加服务器的位置逆时针方向的第一台服务器上的键会受到影响。

因此，哈希一致性最大限度地抑制了键的重新分布。而且，有些哈希一致性的实现方法还采用了虚拟节点的思想。如果使用一般的哈希函数，服务器的映射位置的分布非常不均匀。因此，使用虚拟节点的思想，为每个物理节点（服务器）在圆上分配 100 ～ 200 个点。这样就能抑制分布不均匀，最大限度地减少服务器增减时的缓存重新分布。

最后我们再来梳理一下哈希一致性的一些关键要点。

1）数据分布：哈希一致性用于数据分布，在分布式系统中，数据通常需要分布到多个节点或服务器上，以实现负载均衡和高可用性。

2）哈希函数：哈希函数将数据的键映射为一个哈希值，通常是一个固定长度的字符串或数字。不同的哈希函数可以用于不同的应用场景。

3）哈希环：所有可用节点或服务器构成一个虚拟的环状结构，这被称为哈希环。每个节点在环上有一个或多个位置，这些位置是由节点的哈希值确定的。

4）数据映射：当数据需要被存储或查找时，通过哈希函数计算数据的哈希值，然后在哈希环上查找最接近的节点。数据被存储在该节点上，或从该节点上检索。

5）动态性：哈希一致性允许节点的动态加入或退出，而不会大规模改变数据分布。当节点加入或退出时，只会影响其周围的数据分布。

6）负载均衡：哈希一致性有助于实现负载均衡，因为数据被均匀分布到不同节点上，避免了热点问题。

7）高可用性：哈希一致性支持高可用性，因为即使一个节点失效，数据也可以通过找到下一个最接近的节点进行检索。

8）应用：哈希一致性广泛用于分布式缓存系统、分布式数据库、内容分发网络（CDN）等分布式应用，以确定数据存储和访问的节点。

哈希一致性是一种重要的技术，用于确保分布式系统的可伸缩性、负载均衡和高可用性。不同的系统和应用可能采用不同的哈希一致性算法和数据映射策略，以满足其独特的需求。

Chapter 21 第 21 章

系统设计实战

21.1 设计分布式缓存系统

分布式缓存系统的设计应该先从实现本地缓存着手，例如采用 LRU 缓存算法，其实质是采用哈希表 + 双链表来解决问题。将 LRU 缓存作为一个单独的进程在主机（专用集群）或服务主机（位于同一位置）上运行，每个缓存服务器将存储大块数据（分片）。客户应使用分区算法来选择分片，缓存客户端与使用 TCP 或 UDP 的缓存服务器进行对话。

设计分布式缓存系统主要涉及分布式处理、缓存一致性、增加节点或者减少节点、更新缓存等。

21.1.1 缓存无效

如果在数据库中修改了数据，则应在缓存中使该数据无效，否则，可能导致应用程序行为不一致。主要有 3 种缓存系统。

1）直写式高速缓存：只有在对数据库的写操作和高速缓存同时成功的情况下，才能确认写操作是成功的，这样在缓存和存储之间实现完全的数据一致性。如果发生电源故障或其他系统中断，一切都不会丢失。但是，在这种情况下，由于要对两个单独的系统进行写操作，因此写延迟会更高。

2）高速缓存写：绕过高速缓存直接写入数据库，在大多数情况下都可以减少等待时间。但是，由于高速缓存系统在发生高速缓存未命中时会从数据库读取信息，因此它会增加高速缓存未命中的概率。由于读取必须从较慢的后端存储进行，并经历较高的延迟，因此在应用程序快速写入和重新读取信息的情况下，可能导致更高的读取延迟。

3）回写高速缓存：直接对高速缓存层进行写操作，并在对高速缓存的写操作完成后立即确认写操作。然后，高速缓存将该写入异步同步到数据库。对于写密集型应用程序，这将导致非常高的写延迟和写吞吐量。但是，因为写入数据的唯一单个副本在缓存中，如果缓存层消失，则存在丢失数据的风险。这种情况可以通过拥有多个副本来确认缓存中的写入来改善。

21.1.2　缓存逐出策略

缓存逐出策略，也被称为缓存替换策略，是用于确定在缓存达到容量上限时，哪些数据项应该被移除以腾出空间来存储新数据的策略。不同的逐出策略适用于不同的应用场景和性能需求。以下是一些常见的缓存逐出策略。

1）最近最少使用（Least Recently Used, LRU）：LRU 算法将最近最少使用的数据项从缓存中移除。它维护一个访问顺序列表，当某个数据项被访问时，它被移到列表的前面。当需要逐出数据时，选择列表末尾的数据项。LRU 需要记录访问顺序，因此实现稍显复杂。

2）最少使用（Least Frequently Used, LFU）：LFU 算法根据数据项的访问频率来进行逐出。它维护一个频率计数器，并选择访问频率最低的数据项进行逐出。LFU 适用于对访问模式有明显变化的情况。

3）先进先出（First-In-First-Out, FIFO）：FIFO 策略按照数据项被插入缓存的顺序来进行逐出。最早插入的数据项首先被移除。FIFO 实现简单，但可能无法反映数据项的实际访问频率。

4）随机（Random）：随机策略选择要逐出的数据项时，完全随机地选择一个。这是一种简单但不太有效的策略，因为它不考虑数据项的访问频率或重要性。

5）最近使用（Most Recently Used, MRU）：与 LRU 相反，MRU 策略选择最近访问的数据项进行逐出。它更适合某些特定的应用，例如需要保持热门数据项的缓存。

6）最不常用（LRU-*K*）：LRU-*K* 是 LRU 的一种变体，它考虑了数据项的 *K* 次访问情况。LRU-2、LRU-3 等是 LRU-*K* 的特例，其中 *K* 表示考虑的访问次数。

7）自定义策略：根据具体需求，可以自定义逐出策略。例如，可以根据业务逻辑、数据重要性或其他因素来选择逐出哪些数据项。

选择逐出策略应考虑应用的性能需求、访问模式、数据访问频率和实现复杂度等因素。不同的应用可能需要不同的策略，因此在实施缓存时，通常需要根据具体情况来选择适当的逐出策略。

21.1.3 设计分布式键值缓存系统

这里设计一个分布式键值缓存系统，例如 Memcached 或 Redis（目前最受欢迎的系统）。在设计之前，必须了解以下问题。

- 需要缓存的数据量是多少？这取决于系统需要的数据量，通常以 TB 计算。
- 缓存逐出策略是什么？这里使用 LRU 缓存逐出策略。如果深入一点，需要写出关于 LRU 的代码。
- 给定的高速缓存或高速缓存失效方法是什么访问模式？写回缓存。回写也被称为延迟写入，也就是说，最初数据只在缓存中更新，稍后再更新到内存中，对内存的写入动作会被推迟，直到修改的内容在缓存中即将被另一个缓存块替换。
- 对系统期望的每秒查询数（QPS）是什么？机器将要处理 1M QPS，由于查询无法足够快地响回查询，导致机器死机，可能会面临高延迟的风险。
- 延迟是一个非常重要的指标吗？缓存的全部重点是低延迟。
- 一致性与可用性如何？高速缓存系统中的不可用意味着有一个高速缓存未命中，由于从较慢的计算机（磁盘而不是内存）中读取数据，会导致高延迟，可以选择“可用性高于一致性”以减少延迟。只要最终在合理的时间内看到新的变化，就接受最终的一致性。
- 使用什么数据结构来实现这一目标？可以使用映射和链表实现，并可能会在 remove 操作的双指针链表上获得更好的性能。
- 当处理碎片的机器出现故障时会发生什么？如果每个分片只有一台机器，那么当该机器出现故障时，对该分片的所有请求将开始命中数据库，因此延迟会增加。如果有多台计算机，那么每个分片可以有多台计算机，它们维护的数据量完全相同。由于有多个服务器维护相同的数据，因此服务器之间的数据可能不同步。这也意味着某些服务器上可能缺少一些密钥，并且一些服务器可能具有相同密钥的旧值。如果一个分片中一次只有一台活动服务器，并且有一个跟随者，该跟随者不断获取更新，那么当主服务器出现故障时，从服务器将接替主服务器。主服务器和从服务器可以维护带有版本号的更改日志，以确保它们能够被捕获。如果对所有服务器最终都保持一致感到满意，那么可以让一个主服务器承担所有写流量和许多读取副本，以便它们也可以为读取流量提供服务，或者可以使用对等系统，例如 Apache Cassandra。

21.2 设计网络爬虫系统

网络爬虫系统听起来可能像一个简单的“提取 – 解析 – 附加”系统，但很可能会忽略其复杂性，偏离问题的意图，而将重点放在体系结构上而不是实现细节上。当然，要构建一个 Web 规模的爬虫系统，爬虫系统的架构比选择语言 / 框架更重要。

21.2.1 架构设计

最低限度的网络爬虫问题至少需要以下组件。

- HTTP Fetcher：从服务器检索网页。
- 提取组件：至少支持从链接之类的页面提取 URL。
- 重复消除组件：确保不会无意中两次提取相同的内容，可以利用集合数据结构来解决。
- URL 优先：优先处理必须提取和解析的 URL，可以利用优先队列来解决。
- 数据存储区：用于存储检索页面和 URL 以及其他元数据。

与单服务器相比，分布式网络爬虫系统更具挑战性，因为它必须在重复检测和 URL 优先上进行协调。这需要一个分布式集合实现和优先级队列。考虑到数据量，必须在基于磁盘的数据结构和内存的缓存之间取得平衡。

21.2.2 爬虫服务

假设有一个 links_to_crawl 初始列表，该列表最初是根据网站的整体受欢迎程度排名的。在一个合理的假设下，可以为爬虫提供链接到外部内容（如 Yahoo、DMOZ 等）的热门网站的种子。爬虫设计如图 21-1 所示。

这里将使用表 crawled_links 来存储已处理的链接及其页面签名。可以将 links_to_crawl 和 crawled_links 存储在 NoSQL 数据库中。对于其中的排名链接 links_to_crawl，可以将 Redis 与排序集一起使用，以维持页面链接的排名。

爬虫服务用以下循环方式处理每个页面链接。

- 从队列里面取出优先级最高的链接。
- 检测 NoSQL 数据库中的 crawled_links 是否具有相似的页面签名，如果有相似的页面签名，则降低页面链接的优先级。
- 避免进入已经访问的链接，继续执行；否则，抓取链接。
- 将作业添加到反向索引服务队列以生成反向索引。

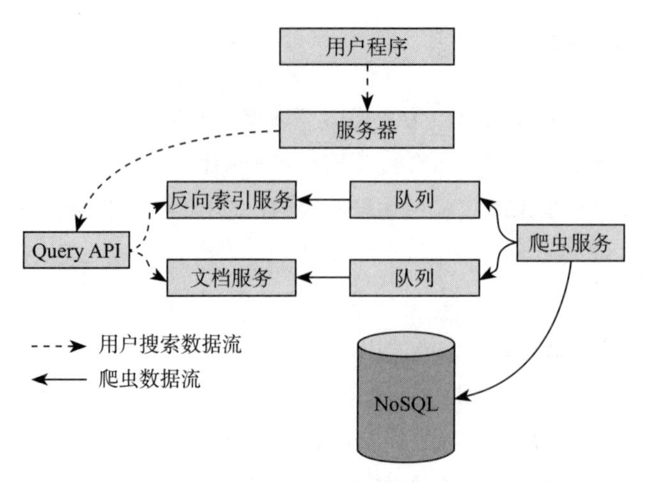

图 21-1 爬虫设计

- 将作业添加到文档服务队列以生成静态标题和代码段。
- 生成页面签名。
- 从 NoSQL 数据库的 links_to_crawl 中删除链接。
- 将页面链接和签名插入 NoSQL 数据库中的 crawled_links。

爬虫服务的伪代码如下。其中，PagesDataStore 是使用 NoSQL 数据库的爬虫服务中的抽象。

代码清单 21-1 爬虫服务的伪代码

```
class PagesDataStore(object):

    def __init__(self, db);
        self.db = db

    def add_link_to_crawl(self, url):
        """ 将给定链接添加到 links_to_crawl"""

    def remove_link_to_crawl(self, url):
        """ 从 links_to_crawl 中删除给定链接 """

    def reduce_priority_link_to_crawl(self, url)
        """ 降低 links_to_crawl 中链接的优先级以避免循环 """

    def extract_max_priority_page(self):
        """ 返回 links_to_crawl 中优先级最高的链接 """

    def insert_crawled_link(self, url, signature):
        """ 将给定链接添加到 crawled_links"""
```

```
    def crawled_similar(self, signature):
        """ 确定是否已经抓取了与给定签名匹配的页面 """
```

Page 是爬虫服务中的一种抽象，它封装了页面、页面内容、子 URL 和签名。

```
class Page(object):

    def __init__(self, url, contents, child_urls, signature):
        self.url = url
        self.contents = contents
        self.child_urls = child_urls
        self.signature = signature
```

Crawler 是爬虫服务中的主要类，由 Page 和 PagesDataStore 组成。

```
class Crawler(object):

    def __init__(self, data_store, reverse_index_queue, doc_index_queue):
        self.data_store = data_store
        self.reverse_index_queue = reverse_index_queue
        self.doc_index_queue = doc_index_queue

    def create_signature(self, page):
        """ 根据 URL 和内容创建签名 """

    def crawl_page(self, page):
        for url in page.child_urls:
            self.data_store.add_link_to_crawl(url)
        page.signature = self.create_signature(page)
        self.data_store.remove_link_to_crawl(page.url)
        self.data_store.insert_crawled_link(page.url, page.signature)

    def crawl(self):
        while True:
            page = self.data_store.extract_max_priority_page()
            if page is None:
                break
            if self.data_store.crawled_similar(page.signature):
                self.data_store.reduce_priority_link_to_crawl(page.url)
            else:
                self.crawl_page(page)
```

21.2.3 处理重复链接

需要注意，网络爬虫不能陷入无限循环，而无限循环会在图形包含循环时发生。因此，要删除重复的网址。对于较小的列表，可以使用排序或者唯一性来排除。而对于较大的列表，可以使用 MapReduce 输出频率为 1 的条目。

```
class RemoveDuplicateUrls(MRJob):

    def mapper(self, _, line):
        yield line, 1

    def reducer(self, key, values):
        total = sum(values)
        if total == 1:
            yield key, total
```

21.2.4 更新爬网结果

需要定期抓取页面以确保时效性。抓取结果中可能有一个 timestamp 字段，该字段表示页面上次被抓取的时间。在默认的时间段（例如一周）之后，应刷新所有页面。经常更新或更受欢迎的站点可以在较短的时间间隔内刷新。

尽管这里不会深入分析细节，但是可以进行数据挖掘，以确定更新特定页面之前的平均时间，并使用该统计信息来确定重新爬网的频率。可能还会选择支持 Robots.txt 文件，该文件可让网站管理员控制抓取频率。

21.2.5 可扩展性设计

设计一个可扩展的爬虫程序，如图 21-2 所示。

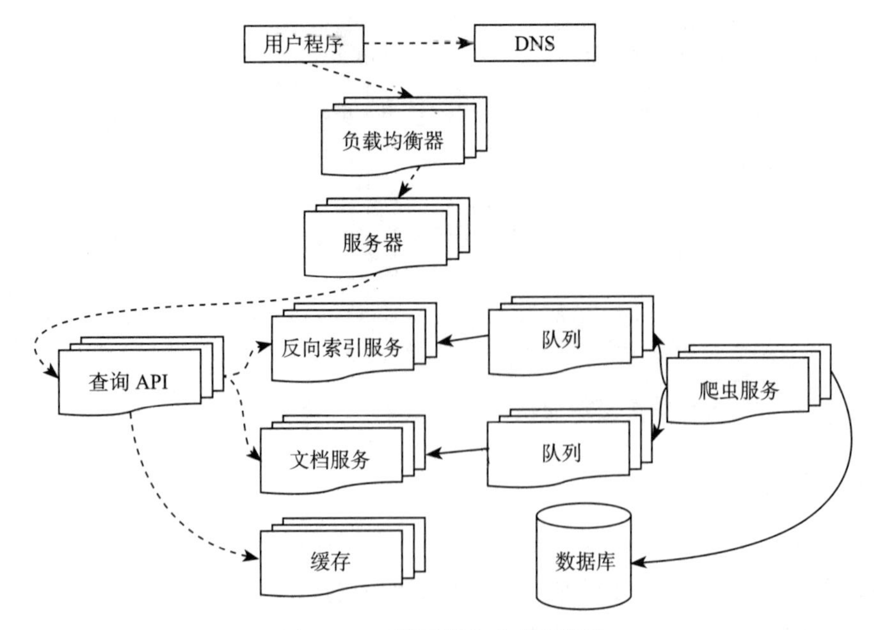

图 21-2 可扩展的爬虫程序设计

21.3 TinyURL 的加密与解密

TinyURL 是一种 URL 简化服务，例如，当输入一个 URL 如 https://leetcode.com/problems/design-tinyurl 时，它将返回一个简化的 URL，即 http://tinyurl.com/4e9iAk。

要求：设计一个 TinyURL 的加密和解密算法。加密和解密算法如何设计和运作是没有限制的，只需要保证一个 URL 可以被加密成一个 TinyURL，并且这个 TinyURL 可以用解密方法恢复成原本的 URL。

21.3.1 系统的要求和目标

TinyURL 系统应满足以下要求。

（1）功能要求

- 给定一个 URL，我们的服务应为其生成一个较短且唯一的别名。
- 当用户访问较短的 URL 时，我们的服务应将其重定向到原始链接。
- 用户可以选择为其 URL 自定义别名。
- 链接将在特定时间段后自动失效，用户可以指定过期时间。

（2）非功能要求

- 系统应具有高可用性。这是必需的，因为如果服务关闭，则所有 URL 重定向将会失败。
- URL 重定向应该以最小的延迟实时进行。

（3）扩展要求

- 例如重定向发生了多少次？
- 其他服务也应该可以通过 REST API 访问我们的服务。

21.3.2 容量估算和约束

设计的系统将进行繁重的工作，与新的 URL 缩短相比，会有很多重定向请求。假设读写之间的比例为 100 ： 1。

- 流量估算值：假设每月将有 500 万个新的 URL 缩短，期望在同一时间内重定向（100 × 500 万 = 5 亿）。
- 每秒新的 URL 缩短：5 亿 /（30d × 24h × 3600s）≈ 200
- 每秒的 URL 重定向：500 亿 /（30d × 24h × 3600s）≈ 1.9×10^4。
- 存储估计：由于我们预计每月会有 5 亿个新 URL，并且如果我们将这些对象保留五年；我们将存储的对象总数将达到 300 亿，即 5 亿 × 5 年 × 12 个月 = 300 亿。

假设我们要存储的每个对象可以为 500B，我们将需要 15TB 的总存储空间：300 亿 × 500B = 15TB。

- 宽带估计：对于写请求，由于每秒我们期望 200 个新 URL，因此服务的总传入数据为每秒 100KB，即 200 × 500B = 100KB；对于读取请求，由于我们期望每秒进行约 1.9×10^4 个 URL 重定向，因此服务的总传出数据为每秒 9MB，即 $1.9 \times 10^4 \times 500B \approx 9MB$。
- 内存估计：如果我们要缓存一些经常访问的热 URL，需要存储多少内存？如果我们遵循二八法则，即 20% 的 URL 产生 80% 的流量，则我们希望缓存这 20% 的热 URL。

由于每秒有 1.9×10^4 个请求，因此每天将获得 17 亿个请求，即 $1.9 \times 10^4 \times 3600s \times 24h \approx 17$ 亿，要缓存这些请求的 20%，需要 170GB 的内存，即 0.2 × 17 亿 × 500B ≈ 170GB。

21.3.3 系统 API

可以使用 SOAP 或 REST API 来公开服务的功能。以下是用于创建和删除 URL 的 API 定义。

```
creatURL(api_dev_key, original_url, custom_alias == None, user_name == None,
   expire_date == None)
```

关键参数如下。

- api_dev_key（字符串）：注册帐户的 API 开发人员密钥。除其他外，这将用于基于分配的配额限制用户。
- original_url（字符串）：要缩短的原始 URL。
- custom_alias（字符串）：URL 的可选自定义键。
- user_name（字符串）：编程中使用的可选用户名。
- expire_date（字符串）：缩短的 URL 的可选到期日期。

将返回缩短的 URL 成功插入，否则返回错误代码。

```
deleteURL(api_dev_key, url_key)
```

其中“url_key”是代表要检索的缩短 URL 的字符串。成功删除将返回“URL 已删除”。

如何检测和防止滥用？由于任何服务都可以通过消耗当前设计中的所有密钥来使用，为了防止滥用，我们可以通过 api_dev_key 限制用户在特定时间内可以创建或访问的 URL 数量。

21.3.4 核心算法设计

思路：对于每个输入链接字符串，每增加一个链接，对应的数字就增加1。然后把这个数字转成6个字符的组合，这个6个字符来自于26个小写、26个大写以及10个数字。可以使用函数frombase10tobase62()把链接对应的数字转成这6个字符，同时记录这6个字符和长链接之间的对应关系，可以利用哈希表完成。相反，如果TinyURL要转成网页的链接，直接查找6个字符的字符串对应的长链接就可以了。

代码清单 21-2 如何缩短 URL

```
class Codec:
    def __init__(self):
        self.count = 0
        self.prefix = "http://tinyurl.com/"
        self.character ="0123456789abcdefghijklmnopqrstuvwxyzABCDEFGHIJKLMNOP
            QRSTUVWXYZ"
        self.table={}
    def encode(self, longUrl: str) -> str:
        """ 将 URL 编程为缩短的 URL"""
        self.count+=1
        def convertBase62(count):
            strs=""
            for _ in range(6):
                strs=strs+self.character[count%62]
                count = count//62
            return strs
        shortUrl = convertBase62(self.count)
        self.table[shortUrl] = longUrl
        return prefix+shortUrl


    def decode(self, shortUrl: str) -> str:
        """ 将缩短的 URL 解码为其原始 URL"""
        if shortUrl[-6:] in self.table:
            return self.table[shortUrl[-6:]]
```

21.3.5 数据库设计

关于我们将要存储的数据性质的一些观察：需要存储数十亿条记录；要存储的每个对象很小（小于10^3）；记录之间没有任何关系，除非要存储哪个用户创建了哪个URL；服务内容繁重。

因此，我们将需要两个表，一个表URL用于存储有关URL映射的信息，另一个表User用于存储用户的数据，如图21-3所示。

URL	
主键	Hash: varchar(16)
	OrignalURL: varchar(512) CreationDate: datetime ExpirationDate: datatime UserID: int

User	
主键	UserID: int
	Name: varchar(20) Email: varchar(32) CreationDate: datetime LastLogin: datatime

图 21-3 数据库需要建立的两个表

我们应该使用哪种数据库？由于我们可能要存储数十亿行数据，并且不需要使用对象之间的关系（如 Dynamo 或 Cassandra），因此 NoSQL 键值存储是更好的选择，也易于扩展。但是如果选择 NoSQL，则无法在 URL 表中存储 UserID（因为 NoSQL 中没有外键），所以，我们需要第三个表来存储 URL 与用户之间的映射。

21.3.6 数据分区和复制

为了扩展数据库，需要对其进行分区，以便它可以存储有关数十亿 URL 的信息。我们需要提出一种分区方案，该方案将数据划分并存储到不同的数据库服务器中。

（1）基于范围的分区

可以根据 URL 的首字母或哈希键将 URL 存储在单独的分区中。因此，我们将所有以字母“A”开头的 URL 保存在一个分区中，并将所有以字母“B”开头的 URL 保存在另一个分区中，以此类推。这种方法称为基于范围的分区。甚至可以将某些不经常出现的字母组合到一个数据库分区中。我们应该静态地提出这种分区方案，以便始终可以以可预测的方式存储 / 查找文件。但是这种方法可能导致服务器不平衡。因为如果将所有以字母“E”开头的 URL 放入一个数据库分区中，但后来意识到有太多以字母“E”开头的 URL，就无法将其放入一个数据库分区中。

（2）基于哈希值的分区

在这种方案中，我们对要存储的对象进行哈希处理，然后根据该哈希值确定该对象应进入的数据库分区。可以使用“键”或实际 URL 的哈希值来确定存储文件的分区。哈希函数会将网址随机分配到不同的分区中，例如，哈希函数始终可以将任何键映射到 1 ～ 256 之间的数字，并且该数字代表存储对象的分区。这种方法仍然会导致分区过载，这可以通过使用“一致性哈希”来解决。

21.3.7 缓存

我们可以使用一些现成的解决方案（如 Memcache）缓存经常访问的 URL，也可以存储带有各自哈希值的完整URL。在访问后端存储之前，应用程序服务器可以快速检查缓存是否具有所需的URL。

我们应该拥有多少缓存？可以从每日流量的20%开始，根据客户的使用模式，调整所需的缓存服务器数量。由于服务器可以拥有256GB内存，因此需要170GB内存来缓存每日流量的20%，可以轻松地将所有缓存装入一台计算机，或者选择使用几个较小的服务器来存储所有这些热门网址。

哪种高速缓存逐出策略最适合我们的需求？当高速缓存已满，并且要用更新/更热的URL替换链接时，将如何选择？对于我们的系统，最近最少使用（LRU）是合理的策略。根据此策略，我们将首先丢弃最近最少使用的URL。可以使用“链接哈希图”或类似的数据结构来存储URL和哈希值，这将跟踪最近访问了哪些URL。

为了进一步提高效率，可以复制缓存服务器以在它们之间分配负载。

如何更新每个缓存副本？每当发生缓存未命中时，服务器就会访问后端数据库。无论何时发生这种情况，都可以更新缓存并将新条目传递给所有缓存副本。每个副本都可以通过添加新条目来更新其缓存。如果副本已经具有该条目，则可以将其忽略。

21.3.8 负载均衡器

我们可以在系统的三个位置添加负载均衡层。

- 在客户端和应用程序服务器之间。
- 在应用服务器和数据库服务器之间。
- 在应用程序服务器和缓存服务器之间。

最初，可以采用简单的循环法。在后端服务器之间平均分配传入请求。该负载均衡（LB）易于实现，不会带来任何开销。这种方法的另一个好处是，如果服务器已停止运行，则LB会将其从轮换中删除，并将停止向其发送任何流量。轮询负载均衡（Round Robin LB）的问题是，它不会考虑服务器负载。如果服务器过载或运行缓慢，则LB不会停止向该服务器发送新请求。为了解决这个问题，可以放置一个更智能的LB解决方案，该解决方案定期向后端服务器查询其负载并根据此负载调整流量。

21.4 设计自动补全功能

自动补全功能就是在搜索时提前输入建议，使用户可以搜索已知或经常搜索的术语。当用户在搜索框中键入内容时，它会尝试根据用户输入的字符来预测查询，并给出建议列表以完成查询。提前输入建议可以帮助用户更好地表达他们的搜索查询。这不是要加快搜索过程，而是要指导用户并帮助他们构建搜索查询。

自动补全功能提供基于用户输入的查询建议列表（作为前缀），得到按排名得分排序的建议。

系统的要求如下。

- 功能要求：当用户在查询中输入内容时，服务应从输入的任何内容开始建议十大术语。
- 非功能要求：应实时显示，用户应该能够在 200ms 内看到输入建议。

21.4.1 基本系统设计与算法

我们需要存储很多字符串，以便用户搜索任何前缀。我们的服务将建议与给定前缀匹配的下一个术语。例如，如果数据库包含以下术语：cap，cat，captain，capital，当用户输入了“cap”，系统应提示“cap”“captain”和“capital”。由于我们必须以最小的延迟为大量查询提供服务，因此需要提出一种方案，该方案可以有效地存储数据，以便快速对其进行查询。我们不能依靠某个数据库来做到这一点，并且需要将索引以高效的数据结构存储在内存中。可以满足这些目的的最合适的数据结构之一是 Trie，Trie 是树状的数据结构，用于存储短语，其中每个节点以顺序方式存储短语的字符。

如何找到最佳建议？

现在，我们可以找到所有带前缀的术语，如何知道应该建议的十大术语？一种简单的解决方案是存储每个节点处终止的搜索次数，例如，如果用户搜索了 100 次“CAPTAIN”和 500 次“CAPTION”，可以将该数字与短语的最后一个字符一起存储。因此，如果用户输入了“CAP”，我们知道前缀“CAP”下搜索次数最多的单词是“CAPTION”。因此，给定前缀，我们可以遍历其下的子树，以找到最重要的建议。

如何更新建议频率？

由于在每个节点上存储提前提示建议的频率，因此也需要更新建议频率。但是我们只能更新频率差异，而不能从头开始重新计算所有搜索词。如果要保留最近 10 天内搜索到的所有字词的计数，则需要从不再包含的时间段中减去计数，然后添加包含的新时间段的计数。可以根据每个术语的指数移动平均线（EMA）添加和减去频率。在 EMA 中，我们更加重视最新数据。在 Trie 中插入新术语后，将转到该短语的终端节点并增加其频率。由于在每个节点中存储前 10 个查询，因此该特定搜索字词可能会跳入其他几个节点的前 10 个查询中。因此，我们需要更新这些节点的前 10 个查询。我们必须从节点一直返回到根，对于每个父级，检查当前查询是否属于前 10 名，如果是，则更新相应的频率；如果不是，则检查当前查询的频率是否足够高，以成为前 10 个查询的一部分。如果是，则插入此新词并删除频率最低的词。

如何从 Trie 中删除一个术语？

比如由于某些法律问题等原因，我们必须从 Trie 中删除一个术语。当定期更新发生时，可以从 Trie 中完全删除这些术语。同时，可以在每台服务器上添加一个过滤层，该过滤层会在将这些术语发送给用户之前将其删除。

21.4.2　主数据结构

Trie 是一个非常适合前缀搜索的数据结构。为了节省空间，没有在一个节点中显示每个字符，而是在一个节点中显示了公共子字符串。例如，“rest”“restaurant”“restroom”和“restriction”使用共同的前缀“rest”。在 Trie 中，“rest”存储在父节点中，将其设置为 True 表示该节点本身是完成状态，其子分支为“restaurant”“restroom”和“restriction”。

如果用户输入的长度为 L，并且想从包含 N 个单词的 Trie 中，返回 K 个结果，则平均查找时间为 $O(L) + O(N\log(K))$。

- $O(L)$：找到前缀结尾的节点，在最坏的情况下，需要遍历 L 个节点才能获得该节点。
- $O(N\log(K))$：到达前缀末尾后，必须遍历每个子节点，以便使用前缀收集所有补全。最坏的情况是必须遍历整个 Trie。当然，如果要返回前 K 个结果，将通过最小大小为 K 的最小堆来解析所有补全，这需要 $O(N\log(K))$ 时间。

代码清单 21-3　用 Python 实现 Trie

```
class TrieNode(object):
    def __init__(self):
        self.children = collections.defaultdict(TrieNode)
        self.is_word = False # 确定单词是否完成（单词结尾）

class Trie(object):
    def __init__(self):
        self.root = TrieNode()

    def insert(self, word):
        current = self.root
        for letter in word:
            current = current.children[letter]
        current.is_word = True

    def search(self, word):
        node = self.root
```

```
        return self.dfs(word, node)

    def startsWith(self, prefix):
        node = self.root
        return self.dfs(prefix, node, False)

    def dfs(self, string, node, is_word_given=True):
        # 如果 is_word_given 为 True：寻找单词
        # 如果 is_word_given 为 False：寻找前缀

        for i, c in enumerate(string):
            if c not in node.children: return False
            node = node.children[c]
        return node.is_word if is_word_given else True
```

21.4.3 优化设计

响应速度是最重要的标准，下面将介绍自动补全功能的优化设计。

1. 将排序结果存储在节点中

为了防止遍历每个子树以获得一个前缀，可以进行一些预计算并将结果存储在该前缀 – 末端节点中。在例子中，是带有该前缀的前 K 个单词的排序列表。

通过这种数据结构，牺牲了空间来获得更好的性能。前缀查找将花费 $O(L)$ 时间，比以前快得多。

给定前缀，遍历其子树需要花费多少时间？鉴于给定索引所需的数据量，我们可能会构建一棵巨大的树，甚至遍历一棵子树也将花费很长时间。由于我们对延迟的要求非常严格，因此需要提高解决方案的效率。那么可以在每个节点上存储最佳建议吗？这肯定可以加快搜索速度，但需要大量额外的存储空间。因此可以在返回给用户的每个节点上存储前 10 条建议。为了达到所需的效率，我们必须大幅增加存储容量，可以通过仅存储终端节点的引用而不是存储整个短语来优化存储。要找到建议的术语，我们必须使用终端节点的父级参考进行遍历。我们还需要将频率与每个参考一起存储，以跟踪最重要的建议。

如何构建这个 Trie？可以有效地自底向上构建 Trie。每个父节点将递归调用所有子节点以计算其最佳建议及其计数。父节点将合并所有子级的最佳建议，以确定其最佳建议。

2. 限制字长

大多数用户输入会在 20 个字符前停止，除非他们确切知道要查找的内容，可想而知，用户实际上并不在乎我们的建议。因此不必为长字 / 词组构建子树，只需在其前缀节点上添加频繁的长字就足够了。

3. Trie 顶部的缓存层

在现实世界中，最频繁的请求中有 20% 占用了 80% 的流量。如果可以为 20% 的请求留出一个很小的空间，那么会降低负载压力，从而大幅度地降低负载。

通常，Trie 存储在 NoSQL 数据库中，以确保它的持久性，并且可以很好地扩展到谷歌拥有的大型 Trie 中。对于缓存，Redis 是一个不错的选择，因为它支持一些在缓存排序设置操作中有用的操作，例如，可以更新某些单词的排名得分，而不必读出整个列表，重新排序并重新插入。

4. 排名分数来源

建议的排名标准可能是什么？除了简单的计数之外，对于术语排名，我们还必须考虑其他因素，例如新鲜度、用户位置、语言、人口统计、个人历史记录等。

如果希望为用户推荐搜索频率最高和最新的词语，则需要一个聚合器来利用实时数据计算单词的分数，以便不断更新 Trie。为了做到这一点，首先，要对用户搜索进行采样，并加上时间戳，以发送到 Map Reduce（MR）作业中去。

然后，MR 作业会计算特定时间段内所有采样的搜索词的频率排名得分，并将结果发送到聚合器（无须包含那些低频结果，因为它们不会在 Trie 中排在前 *K* 位）。

最后，聚合器将根据单词的旧排名得分和频率得分（由 MR + 时间因子给出）来计算单词的新排名得分（更新的结果权重更大）。

搜索单词排名的系统设计如图 21-4 所示。

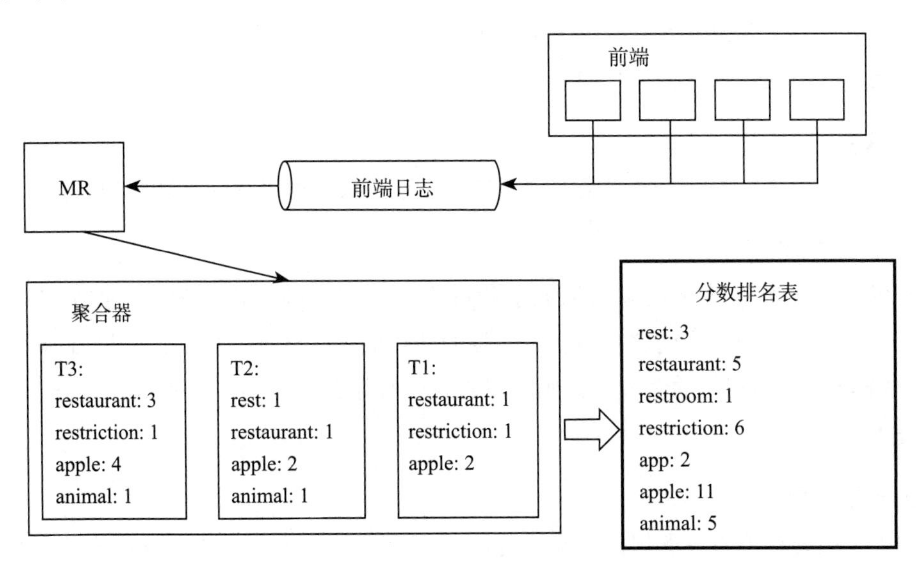

图 21-4　搜索单词排名的系统设计

5. 更新 Trie

要更新 Trie，首先对于具有新分数的每个单词，找到它的末端节点并更新分数。然后从下至上，更新每个父节点中的排序单词列表。

如何更新 Trie 呢？假设每天有 50 亿次搜索，则每秒大约有 6 万次查询。如果我们尝试为每个查询更新 Trie，这将非常耗费资源，也会妨碍读取请求。解决此问题的一种方法是在一定间隔后脱机更新 Trie。

随着新查询的到来，我们可以记录它们并跟踪它们的频率。可以记录每个查询，也可以进行抽样并记录每千个查询。我们可以使用 MapReduce（MR）设置来定期处理所有记录数据，例如每小时一次。这些 MR 作业将计算过去一小时内所有搜索到的词的频率。然后使用此新数据更新 Trie。我们可以获取 Trie 的当前快照，并使用所有新术语及其频率更新它。但是我们不应该这样做，因为不希望读取查询被更新 Trie 请求阻止。这时有两个选择。

1）我们可以在每台服务器上创建该 Trie 的副本以离线进行更新。完成后，可以切换并开始使用它。

2）另一个选择是为每个 Trie 服务器设置一个主从配置。我们可以在主服务器为流量服务时更新从服务器。一旦更新完成后，可以使从属服务器成为新的主控服务器。然后可以更新旧的主服务器，使其开始提供流量。

6. 尝试复制

为了处理高流量并提高系统可用性，可以创建多个 Trie 副本。每个副本都一个接一个地更新，在更新时，它将停止服务请求。

7. 快照

要进一步提高持久性，可以定期创建快照。这些快照可以存储在缓存中。

8. Trie 分区

分区也是扩大系统规模以增加流量和占用空间的一种选择。为了确保分片获得均衡的负载，可以根据每个前缀获得多少流量的估算值进行分区。例如，如果 'a'-'ea'，'eb'-'hig'，'hih'-'ke' 获得相似的负载量，则可以将它们分别放入 shard1、shard2 和 shard3，如图 21-5 所示。

9. 扩展估算

如果我们要构建与谷歌规模相同的搜索服务，则预期每天有 50 亿次搜索，每秒将获得约 6 万条查询。由于 50 亿次查询中会有很多重复项，因此可以假设其中只有 20% 是唯一的。如果只想索引前 50% 的搜索词，可以摆脱很多不那么频繁搜索的查询。假设我们有 1 亿个唯一术语，要为其建立索引。

如果平均每个查询包含 3 个单词，并且每个单词的平均长度为 5 个字符，则平均查询大小为 15 个字符。假设需要 2B 来存储字符，则需要 30B 来存储平均查询。因此，总存储空间将需要 1 亿 × 30B = 3 GB。

可以预期这些数据每天会有所增长，但是也应该删除一些不再搜索的术语。如果假设每天有 2% 的新查询，并且如果维持过去一年的索引，则总存储量应为 3GB +（0.02 × 3 GB × 365 天）= 25GB。

10. 缓存

我们应该意识到，将搜索到的热门术语缓存起来，对我们的服务非常有帮助。一小部分查询将负责大部分流量。我们可以在 Trie 服务器之前有单独的缓存服务器，其中包含最常搜索的术语及其预输入建议。应用程序服务器应在访问 Trie 服务器之前检查这些缓存服务器，以查看它们是否具有所需的搜索词。

我们还可以构建一个简单的机器学习模型，该模型可以尝试基于简单的计数、个性化或趋势数据等来预测每个建议的参与度，并缓存这些术语。

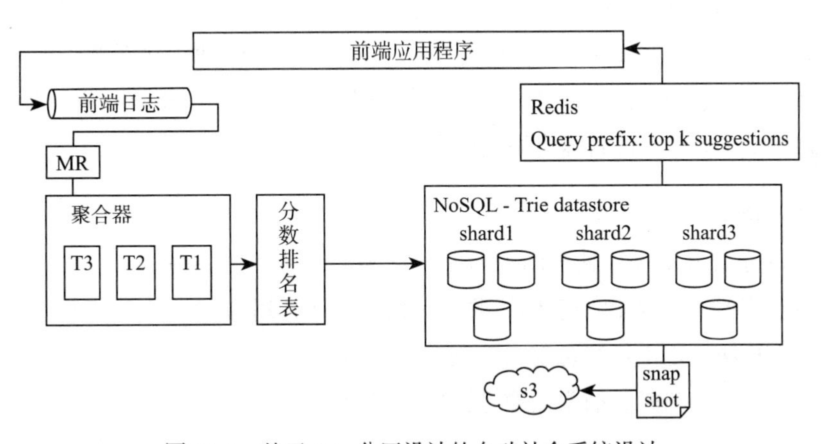

图 21-5 基于 Trie 分区设计的自动补全系统设计

21.5 设计新闻动态功能

新闻动态（News Feed）是一种网页或应用程序功能，它通常用于向用户显示最新的新闻、信息、社交媒体帖子、活动更新或其他内容。News Feed 是用户可以滚动浏览的信息流，通常根据时间顺序排列，以便用户能够浏览最近发布的内容。以下是 News Feed 在不同上下文中的一些常见示例。

- 社交媒体：社交媒体平台如 Facebook、Twitter、Instagram 等提供 News Feed 功能，用于显示用户关注的人或页面发布的帖子、图片、视频和状态更新。用户可以在 News Feed 中与这些内容互动，如点赞、评论和分享。
- 新闻网站：许多新闻网站提供 News Feed，以显示最新的新闻报道、文章和博客帖子。这些网站通常根据主题、时间或用户兴趣来组织信息流。
- 应用程序活动：在应用程序中，News Feed 可以用于显示用户的活动、事件更新、通知和互动。例如，一个社交游戏应用可以显示朋友的游戏成就和邀请信息。
- 电子邮件和消息通知：电子邮件客户端和消息应用通常提供 News Feed 功能，以显示新邮件、消息和通知。用户可以在此查看和管理他们的通信。
- 定制信息流：News Feed 可能还包括用户可自定义的信息流，允许用户选择他们感兴趣的主题、来源或关注的用户。

News Feed 提供了一种方便的方式来浏览并保存与各种信息和活动相关的内容。这对于保持更新以及与社交网络、新闻和在线社区互动非常有用。不同的平台和应用程序会提供不同类型的 News Feed 功能。

因此，让我们以 Facebook（Meta）为例，并探索其新闻动态功能背后的算法。这些年来，新闻动态功能算法已经发生了变化。但是在 2015 年，Facebook 的该功能背后的算法是 Edge Rank，即基于排名确定帖子顺序。

1. 亲和力得分

亲和力得分表示发布该帖子的人与用户之间的联系程度。例如，用户与发帖人是好朋友，并且会点赞、评论和分享他们的每个帖子，那么用户与发帖人的亲和力得分就很高。因此，该算法推断出用户可能希望查看朋友的帖子。

在计算亲和力得分时，通常需要考虑以下因素。

1）行动。用户对帖子做出的每个行动（例如标签、评论等）都具有相应的分数。因此，用户与该帖子互动得越多，亲和力得分就越高。仅当用户与帖子互动时，其分数才会被计入。也就是说，当用户仅阅读帖子而不点击或分享时就不会计入该分数。

2）链接程度。用户与发帖人的链接被视为计算亲和力得分的重要因素。因此，有 50 个共同朋友的发帖人将比有 10 个共同朋友的发帖人具有更高的亲和力得分。

3）互动时间。互动时间与亲和力得分成反相关。因此，如果发帖人发布了一个有关他生日的信息的帖子，而用户一周后打开了该社交网站，那么该帖子大概率不会显示在用户的主页上。

2. 边缘权重

Facebook 上的每个帖子都具有一定权重，显示其重要程度。简而言之，用户对帖子发表评论可能比分享的权重更高。Facebook 开发人员认为用户更愿意打开引人入胜的帖子类型。因此，照片和视频的权重比链接要高，对照片的评论比对链接的评论更有可能被突出显示。

3. 时间衰减

随着时间的推移，帖子开始失去时效性。EdgeRank 算法不仅要选择在用户主页上显示的帖子，还要对它们进行排序。

现在，新闻动态功能的算法已被改进为一种机器学习方法，该方法考虑了 10000 多个权重。目前，该方法侧重于预测出那些会促进用户主动参与的帖子，通过将更大的权重分配给相应的能使帖子变得个性化和引发讨论的参数，并以此来计算分数。

4. 库存

库存包括用户尚未看到的所有帖子。这些帖子包括推荐内容、帖子列队中排在后面的帖子以及朋友发布的内容。每天有成千上万的此类帖子，它们必须相互“竞争”才能被“算法仲裁员”看到。最终，其中只有数百个帖子最终进入用户的新闻动态主页。

5. 信息

根据可用信息对每个帖子进行综合分析，例如：

- 点赞、评论、分享数量；
- 帖子类型（视频、图像、文字）；
- 帖子的发布者；
- 发布时间和日期；
- 互联网连接速度；
- 使用的设备类型；
- 封锁的内容；
- 是否标记为垃圾邮件；
- 发布时间；
- 前五十名互动用户；
- 视频互动（打开视频、设置全屏或高清等操作）。

上面的信息是由用户产生的，具有一定权重。例如，分享该信息的权重比点赞该信息的权重更大，家人和朋友发布的内容通常比其他发帖人的内容权重更高。

6. 预测

然后，将上述信息用于做出明智的决策。该算法尝试根据可用信息进行预测，以确定用户希望在其主页上看到的内容、可能隐藏的内容、积极参与或忽略该内容的可能性。例如，一个来自朋友的帖子，用户曾经评论过类似的帖子，则该用户很可能会被预测为对该帖子的内容感兴趣。

7. 得分

各个方案中的这些预测值以及权重用于计算相关性得分。然后根据该得分以降序对帖子进行排序，并传递到新闻动态的帖子队列中。

因此，该算法又被描述为“排序组织”方法。

21.6 设计 X（Twitter）应用

X（以下称为 Twitter）是最大的社交网络服务之一，用户可以在其中分享照片、新闻和基于文本的消息。在本节中，我们将设计一种可以存储和搜索用户推文的服务。

1. 设计目标和要求

Twitter 用户可以随时更新其状态，每个状态都由纯文本组成，我们的目标是设计一个允许搜索所有用户状态的系统。

设计一个简化版的 Twitter，可以让用户发送推文、关注 / 取消关注其他用户、能够看见关注人（包括自己）的最近十条推文。

假设 Twitter 拥有 15 亿总用户，每天有 8 亿活跃用户。Twitter 平均每天获得 4 亿个状态更新。状态的平均大小为 300B。假设每天会有 5 亿次搜索。搜索查询将由与 AND/OR 组合的多个单词组成。我们需要设计一个可以有效存储和查询用户状态的系统。

2. 容量估算和约束

由于平均每天有 4 亿个新状态，平均每个状态大小为 300B，因此需要的总存储量为 4 亿 × 300B = 112GB/d，每秒总存储量为 112GB / 86400s ≈ 1.3MB/s。

3. 系统 API

可以使用 SOAP 或 REST API 来公开服务的功能。搜索 API 的定义如下。

```
search(api_dev_key, search_terms, maximum_results_to_return, sort,  page_token)
```

关键参数如下。

- api_dev_key（字符串）：注册账户的 API 开发人员密钥。除其他外，这将用于基于分配的配额限制用户。
- search_terms（字符串）：包含搜索词的字符串。
- maximum_results_to_return（数量）：要返回的状态消息的数量。
- sort（number）：可选的排序模式，包括最新的优先（记为 0，默认）、最匹配的（记为 1）、最喜欢的（记为 2）。
- page_token（字符串）：此令牌将在结果集中指定应返回的页面。
- 返回值：包含有关与搜索查询匹配的状态消息列表的信息。每个结果条目包含用户 ID 和名称、状态文本、状态 ID、创建时间、点赞次数等。

4. 高层设计

从高层次上讲，我们需要将所有单词存储在数据库中，并且还需要建立一个索引，以跟踪哪个单词以哪种状态出现。该索引将帮助我们快速找到用户尝试搜索的状态。高层设计如图 21-6 所示。

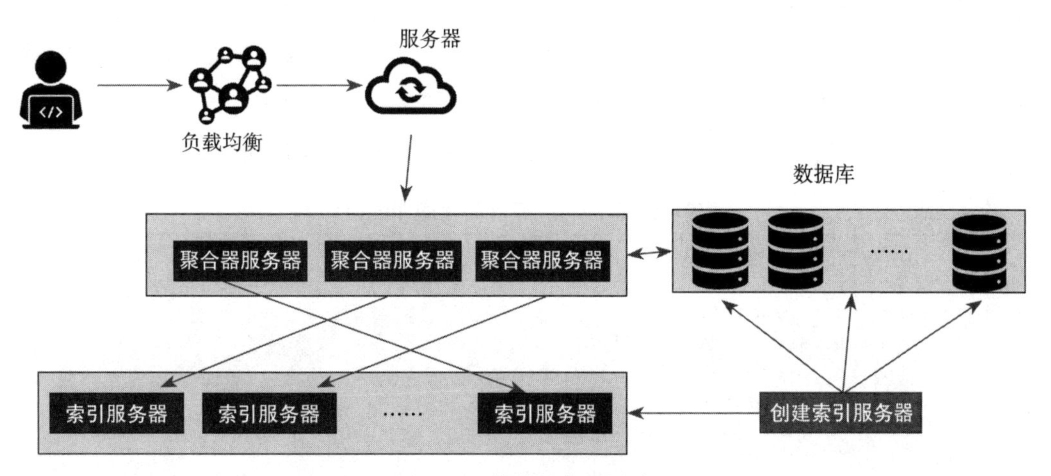

图 21-6 推特的高层设计

5. 核心算法设计

下面详细介绍核心算法的设计。

- postTweet(userId, tweetId)：创建一条新的推文，userId 是用户 ID，tweetId 是推文 ID。
- getNewsFeed(userId)：检索最近的 10 条推文。每条推文都必须是由此用户关注的人或者是用户自己发出的。推文必须按照时间顺序从最近发布开始排序。

- follow(followerId, followeeId)：关注一个用户。
- unfollow(followerId, followeeId)：取消关注一个用户。

示例如下。

```
Twitter twitter = new Twitter();
// 用户 1 发送了一条新推文（用户 id = 1，推文 id = 5）
twitter.postTweet(1, 5);
// 用户 1 的获取推文应当返回一个列表，其中包含一个 id 为 5 的推文
twitter.getNewsFeed(1);
// 用户 1 关注了用户 2
twitter.follow(1, 2);
// 用户 2 发送了一个新推文（推文 id = 6）
twitter.postTweet(2, 6);
// 用户 1 的获取推文应当返回一个列表，其中包含两个推文，id 分别为 6 和 5
// 推文 6 应当在推文 5 之前，因为它是在 5 之后发送的
twitter.getNewsFeed(1);
// 用户 1 取消关注了用户 2
twitter.unfollow(1, 2);
// 用户 1 的获取推文应当返回一个列表，其中包含一个 id 为 5 的推文，因为用户 1 已经不再关注用户 2
twitter.getNewsFeed(1).
```

可以利用两个哈希表实现，第一个哈希表，映射用户之间的关注关系；第二个哈希表，映射用户所发表的推文之间的关系。利用一个时间变量表示推文发布时间，时间变量越大，表示这个推文的发布时间越近。最后可以利用优先队列获取最近的 10 个推文。

代码清单 21-4 设计简化版 Twitter

```
class Twitter(object):

    def __init__(self):
        self.users = defaultdict(set)
        self.followers = defaultdict(set)
        self.reputation = 0


    def postTweet(self, userId, tweetId):
        self.reputation += 1
        self.users[userId].add((tweetId, self.reputation))


    def getNewsFeed(self, userId):
        tweets = list(self.users[userId])
        followees = self.followers[userId]

        for user_id in followees:
```

```
            tweets += self.users[user_id]

        most_recent_Tweets = sorted(tweets, key = lambda posts: posts[1],
            reverse=True)[:10]

        return [post[0] for post in most_recent_Tweets]


    def follow(self, followerId, followeeId):
        self.followers[followerId].add(followeeId if followerId != followeeId
            else None)


    def unfollow(self, followerId, followeeId):
        self.followers[followerId] -= {followeeId}
```

6. 存储

我们每天需要存储 112GB 新数据。鉴于海量数据，需要提出一种数据分区方案，以将其有效地分配到多个服务器上。如果我们计划未来五年将需要以下存储：112GB × 365 天 × 5 => 200 TB，并且不希望超过 80% 的空间已满，则需要 240TB。假设我们要为容错保留所有状态的额外副本，那么总存储需求将为 480 TB。如果假设一台现代服务器可以存储多达 4TB 的数据，那么未来五年我们将需要 120 台这样的服务器来保存所有必需的数据。

从一个简单的设计开始，将状态存储在 MySQL 数据库中。假设将状态存储在具有两列数据的表中，即 StatusID 和 StatusText。假设我们根据 StatusID 对数据进行分区。如果 StatusID 在系统范围内是唯一的，定义一个哈希函数，该哈希函数可以将 StatusID 映射到存储该状态对象的存储服务器。

如何创建系统范围内的唯一 StatusID？如果每天都有 400M 新状态，那么五年内会有多少个状态对象？ 4 亿 × 365 天 × 5 年 => 7300 亿，这意味着我们需要一个 5B 的数字来唯一标识 StatusID。假设有一项服务，可以在需要存储对象时生成唯一的 StatusID，我们可以将 StatusID 馈送到哈希函数中，以找到存储服务器并将状态对象存储在那里。

7. 索引

索引应该是什么样？状态查询将由单词组成，因此让我们建立索引来说明哪个单词来自哪个状态对象。

首先，估算一下索引的大小。如果我们要为所有英语单词和一些著名名词（例如人名、城市名称等）建立索引，并且假设大约有 3×10^5 个英语单词和 2×10^5 个名词，那么我们的单词总数将为 5×10^5。假设一个单词的平均长度为五个字符，如果将索引保留在内存中，则需要 2.5MB 内存来存储所有单词：$5 \times 10^5 \times 5 = 2.5$ MB。假设只将过去两年中所有状态对象的索引保留在内存中，由于我们将在 5 年内获得 730B 状态对象，因此这将在两年内为我们提供 292B 状态消息。鉴于此，每个 StatusID 的大小为 5B，我们将需要多少内存来存储所有 StatusID？答案是 292B × 5 = 1460B。因此，我们的索引就像是一个大型的分布式哈希表，其中“键”是单词，“值”是包含该单词的所有状态对象的 StatusID 列表。假设平均每个状态有 40 个单词，并且由于不会索引介词（例如“the”“an”“and”等），因此假设每个状态中大约有 15 个单词需要索引，这意味着每个 StatusID 将在索引中存储 15 次。因此，总内存将需要存储索引：（1460 × 15）+ 2.5MB ≈ 21 TB。假设高端服务器具有 144GB 内存，那么我们将需要 152 个这样的服务器来保存索引。

可以基于两个标准来分片数据。

1）基于单词的分片：构建索引时，我们将遍历状态中的所有单词并计算每个单词的哈希值，以找到要对其进行索引的服务器。要查找包含特定单词的所有状态，只需要查询包含该单词的服务器。但是这种方法有两个问题：①如果一个单词变得很热怎么办？带有该单词的服务器上会有很多查询。高负载将影响我们的服务性能。②随着时间的流逝，与其他单词相比，某些单词最终可能会存储很多 StatusID，因此，在状态增长时保持单词的均匀分布非常困难。要从这些情况中恢复，我们必须重新分区数据或使用一致性哈希。

2）根据状态对象进行分片：存储时，将 StatusID 传递给哈希函数以查找服务器，并对该服务器上状态的所有单词进行索引。在查询特定单词时，必须查询所有服务器，每个服务器将返回一组 StatusID。集中式服务器将汇总这些结果，并将其返回给用户。

8. 容错

索引服务器停止运行时会发生什么？我们可以为每个服务器创建一个辅助副本，并且如果主服务器死了，它可以在故障转移后获得控制权。主服务器和辅助服务器将具有相同的索引副本。如果主服务器和辅助服务器同时死亡怎么办？我们必须分配一个新服务器并在其上重建相同的索引。我们该怎么做？我们不知道该服务器上保留了哪些单词/状态。如果使用“基于状态对象的共享”，一种解决方案是遍历整个数据库并使用哈希函数过滤 StatusID，以找出存储在此服务器上的所有必需状态。但这是低效的，并且在重建服务器的过程中，无法从该服务器提供任何查询，因此会丢失一些本应由用户看到的状态。如何有效地检索状态和索引服务器之间的映射？我们必须构建一个反向索引，该索引将所有 StatusID 映射到其索引服务器，我们的 Index-Builder 服务器可以保存此信息。需要构建一个哈希表，“键”是索引服务器的编号，“值”是一个 HashSet，其中包含保留在该索引服务器上的所有 StatusID。注意，我们将所有 StatusID 保留在 HashSet 中，这使我们能够快速从索引中添加 / 删除状态。所以现在只要索引服务器必须重新构建自身，它就可以简单地向 Index-Builder 服务器询问它需要存储的所有状态，然后获取这些状态以构建索引。这种方法更高效。为了容错，我们还应该有一个 Index-Builder 服务器的副本。

9. 缓存

为了处理热状态对象，我们可以在数据库前面引入一个缓存，例如使用 Memcache，将所有此类热状态对象存储在内存中。在访问后端数据库之前，应用程序服务器可以快速检查缓存是否具有该状态对象。根据客户的使用方式，我们可以调整所需的缓存服务器数量。对于缓存逐出策略，最近最少使用（LRU）更适合我们的系统。

10. 排名

如果要按社交图的距离、受欢迎程度、相关性等对搜索结果进行排名，该怎么办？假设我们要对状态进行排名，例如某个状态获得的点赞或评论数量等。在这种情况下，排名算法可以计算“人气数”（基于点赞次数等），并且存储“人气数”与索引。每个分区可以在将结果返回到聚合器服务器之前，根据此受欢迎程度对结果进行排序。聚合服务器将所有这些结果组合在一起，根据受欢迎程度对它们进行排序，然后将排名靠前的结果发送给用户。

21.7　设计 Uber/Lyft 应用

设计 Uber/Lyft 应用是开放性的。出租车打车应用程序可以具有许多功能。首先将问题简化为 2~3 个核心功能，并围绕这些功能设计系统，后面可以随时添加内容。协商这些功能时，请确保与面试官交谈。一些面试官可能想要某个功能，或者不关心某个功能。

询问面试官是否可以坚持使用这些功能，并在以后添加更多功能。

考虑核心功能的好方法。

- 最低可行产品需要具备哪些功能？
- 没有该功能，系统将不完整吗？

可以实现的功能列表如下。

- 乘客和驾驶员资料；
- 乘客可以叫车（找附近的驾驶员），驾驶员可以接送乘客。

1. 用例

乘车应用程序是基于状态的。驾驶员和乘客都处于不同的状态，你必须对此进行协调。乘客和驾驶员的不同状态如下。

- 乘客：请求乘车；获取预计到达时间（Estimated Time Arrival, ETA）；乘车去目的地；乘车完毕。
- 驾驶员：接受 / 拒绝请求；接送乘客；开车去目的地；接送完毕。

乘客通过按下“请求乘车”按钮来启动状态机。系统将查找乘客附近可用的驾驶员。然后它将向驾驶员发送请求。如果驾驶员接受，则系统将向驾驶员通知驾驶员的 ETA（定期更新）。它还将为驾驶员提供乘客的位置，同时不对系统中的“地图”或“路线”做任何事情。这里假设驾驶员可以使用谷歌地图来获取路线。

驾驶员在乘客上车时按下“接到（Pickup）”按钮，驾驶员和乘客都进入骑行屏幕。乘客下车后，驾驶员将按下“结束行程（End Ride）”按钮。

2. 高层设计

出租车打车应用程序的高层设计如图 21-7 所示。

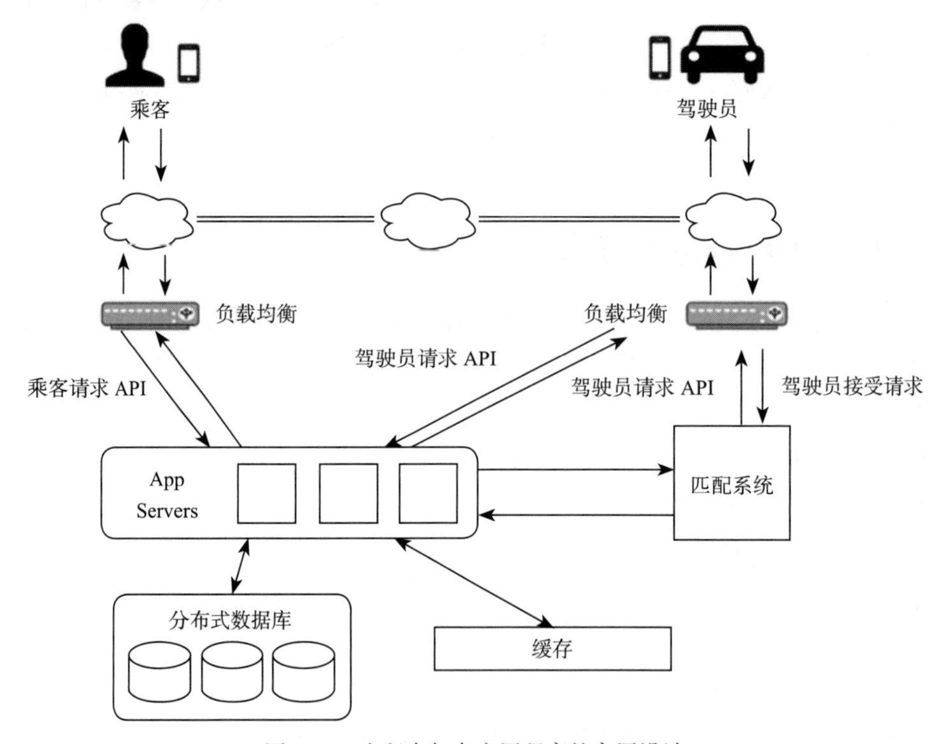

图 21-7　出租车打车应用程序的高层设计

分布式数据库可以存储乘客和驾驶员资料（名称、电子邮件等）。随着添加更多乘客，分布式数据库可以很好地扩展。内存数据库用于快速查找和更新，可以在这里存储如下信息。

- 活跃的驾驶员和乘客的状态。
- 驾驶员位置（用于将 ETA 发送给乘客）。

以上两个信息的更新速度较快，因此内存数据库（例如 Redis）在这里可以很好地工作。

3. 用户请求

当乘客请求乘车时，应用服务器会将乘客设置为“请求”状态。然后，它将请求发送到匹配系统以查找驾驶员。

匹配系统维护一个可用驾驶员的蓄水池（等待状态）。它在乘客附近找到驾驶员，并向他 / 她发送请求。如果驾驶员拒绝，系统将继续向新驾驶员发送请求，直到有一个驾驶员接受或用尽附近的驾驶员为止。

当驾驶员接受时，匹配系统将使用驾驶员信息响应 App Server。应用程序服务器将该驾驶员的状态设置为接应状态（PICKING_UP），并将乘客的状态设置为等待状态（WAITING）。系统还会通知乘客，驾驶员正在路上。

在每次状态更改时，都会将该更改通知乘客和驾驶员，以便更新移动用户界面。收到通知后，还将发送设备可能需要的任何其他信息。例如，当通知乘客他 / 她已更改为“等待”状态时，还将计算驾驶员的预计到达时间一起发送，以便乘客的设备可以显示预计到达时间。

对所有 API 请求都使用类似的流程。请求转到 App Server，然后 App Server 处理该请求。这涉及内存数据库的状态更新，NoSQL 数据库的配置文件更新，匹配系统的请求 / 来自匹配系统的请求，以及通知乘客 / 驾驶员状态改变。

4. 驾驶员位置更新

需要为所有活动的驾驶员定期更新驾驶员的位置。这可以是应用程序的一部分。应用程序可以定期使用驾驶员的当前位置调用 HTTP 处理程序。该位置只是由 App Servers 写入内存数据库中，也会发送到匹配系统。

请注意，匹配系统需要保持驾驶员位置的更新。匹配系统在乘客附近找到驾驶员，并在此类查询的空间索引中存储每个活动驾驶员的位置。

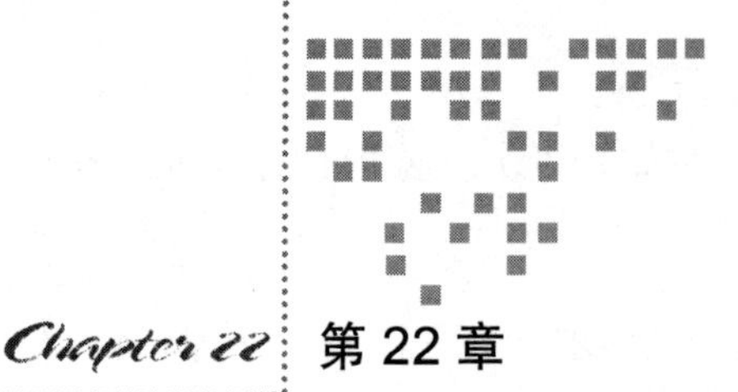

Chapter 22 第22章

多线程编程

多线程是编程中的重要概念，尤其是对于Java开发人员而言。如果你面试Java开发人员的职位，则很可能会遇到有关多线程的问题。作为面试准备的一部分，你应该花些时间回顾常见的多线程问题。在本节中，我们回顾了多线程的基本理论以及一些常见的多线程面试问题，并提供了解题思路。

22.1 多线程面试问题

面试中可能会涉及多线程编程的问题，以评估应聘者的多线程知识和技能。以下是一些常见的多线程面试问题。

（1）什么是线程？线程与进程的区别是什么？

线程是程序的基本执行单元，运行在进程的上下文中。

进程是操作系统分配资源的基本单位，一个进程可以包含多个线程。区别在于线程共享进程的内存和资源，而进程有自己独立的内存空间。

（2）什么是线程同步？为什么线程同步很重要？

线程同步是一种机制，用于协调多个线程的执行，以避免竞争条件和数据不一致。

线程同步是重要的，因为它可以确保线程之间的正确协作，防止数据损坏和不一致。

（3）什么是竞争条件（Race Condition）？如何防止竞争条件？

竞争条件是多个线程尝试同时访问和修改共享资源时可能发生的问题。

竞争条件可以通过使用互斥锁、信号量、条件变量等同步机制来防止。

（4）什么是死锁（Deadlock）？它的典型特征是什么？

死锁是多个线程相互等待对方释放资源的状态，导致所有线程无法继续执行。

死锁的典型特征包括互斥、占有和等待。

（5）什么是线程池（Thread Pool）？它的优点是什么？

线程池是一组预先创建的线程，用于执行一系列任务，以避免线程的频繁创建和销毁。

线程池的优点包括提高性能、降低线程创建和销毁的开销、控制并发度等。

（6）什么是信号量（Semaphore）？它用于解决什么问题？

信号量是一种同步工具，用于控制多个线程对共享资源的访问。

信号量可用于解决生产者 - 消费者问题和限制并发线程数量等问题。

（7）什么是读写锁（Read-Write Lock）？它用于解决什么问题？

读写锁是一种同步机制，用于在多线程环境下控制读和写操作对共享资源的访问。

读写锁允许多个线程同时读取共享资源，但只允许一个线程写入资源，用于提高读操作的并发性。

（8）什么是条件变量（Condition Variable）？它的作用是什么？

条件变量用于在多线程中实现线程之间的协作，允许线程等待某个条件得到满足。

条件变量通常与互斥锁结合使用，用于实现等待和通知机制。

这些问题涵盖了多线程编程的基础知识和一些常见问题。在面试中，可能会根据应聘者的经验和职位的要求提出更深入的问题。准备这些问题可以帮助应聘者在面试中展示他们的多线程编程技能。

22.2　实例1：形成水分子

有两种气体——氧气和氢气，目标是对其分组以形成水分子（H_2O）。

思路：这里的一个关键就是必须有两个氢原子，这样才能匹配一个氧原子。

代码清单 22-1　形成水分子的多线程程序

```
from threading import Lock
class H2O:
    def __init__(self):
        self.h=Lock()
        self.o=Lock()
        self.o.acquire()
        self.count=0
```

```
    def hydrogen(self, releaseHydrogen: 'Callable[[], None]') -> None:
        self.h.acquire()
        self.count+=1
        releaseHydrogen()
        if(self.count==2):
            self.count=0
            self.o.release()
        else:
            self.h.release()

    def oxygen(self, releaseOxygen: 'Callable[[], None]') -> None:
        self.o.acquire()
        releaseOxygen()
        self.h.release()
```

22.3 实例 2：打印零、偶数、奇数

假设你得到以下代码：

```
class ZeroEvenOdd {
    public ZeroEvenOdd(int n) { ... }
    public void zero(printNumber) { ... }  // 只输入 0
    public void even(printNumber) { ... }  // 只输入偶数
    public void odd(printNumber) { ... }   // 只输入奇数
}
```

ZeroEvenOdd 的相同实例将传递给三个不同的线程：

- 线程 A 会调用 zero()，该输出仅为 0；
- 线程 B 将调用 even()，该输出仅为偶数；
- 线程 C 将调用 odd()，该输出仅为奇数。

每个线程都有一个 printNumber 方法来输出整数。修改给定程序以输出序列 010203040506…，其中序列的长度必须为 $2n$。举例如下。

输入：$n = 2$

输出：0102

说明：异步触发了三个线程。其中一个调用 zero()，另一个调用 even()，最后一个调用 odd()。正确的输出为“0102”。

思路：利用 Python 的 lock 模块来解决这个问题。每个线程都打印数据，但是线程之间有同步关系，首先只能打印 0，打印完 0 之后，才能打印奇数或者偶数。奇数打印之后才能打印 0。同理，偶数打印之后才能打印 0。

代码清单 22-2 打印零、偶数、奇数的多线程程序

```
from threading import Lock
class ZeroEvenOdd:
    def __init__(self, n):
        self.n = n
        self.zero_lock = Lock()
        self.even_lock = Lock()
        self.odd_lock = Lock()

        # 首先获取奇数和偶数锁定，因为我们要先释放这些块
        self.odd_lock.acquire()
        self.even_lock.acquire()

    # printNumber(x) 输出 x，其中 x 是整数
    def zero(self, printNumber: 'Callable[[int], None]') -> None:
        for i in range(1,self.n+1):
            self.zero_lock.acquire()
            printNumber(0)
            if i % 2 == 1:
                self.odd_lock.release()
            else:
                self.even_lock.release()

    def even(self, printNumber: 'Callable[[int], None]') -> None:
        for i in range(2,self.n+1, 2):
            self.even_lock.acquire()
            printNumber(i)
            self.zero_lock.release()

    def odd(self, printNumber: 'Callable[[int], None]') -> None:
        for i in range(1,self.n+1, 2):
            self.odd_lock.acquire()
            printNumber(i)
            self.zero_lock.release()
```

Chapter 23 第23章

设计机器学习系统

23.1 机器学习的基础知识

本节主要介绍机器学习（Machine Learning，ML）领域中的一些基本概念、机器学习算法和模型。

23.1.1 什么是机器学习

机器学习算法与非机器学习算法（例如控制交通信号灯的程序）的区别在于，机器学习算法能够使程序的运行适应新的输入。似乎在没有人工干预的情况下，机器能自适应运行，这会给人以机器在学习的印象。但是，在机器学习模型的底层，机器的自适应运行逻辑与人工编写的指令一样严格。

那么，什么是机器学习模型？

机器学习模型是机器学习算法的结果。机器学习算法是揭示数据内潜在关系的过程，可以将其视为函数 F，当给定输入时，该函数会输出某些结果。

机器学习模型不是从预定义的固定功能中提取的，而是从历史数据中得出的。因此，当输入不同的数据时，机器学习算法的输出会发生变化，即机器学习模型也会发生变化。

例如，在图像识别中，可以训练一种机器学习模型来识别照片中的对象。为了获得一个能够分辨照片中是否有猫的模型，可能需要将数千张带有或不带有猫的图像提供给机器学习算法。所生成模型的输入将是数码照片，而输出是布尔值，表示在照片上是否存在猫。

上述机器学习模型是将多维像素值映射为二进制值的函数。假设我们有一张3像素的照片，每个像素值的范围是0～255。那么输入和输出之间的映射空间将是$(256 \times 256 \times 256) \times 2$，大约是3300万。在现实情况中，实现这种映射（机器学习模型）是一项艰巨的任务，其中普通照片占百万像素，每个像素由三种颜色（RGB）而不是单个颜色组成。机器学习的任务就是从巨大的映射空间中学习映射。

在这种情况下，发现数百万像素与“是/否”的答案之间潜在映射关系的过程，就是我们所说的机器学习。在大多数情况下，我们最终学到的是这种关系的近似值。由于其近似性质，会发现机器学习模型的结果通常不是100%准确。在2012年深度学习得到广泛应用之前，最佳的机器学习模型只能在ImageNet视觉识别挑战中达到75%的准确性。直到今天，仍然没有一种机器学习模型可以声称达到100%的准确性，尽管在该任务中有比人类更少的错误（<5%）。

23.1.2 为什么使用机器学习

首先来讨论为什么我们需要机器学习算法。

在生活的许多方面都需要机器学习算法，包括我们每天都要使用的互联网服务（例如社交网络、搜索引擎等）。实际上，正如Facebook的一篇论文所揭示的那样，机器学习算法变得如此重要，以至于Facebook开始重新设计其数据中心，从硬件到软件，以更好地满足应用机器学习算法的需求。

资料显示，“在Facebook，机器学习提供了驱动几乎所有方面的用户体验的关键功能……机器学习已广泛应用于几乎所有服务。”

以下是机器学习在Facebook中的一些应用示例。

1）新闻提要中的故事排序是通过机器学习完成的。

2）机器学习能确定何时、何地以及向谁展示广告。

3）各种搜索（例如照片、视频、人物）引擎均由机器学习提供支持。

4）在我们目前使用的服务（例如Google搜索引擎、Amazon电子商务平台）中，可以轻松识别出应用机器学习的许多其他场景。

为什么是机器学习？

机器学习算法之所以存在，是因为它们可以解决非机器学习算法无法解决的问题，并且它们具有非机器学习算法没有的优势。

区分机器学习算法与非机器学习算法最重要的特征之一是，它使模型与数据脱钩，因此机器学习算法可以适应不同的业务场景或相同的业务案例。例如，既可以应用分类算法来判断照片上是否显示了面部，也可以应用分类算法预测用户是否要点击广告。在应用于面部检测的情况下，可以使用分类算法训练一个模型来判断照片上是否显示了面部，还可以训练另一个模型来准确判断照片上呈现了谁。

通过模型和数据的分离，机器学习算法可以以更灵活、通用和自治的方式解决许多问题，就像人类一样，机器学习算法能够从环境（即数据）中学习并调整其行为（即模型），相应地解决特定问题。

23.1.3 监督学习和无监督学习

对于机器学习问题，首先需要确定它是监督学习问题还是无监督学习问题。任何机器学习问题都从一个数据集开始，该数据集由一组样本组成，每个样本都可以表示为属性元组。

1. 监督学习

机器学习的目标是发现一个尽可能通用的函数，该函数很可能为看不见的数据提供正确的答案。在监督学习任务中，数据样本将包含目标属性 y，也称为基本事实。机器学习的任务是训练一个函数 F，该函数采用非目标属性 X，并输出一个近似于目标属性的值，即 $F(X) \approx y$。目标属性 y 充当指导学习任务的“老师”，因为它提供了学习结果的基准。因此，该任务称为监督学习。

2. 无监督学习

与监督学习任务相反，在无监督学习任务中没有基本事实。人们期望从数据中学习潜在的模式或规则，而无须将预定义的基本事实作为基准。

也许有人会怀疑，如果没有基本事实的监督，机器学习模型是否还有实际应用。答案是肯定的。以下是无监督学习任务的一些应用示例。

1）**聚类**：给定一个数据集，根据数据集中样本之间的相似性，将相似的样本聚类为一组。例如，样本可以是顾客资料，其属性包括顾客购买的商品数量、顾户在购物网站上停留的时间等，可以基于这些属性的相似之处，将顾客分为几组。聚类后，可以针对每个群体设计特定的商业活动，这将有助于吸引和留住顾客。

2）**关联**：给定一个数据集，发现样本属性中隐藏的关联模式。例如，样本可以是顾客的购物车，其中样本的每个属性都是商品。通过查看购物车，可能会发现购买啤酒的顾客也经常购买尿布，即购物车中的啤酒和尿布之间有很强的联系。经过模型分析，超市可以将那些紧密关联的商品，重新安排到相近的位置，以促进彼此之间的销售。

3. 半监督学习

在一个数据量巨大但标记样本很少的情况下，可能会发现结合监督学习和无监督学习的任务，可以将此类任务称为半监督学习。

通过将监督学习和无监督学习结合应用于标签很少的数据集中，能比单独应用于每个数据集更好地扩展数据集，并获得更好的结果。

例如，希望预测图像的标签，但是只有10%的图像被标记。通过应用监督学习，使用标记的图像训练模型，然后将模型应用于预测未标记的图像。但是仅从少数数据集中进行学习，很难使模型满足通用性。更好的策略是先将图像聚类成组（无监督学习），然后将监督学习算法分别应用于每个组。第一阶段的无监督学习可以帮助缩小模型学习范围，第二阶段的监督学习可以获得更好的标记准确性。

23.1.4 分类模型和回归模型

在上一节中，将机器学习模型定义为函数F，该模型接受某些输入并生成输出。通常，根据输出值的类型，可以进一步将机器学习模型分为分类模型和回归模型。如果机器学习模型的输出是离散值，例如布尔值，则称为分类模型；如果输出为连续值，则称为回归模型。

1. 分类模型

例如，预测图像中是否包含猫的模型为分类模型，因为输出可以用布尔值表示，如图23-1所示。更具体地说，输入可以表示为尺寸为$H \times W$的矩阵$\boldsymbol{M}$，其中H是图像的高度（以像素为单位），W是图像的宽度。矩阵中的每个元素都是图像中每个像素的灰度值，即表示颜色强度的[0, 255]的整数值。该模型的预期输出将是0或1，表示图像中是否包含猫。

2. 回归模型

例如，考虑房屋外形结构、房地产类型（例如房屋、公寓）以及位置等特征估算房地产价格的模型，可以将预期输出视为p，其中$p \in \mathbf{R}$，因此这是一个回归模型。请注意，在此示例中，原始数据并非全都是数值型，其中某些是字符型，例如房地产类型。

对于上面的每个房地产，可以将其特征表示为元素T，每个元素要么是数值，要么是代表其属性的字符。综上所述，房地产价格估算模型公式为$F(T)=p$，其中$p \in \mathbf{R}$。

如图23-2所示，房地产价格回归模型中，房屋外形结构是唯一变量，房地产的价格作为输出。

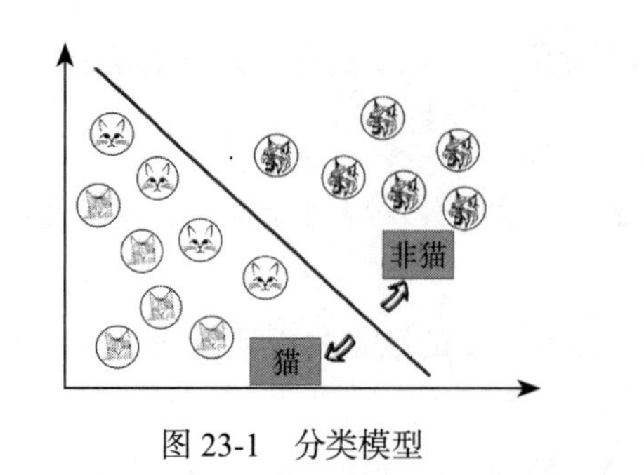

图 23-1 分类模型

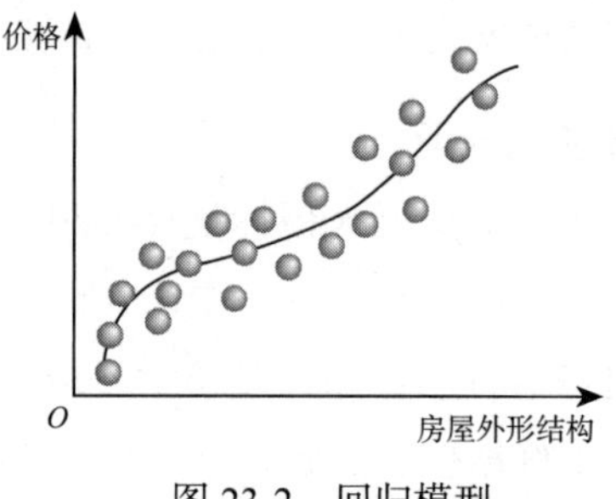

图 23-2 回归模型

另外，还有一些机器学习模型（例如决策树）可以直接处理非数值特征，而更多的情况是必须将这些非数值特征转换为数值或其他形式。

23.1.5 转换问题

给定一个现实世界中的问题，有时人们可以轻松地表述它，并将其快速归类于分类或回归问题。但有时这两个模型问题之间的界限不清楚，可以将分类问题转换为回归问题，也可以将回归问题转换为分类问题。

在上面的房地产价格估算示例中，似乎很难预测房地产的确切价格。但是，如果将问题重新设计为预测房地产的价格范围，而不是具体价格，那么将会获得一个更可靠的模型。即将问题转化为分类问题，而不是回归问题。

至于猫图像识别模型，也可以将其从分类问题转换为回归问题。除了提供二进制值作为输出之外，还可以定义一个模型，以给出图像包含猫的概率。这样，可以比较模型之间的细微差别，并进一步调整模型。例如，对于有猫的照片，模型 A 给出同一张照片的概率为 1%，而模型 B 给出的概率为 49%。尽管两个模型都没有给出正确的答案，但可以说模型 B 更接近事实。在这种情况下，通常会应用一种称为 Logistic 回归的机器学习模型，该模型给出连续的概率值作为输出，但可用来解决分类问题。

23.1.6 关键数据

机器学习工作流程的最终目标是通过对数据的学习建立机器学习模型，数据决定了模型可以达到的性能上限。实际上我们不能期望模型可以从所获数据范围之外学到其他知识。

用盲人和大象的寓言来说明上述观点：一群从未见过大象的盲人，想通过触摸大象来学习和概念化大象。每个人都触摸身体的一部分，例如腿、象牙或尾巴等。尽管每个人都获得了现实的一部分，但都没有掌握一头大象的全貌。因此，他们没有一个人真正了解到大象的真实形象。

现在，回到我们的机器学习任务，我们得到的训练数据可能是大象的腿或象牙，而在测试过程中，我们得到的测试数据的结果应该是大象的完整图像。在这种情况下，训练模型表现不佳也就不足为奇了，因为我们一开始就没有接近现实的高质量训练数据。

也许有人会怀疑，如果这些数据真的很重要，那为什么不将诸如大象的完整图像之类的高质量数据输入算法中，而不是输入大象身体的某些部分图像。因为面对问题时，我们或机器（就像“盲人”一样）经常会面临技术问题（例如数据隐私），或难以收集反映问题本质特征的数据。

在现实世界中，我们所获得的数据可能反映了一部分现实，也可能存在一些噪声，甚至与现实相矛盾。无论采用哪种机器学习算法，都无法从包含过多噪声或与实际情况不一致的数据中学习任何知识。

23.1.7 机器学习工作流程

在本节中，我们讨论构建机器学习模型的典型工作流程。

首先，如果不提及数据，就无法谈论机器学习。数据对于机器学习模型与火箭发动机的燃料一样重要。

毫不夸张地说，数据决定了机器学习模型的构建方式。

机器学习项目的工作流程如图 23-3 所示。

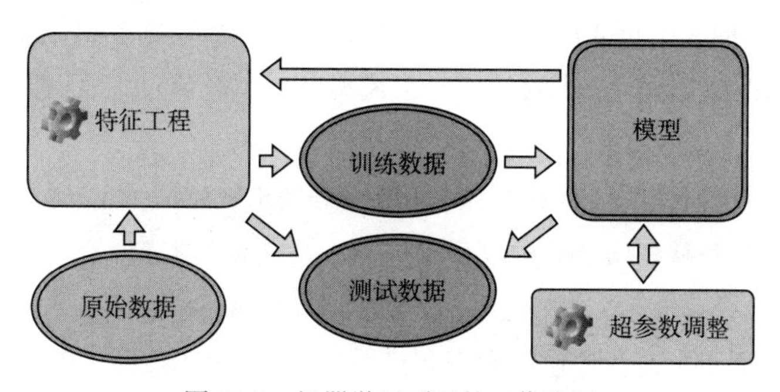

图 23-3 机器学习项目的工作流程

从原始数据开始，首先确定要解决的机器学习问题类型，即监督学习还是无监督学习。

对于监督学习算法，根据模型的预期输出进一步确定生成模型的类型，是分类模型还是回归模型。

一旦确定了要构建的模型类型，便可以继续执行特征工程，将数据转换为所需格式。常见的特征工程如下。

将数据分为两组：训练数据和测试数据。训练数据在过程中用于训练模型，而测试数据则用于测试或验证我们构建的模型是否足够通用，可以应用于未知数据。

原始数据可能不完整，因此，需要用各种策略（例如用平均值填充）来填充那些缺失的值。

原始数据可能包含字符型变量，例如国家 / 地区、性别等。由于算法的限制，经常需要将这些字符型变量转换为数值型变量。

一旦数据准备就绪，我们便选择一种机器学习算法，并开始向算法提供准备好的训练数据。这就是模型的训练过程。在训练过程结束并获得模型后，我们将使用测试数据对模型进行测试。这就是模型的测试过程。

如果模型训练效果没有达到预期，则需要返回到训练过程，并调整模型参数，这就是超参数调整。之所以叫作"超"参数，是因为这些调整的参数是与模型交互的最外层接口，将对模型的基础参数产生影响。例如，对于决策树模型，其超参数之一是树的最大高度。一旦在训练之前手动设置，它将限制决策树的基础参数，即决策树最终可以增长的分支和叶子的数量。

23.1.8 欠拟合和过拟合

对于监督学习算法，例如分类和回归，在两种常见情况下，其生成的模型不能很好地拟合数据：欠拟合（拟合不足）和过拟合（过度拟合）。

监督学习算法的一个重要度量是泛化，泛化度量了从训练数据得出的模型预测未知数据的期望属性的程度如何。当我们说一个模型是欠拟合或过拟合时，就意味着该模型不能很好地推广到未知数据。

非常适合应用于训练数据的模型不一定能很好地扩展应用于未知数据。原因如下。

1）训练数据只是从现实世界中收集的样本，仅代表现实的一部分。因此即使模型能完全匹配于训练数据，也无法很好地与未知数据拟合。

2）收集的数据不可避免地包含噪声和错误。与数据完美契合的模型还会错误地捕获不想要的噪声和错误，最终导致对未知数据进行预测时出现误差。

在深入探讨欠拟合和过拟合的定义之前，在此展示分类任务中的欠拟合、拟合和过拟合模型的示例，如图 23-4 所示。

1. 欠拟合

欠拟合的模型是与训练数据不太匹配的模型，即预测结果与实际情况大相径庭的模型。

欠拟合的原因之一可能是该模型对数据过于简化，因此无法捕获数据中的隐藏关系。

从图 23-4 a 可以看出，为了分离样本（即分类），简单的线性模型（一条线）无法清晰地区分不同类别的样本之间的边界，从而导致错误分类。

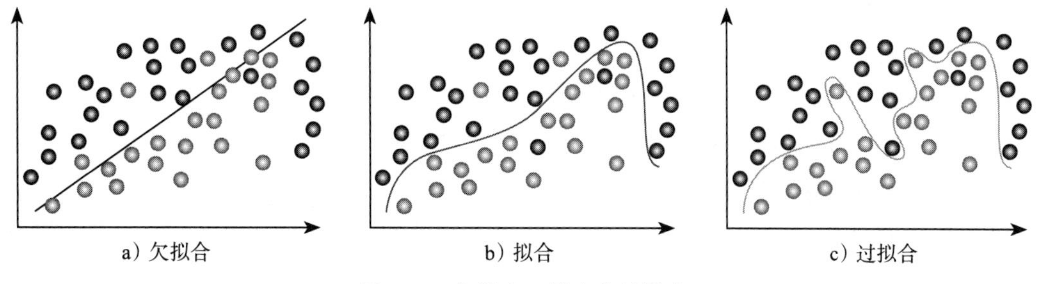

图 23-4　欠拟合、拟合和过拟合

为了避免欠拟合的问题，可以选择一种替代算法，该算法能够从训练数据中生成更复杂的模型。

2. 过拟合

过拟合模型是非常适合应用于训练数据的模型，即预测时的偏差很小或没有错误，但是它不能很好地推广到未知数据。

与欠拟合的情况相反，过于复杂的模型能够拟合几乎全部数据，因此会陷入噪声和错误的陷阱。从图 23-4c 可以看出，该模型设法在训练数据中减少了误分类，但更有可能偶然发现了未知数据。

与欠拟合情况类似，为了避免过拟合，可以尝试更换算法，该算法可以从训练数据中生成更简单的模型。另一种常见的解决方法是，继续使用生成过拟合模型的原始算法，但是在算法中添加一个正则化项，即对过于复杂的模型进行惩罚，以使该算法可以在实现数据拟合的同时生成更简单的模型。

23.1.9　偏差和方差

1. 什么是偏差和方差

偏差是指模型预测结果与正确值之间的差值，而方差是指这些预测在模型迭代过程中变化的程度。偏差通常反映了在训练数据上构建的模型与“真实模型”之间的距离。

由于基础数据集的随机性，所得的模型将产生一系列预测。偏差可衡量这些模型的预测与正确值的差距。高偏差可能导致算法错过特征与目标输出之间的相关关系（欠拟合）。

因方差引起的误差表现在针对给定数据点的模型预测上。假设可以多次重复整个模型的构建过程，方差衡量了针对给定数据点的预测在模型的不同实现之间有多少变化。高方差可能导致算法对训练数据中的随机噪声进行建模，而不是对预期的输出进行建模（过拟合）。

下面列出了一些影响偏差和方差的因素。

- 大数据集会导致低方差。
- 小数据集会导致高方差。
- 少量特征点会导致高偏差，低方差。
- 大量特征点会导致低偏差，高方差。
- 复杂模型会导致低偏差。
- 简化模型会导致高偏差。

2. 偏差和方差的作用

偏差和方差可以用作评估机器学习模型表现的指标。对机器学习模型的评估如图 23-5 所示，横轴表示方差，纵轴表示偏差。对机器学习模型的评估犹如飞镖游戏，机器学习模型扮演“飞镖选手”的角色。图 23-5 中的每个点对应于机器学习模型的预测结果。预测结果距靶心点越近，就表示离目标值越近。

可以将机器学习模型分为以下 4 种不同类型。

1）理想的机器学习模型的评估结果应位于图 23-5 的①，偏差和方差均较小。一个优秀的“飞镖选手”很少错过靶心，同样，一个好的学习模型总能做出正确的预测。

2）理想的机器学习模型的评估结果的右侧是公平的机器学习模型的评估结果（图 23-5 的②），它设法得分（即低偏差），但是“飞镖”遍布各处（即高方差）。处于该区域的机器学习模型通常算法复杂，有时可能会训练得到一些优秀的模型，但是总的来说，模型性能不太理想。该评估结果在没有获得好的模型的情况下也称为过度拟合，即模型对无关的噪声过于关注。

3）图 23-5 的③，是一个“可怕”的机器学习模型的评估结果，它既有很高的偏差又有很高的方差，模型无法从数据中提取有效信息。该模型产生的预测不相关（高偏差），同时模型预测与其策略不一致，而是随机猜测（高方差）。

4）在“可怕”的机器学习模型的评估结果旁边，是“天真”的机器学习模型的评估结果，偏差高而方差低。“天真”的机器学习模型经常采用一些简单的策略，这也是为什么它产生稳定输出（低方差）的原因。但是，该模型采用的策略过于简单，无法从数据中捕获基本信息，从而生成拟合不足的模型。

3. 偏差和方差的平衡

图 23-6 描述了模型复杂度与偏差和方差之间的相关性。

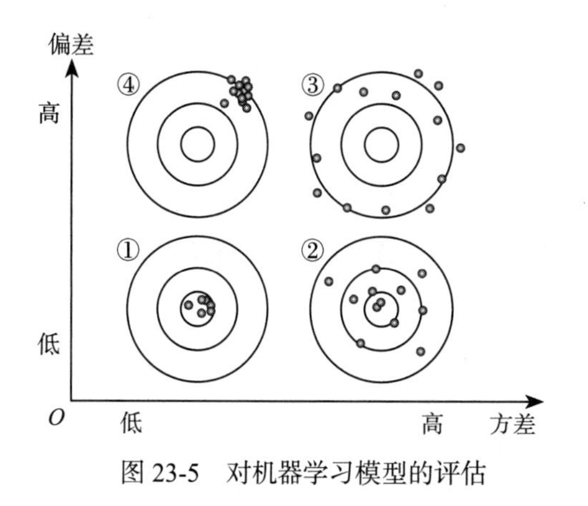

图 23-5 对机器学习模型的评估

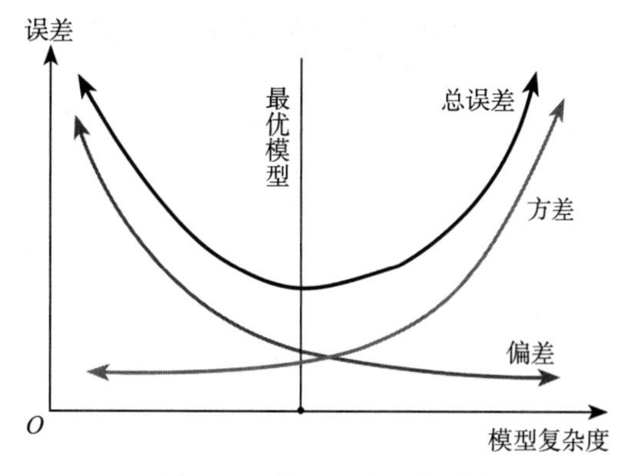

图 23-6 偏差和方差的平衡

由图 23-6 可以看出：当模型变得更复杂时，它可能会更好地拟合训练数据，偏差会减小。同时，当模型变得更复杂时，由于模型对数据中的噪声变得更加敏感，因此方差增大。

一个好的模型应该具有较低的偏差和方差。但是，由于这两个属性相互矛盾，很难同时做到，因此需要找到模型复杂度的最佳平衡点，以获得最佳结果。

通常可以通过调整模型的参数来调整其偏差和方差。例如，为分类问题构建决策树时，如果没有任何约束，则决策树可能会过度生长，以适应所有训练数据（包括噪声数据）。对于给定的训练数据，我们可能会获得具有低偏差的决策树模型。但是，对于未知数据，它可能最终会带来高偏差和高方差，因为它过度拟合了训练数据。为了减轻过度拟合问题，可以施加一些约束来限制决策树的增长，例如设置一棵决策树可以生长的最大深度，但这可能导致更高的偏差。但是，我们可以得到一个在未知数据上具有较低方差以及较低偏差的模型，该模型经过训练可以更通用。

在本节中，我们阐明了偏差和方差的概念，这是与模型相关的特征。这些特征会在应用模型解决特定机器学习问题的场景中表现出来。因此，为了测量偏差和方差，应该将模型应用于给定问题的一组训练数据中。

模型的偏差和方差是在问题的背景下定义的，即训练数据、机器学习任务和损失函数等因问题而异。通常，不提及上下文就说模型具有很高的偏差或高方差是不公平的。例如，线性回归算法对于图像分类问题，可能是一个糟糕的模型（高偏差和高方差），而在一些数据集仅包含少量属性的简单分类问题中，线性回归算法的表现却是很出色的。

给定一个问题，模型的偏差和方差通常不固定。可以调整参数以在偏差和方差之间取得平衡。总体而言，当模型的复杂度增加时，模型的偏差会减小，而方差会增大。

23.2 机器学习的进阶知识

23.2.1 处理不平衡的二进制分类

数据不平衡通常是指在分类问题中，数据类别没有被平均平等地表示。例如，有一个带有 100 个实例（行）的二进制分类问题，其中 80 个实例被标记为 Class-1，20 个实例被标记为 Class-2。

这是一个不平衡的数据集，并且 Class-1 实例与 Class-2 实例的数量之比为 80 ∶ 20（即 4 ∶ 1）。

除了尝试不同的算法之外，常见的处理数据不平衡的方法还有如下几种。

（1）尝试收集更多数据

我们通常需要搜集更多的数据，但是需要考虑不同类别之间的数据平衡。

（2）尝试更改评价指标

我们通常使用以下指标来衡量一个模型的指标。

- 混淆矩阵：将预测细分到一个表中，该表显示正确的预测（对角线）和不正确预测的类型（分配了哪些类别的不正确预测）。
- 精度（Precision）：精度是指在所有被模型预测为正类别的样本中，有多少样本是真正的正类别，它表示了模型的准确性。Precision = True Positives / (True Positives + False Positives)，其中 True Positives（TP）是模型将正类别样本分类为正类别的数量，False Positives（FP）是模型错误地将负类别样本分类为正类别的数量。
- 召回率（Recall）：召回率是指在所有实际上是正类别的样本中，有多少样本被模型正确地预测为正类别，表示了模型检测正类别的能力。Recall = True Positives / (True Positives + False Negatives)，其中 False Negatives（FN）是模型错误地将正类别样本分类为负类别的数量。
- F1 分数（或 F 分数）：精度和召回率的加权平均值。
- Kappa：是一种用于衡量分类一致性的统计指标。它通常用于评估两名评分员或分类模型之间的一致性或协议。
- ROC（Receiver Operating Characteristic）曲线：一种用于评估二进制分类模型性能的图形工具。ROC 曲线显示了不同阈值下的真正例率（即召回率）与假正例率之间的关系，有助于选择适当的分类模型阈值和权衡模型性能。

（3）尝试重新采样

可以向代表性不足的类中添加实例的副本，也可以从代表过多的类中删除实例的副本。

（4）尝试惩罚模型

模型可能会在训练过程中对少数群体犯下分类错误。而采用惩罚手段会使模型偏向于少数群体。通常，惩罚分或权重的处理方式是专门针对机器学习算法的，例如Penalized-SVM和Penalized-LDA。如果被锁定在特定的算法中而无法重新采样，或者结果不佳，则最好使用惩罚的方式。它提供了另一种平衡类别的方法。设置惩罚矩阵有时很复杂，很可能需要尝试各种惩罚方案，并寻找其中最适合具体问题的方案。

（5）尝试不同的视角

从不同的角度思考问题。例如，这里可能要考虑的两个角度是异常检测和更改检测。

23.2.2　高斯混合模型和 *K* 均值的比较

两种方法都属于聚类算法。假设将数据分为三个集群。对于 K 均值，首先假设给定数据点属于一个集群。然后在给定数据点上，确定一个点属于红色集群。在下一次迭代中，可能会修改其分类，并确定它属于绿色集群。但是，在每次迭代中，绝对可以确定该点属于哪个集群。那么，这是一项确定的任务。

如果我们无法确定，那应该怎么办？假设它有70%的机会属于红色集群，有10%的机会属于绿色集群，有20%的机会属于蓝色集群。这就是一项不确定的任务。而高斯混合模型有助于表达这种不确定性。起初，我们对每个点的集群分配一个概率。并且随着它的不断迭代，不断改变其概率。该过程包含了任务分配的不确定性。

K 均值主要求最小化的 $(x-u_k)^2$，而高斯混合模型主要求最小化的 $(x-u_k)^2/\sigma^2$，其中 σ^2 为样本方差。从这里可以看出，高斯混合模型考虑了方差。K 均值仅计算常规的欧几里得距离。换句话说，K 均值计算距离，而高斯混合模型计算加权距离。

23.2.3　梯度提升

梯度提升是一种集成学习方法，它通过组合多个弱学习器（通常是决策树）来构建一个强大的预测模型。梯度提升方法的主要特点是通过迭代训练来不断改进模型的性能，以最小化损失函数。

下面是梯度提升方法的一般步骤。

1）初始化模型：首先，使用一个基本的弱学习器（例如，单层决策树或浅层神经网络）初始化模型。

2）迭代训练：这是梯度提升的核心部分。模型会进行多轮的迭代，每一轮都会根据前一轮的错误来调整模型以降低损失函数。在每一轮中，一个新的弱学习器（通常是决策树）会被训练，以便捕捉之前模型未能正确预测的样本的特征。

3）梯度下降：在每一轮中，梯度下降算法用来最小化损失函数。它通过计算损失函数的梯度来确定如何调整模型的权重，以便在新的弱学习器中更好地拟合误差样本。

4）权重更新：训练出的新弱学习器会与之前的学习器组合起来。每个学习器都有一个权重，用于确定其在最终模型中的相对贡献。

5）终止条件：梯度提升会进行多轮迭代，直到满足某种停止条件，比如达到指定的迭代次数或损失降低到一定程度。

梯度提升方法的主要优点如下。

- 具有很好的预测性能，能够很好地拟合复杂的数据。
- 能够处理各种类型的数据，包括数值型和类别型数据。
- 可以进行特征选择，帮助识别重要特征。
- 可以解决回归和分类问题。

梯度提升树是梯度提升方法的一个常见实现，其中基本学习器是决策树。XGBoost、LightGBM 和 CatBoost 等库都提供了高效的梯度提升树实现，广泛应用于数据科学和机器学习竞赛中。这些库优化了训练过程，提供了许多参数调整选项，以及防止过拟合的机制。

AdaBoost（自适应增强）也是一种梯度提升方法的实现。其自适应在于：前一个基本分类器分错的样本会得到加权，加权后的全体样本再次被用来训练下一个基本分类器；同时，它会在每一轮中加入一个新的弱分类器，直到达到某个预期的足够小的错误率或达到预先指定的最大迭代次数。

AdaBoost 中的决策树是弱学习器，能够单一拆分，因其简短而被称为决策树桩。AdaBoost 的工作原理是对观测值进行加权，将更多的精力放在难以分类的实例上，而将更少的精力放在已经处理好的实例上。依次添加新的弱学习器，使它们的训练主要集中在更困难的数据模式上。

实现梯度提升涉及 3 个要素：需要定义一个最优的损失函数；让学习能力较弱的分类器做出预测；实现一个模型，以添加弱学习器，最小化损失函数。

梯度提升算法是一种贪婪算法，可以快速拟合训练数据集。它可以受益于正则化方法，该方法会惩罚算法的各个部分，并通过减少过度拟合来提高算法的性能。下面将介绍基本梯度提升算法的 4 种功能：约束，加权更新，随机抽样，惩罚性学习。

23.2.4　决策树的约束

构建树的时候约束越多，模型中需要的树就越多，反之，对单个树的约束越少，则需要的树就越少。

以下是决策树的构建可能施加的一些约束。

1）树的数量：通常向模型中添加更多的树时，过拟合的速度可能非常慢。建议不断增加树的数量，直到观察不到进一步的改善为止。

2）树深：树越深，模型越复杂，通常，设置为 4 ～ 8 的深度可以得到更好的结果。

3）节点数或叶子数（例如深度）：它们会限制树的大小，但如果使用其他约束，则不会限制为对称结构。

在考虑拆分之前，对每个拆分的树上节点的训练数据量施加最小约束。对损失的最小改进，就是对树上任何拆分的改进约束。

23.2.5　加权更新

使每棵树的预测值顺序相加，并加权每棵树对该总和的贡献，以减慢算法的学习速度。这种加权称为收缩率或学习率。

每次更新仅通过学习率 v 进行缩放。结果是学习速度减慢，因此需要向模型中添加更多的树，接着又需要花费更多的训练时间，从而在树的数量和学习率之间进行权衡。

23.2.6　随机梯度提升

随机梯度提升（Stochastic Gradient Boosting, SGD Boosting）是梯度提升方法的变种，用于解决回归和分类问题。它采用了随机梯度下降的思想，以提高训练速度。以下是随机梯度提升的主要步骤。

- 初始化模型：与传统梯度提升一样，SGD Boosting 从一个基本的弱学习器（通常是决策树）开始初始化模型。
- 随机样本采样：与传统梯度提升不同，SGD Boosting 在每一轮迭代中仅从训练数据中随机采样一部分样本，而不是使用整个数据集。这一步是 SGD Boosting 的关键，因为它加速了训练过程。
- 计算梯度：对于每一轮迭代，SGD Boosting 计算在采样样本上的损失函数梯度。与整个数据集计算梯度不同，SGD Boosting 使用小批量数据，因此估计的梯度通常会有一些噪声。

- 更新模型：SGD Boosting 使用估计的梯度来更新模型的参数，以减少损失函数。这一步骤类似于标准的随机梯度下降。
- 终止条件：SGD Boosting 迭代多轮，通常在达到指定的迭代次数或损失达到一定程度时终止。

SGD Boosting 的主要特点如下。

- 更快的训练速度：由于使用随机样本采样，SGD Boosting 通常比传统梯度提升更快，特别是在大型数据集上。
- 能够处理大规模数据：由于随机采样，SGD Boosting 能够有效地处理大规模数据。
- 鲁棒性：由于噪声梯度的存在，SGD Boosting 对一些程度上的数据噪声和异常值具有一定的鲁棒性。

然而，SGD Boosting 也有一些缺点，包括由于随机性引入了不稳定性，以及需要更仔细的调优。因此，是否选择 SGD Boosting 取决于具体的问题和数据。Python 中的库（如 Scikit-Learn）提供了 SGD Boosting 的实现，可以方便地在实际问题中应用。

23.2.7 惩罚性学习

除了约束它们的结构之外，还可以对参数化的树施加其他约束。不采用将 CART 这样的经典决策树用作弱学习器的方式，而是使用一种回归树的方式。回归树作为一种经过修改的树的形式，在叶节点（也称为终端节点）中具有数值。在某些文献中，树的叶节点中的数值可以称为权重。因此，可以使用流行的正则化函数对树的叶节点权重进行正则化，例如 L1 权重正则化和 L2 权重正则化。

附加的正则化项有助于使最终的学习权重变得更加平滑，从而避免过度拟合。直观上看，正则化时倾向选择那些具有简单预测功能的模型。

23.3 机器学习面试

23.3.1 机器学习面试考查点

1. 性能和容量

在机器学习系统上工作时，我们的目标是在确保满足容量和性能服务水平协议（SLA）时改进指标（参与率等）。

基于性能的 SLA 可确保在给定的时间段内（例如 500ms）返回 99% 的查询。容量是指系统可以处理的负载，例如，系统可以支持 1000 QPS。主要在构建机器学习系统的以下两个阶段中进行性能和容量的讨论。

- 训练阶段：构建预测器需要多少训练数据和计算能力？
- 评估阶段：为了满足模型和容量需求，我们必须满足哪些 SLA？

在机器学习系统（例如搜索排名、推荐和广告预测）中，分层 / 渠道建模方法是解决数据规模和相关性问题的合适方法，同时能保持较高的性能和可检查的容量。在这种方法中，当文档数量非常庞大时，可以从相对较快的简单机器学习模型开始。如果查询“计算机科学”，则可能有 1 亿个文档。

在以后的每个阶段中，模型都会继续增加复杂度和执行时间，但是在前期该模型需要在数量减少的文档上运行。例如，第一阶段可以使用线性模型，而最后阶段可以使用深度神经网络。

2. 训练数据收集策略

机器学习模型直接从提供给它的数据中学习，并基于该数据，针对给定任务创建或完善其规则。因此，如果训练数据不足、不相关或有偏差，那么即使算法性能再好也变得无用。

训练数据的质量和数量是决定你可以在机器学习优化任务中能走多远的重要因素。数据收集技术主要涉及以下方面。

1）用户：用户与现有系统的互动（在线）数据。

2）人工打标签（离线）：众包和开源数据集，例如 BDD100K 数据集。

3）专业贴标机。

此外，可以利用其他创新数据收集技术。例如，对于对象检测器或图像分割器之类的使用可视数据的系统，可以使用 GAN（生成对抗网络）来增强训练数据。

除了数据收集以外，还有其他要考虑的方面：数据分割，训练，测试 / 验证，数据量，数据筛选（过滤）。其中，过滤数据非常重要，因为模型将直接从过滤后的数据中学习。

3. 在线测试

成功的机器学习系统必须通过在不同场景的测试来评估其性能，这有助于在模型设计中引入更多创新。对于机器学习系统，“成功”可以通过多种方法进行衡量。

在进行在线测试时，A / B 测试方法对于衡量新功能或系统更改的影响非常有益。在 A / B 测试中，通常会修改网页或屏幕以创建其第二版本。对比原始版本与第二版本的效果。

我们还可以在此阶段通过回测和长期运行的 A / B 测试，来衡量长期影响。

在线测试过程如图 23-7 所示。

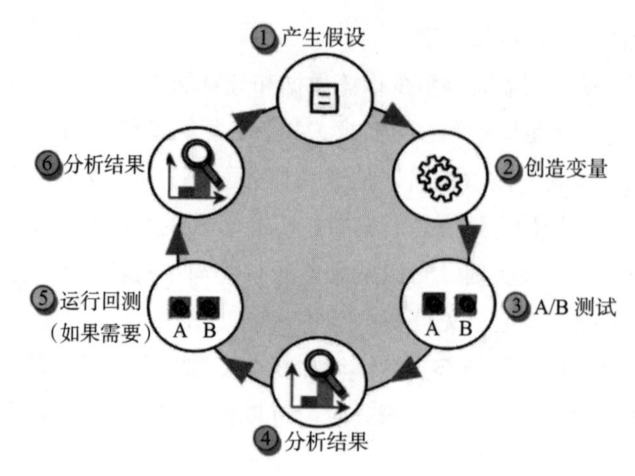

图 23-7　在线测试过程

23.3.2　机器学习面试的思路

机器学习是对计算机算法的研究，旨在解决复杂问题，并且在语音理解、搜索排名、信用卡欺诈检测等领域的应用上取得了长足的进步。

机器学习面试的思路如图 23-8 所示。

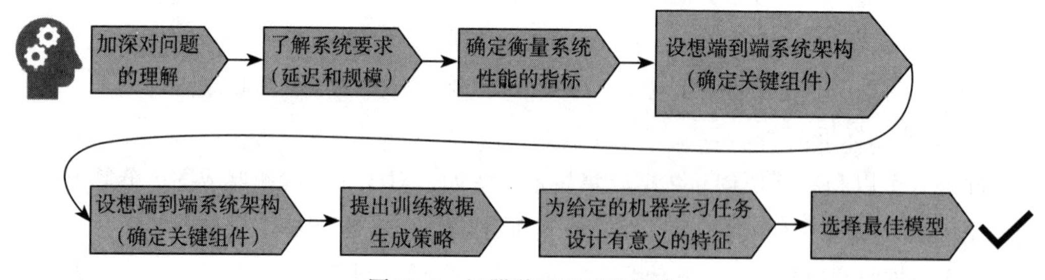

图 23-8　机器学习面试的思路

从最简单的模型（即逻辑回归）开始，快速尝试不同的模型，过程简述如下。

1）对问题进行分析：确定要解决的问题属于机器学习的哪一类，回归、分类、聚类、监督还是无监督。然后分析场景，指出问题的目标（度量标准，要优化的目标）是什么。

2）数据：明确在哪里 / 如何获取什么数据，如何存储 / 检索数据，要使用什么特征等等。这里需要使用特征工程。例如，特征归一化、平滑和分组化；使用 L1 正则化、决策树等进行特征选择。

3）模型：常用的模型包括逻辑回归、决策树、增强决策树、随机森林、支持向量机、神经网络、隐马尔可夫、贝叶斯网络、贝叶斯逻辑回归、高斯混合、K 均值、主成分分析等，需要知道各个模型的权衡取舍。

4）训练和评估：训练模型，并评估模型效果。这里可以使用交叉验证。如果要考虑扩展的话，则通常选择分布式系统，比如 Hadoop 和 MapReduce。

5）再次训练。

6）调试模型。

7）部署模型。

8）考虑如何向模型中添加新的需求 / 功能，如何与其他产品组合。

9）考虑一下机器学习端到端的问题。在训练模型之后要做什么？这个模型表现如何？如何调试一个机器学习模型？如何评估和连续部署机器学习模型？

23.4 实例 1：搜索排名系统

面试官要求你为搜索引擎设计搜索相关性系统，并在搜索引擎结果页面上显示结果。

23.4.1 题目解读

通过以下三个方面来梳理题目要求：范围，规模和个性化设计。

1. 范围

面试官给的题目比较宽泛，这时你要勇敢提问，确认面试官的意图。举例来说，你对面试官的第一个问题可以是这样的："您所说的搜索引擎，是像谷歌或必应这样的通用搜索引擎，还是像亚马逊产品搜索那样的专业搜索引擎？"

当你深入寻找解决方案时，对问题的范围界定至关重要。假设你针对谷歌搜索或必应搜索之类的常规通用搜索引擎来梳理思路，那么接下来的讨论将适用于所有类型的搜索引擎。

最后，可以将该问题精确地描述为：构建一个通用搜索引擎，该搜索引擎返回有关"编程语言"等查询的相关结果。

对此，需要构建一个机器学习系统，该系统通过相关性顺序对查询提供结果。因此，应聚焦于搜索排名问题。

2. 规模

一旦知道要构建通用搜索引擎，下一步要确定系统规模。有两个重要的问题：你想通过此搜索引擎启用多少个网站？你期望每秒处理多少个请求？

假设你有数十亿个文档可供搜索，并且搜索引擎每秒可以查询约 1 万个查询。

3. 个性化设计

要确定的另一个重要问题是搜索者是否是登录用户。这将定义你可以结合使用的个性化级别，以改善结果的相关性。这里假定用户已登录，并且可以访问其个人资料及其历史搜索数据。

23.4.2 指标分析

让我们探索一些指标，这些指标将帮助你衡量一个搜索的“成功”解决方案。为机器学习模型选择度量标准至关重要。机器学习模型直接从数据中学习。因此，选择错误的度量会导致模型针对完全错误的标准进行优化。

有两种类型的指标可以评估搜索查询的成功程度：在线指标，离线指标。

我们将在实时系统中作为用户交互的一部分来计算的指标称为在线指标。同时，离线指标使用离线数据来衡量搜索引擎的质量，而不依赖于从系统用户那里获得的直接反馈。

1. 在线指标

在线设置中，搜索会话的成功与否取决于用户的操作。在每个查询级别，你可以将“成功”定义为用户单击结果的操作。其中一个简单的基于点击的指标是点击率。

点击率定义为点击次数与展示次数的比值。例如，当加载搜索引擎结果页面，并且用户看到结果时，将其视为一次展示，单击该结果就是一次成功点击。

点击率的一个问题可能是，不成功的点击也被错误地计入，例如停留时间非常短暂的点击。你可以通过将数据过滤为仅考虑停留时间较长的点击来解决此问题。

到目前为止，我们一直在考虑基于单个查询的搜索会话。但是，搜索过程可能跨越多个查询。例如，搜索者最初查询“意大利食品”，发现结果不是自己想要的，并进行了更具体的查询：“意大利餐馆”。有时，搜索者可能需要查询多次，才能找到他们想要的结果。

理想情况下，你希望搜索者能以尽量少的查询次数在结果页面上找到想要的答案。因此，搜索时间也是追踪和衡量搜索引擎是否成功的重要指标。

2. 离线指标

衡量成功搜索会话的离线指标通常由受过训练的评估者人工提供。这要求评估者客观地对查询结果的相关性进行评分，同时要遵守明确定义的准则，并将这些评分汇总到整个查询样本中。

23.4.3　架构

本节主要介绍搜索排名系统的架构，以及它在处理搜索者查询时发挥的作用。

搜索引擎的架构如图 23-9 所示。

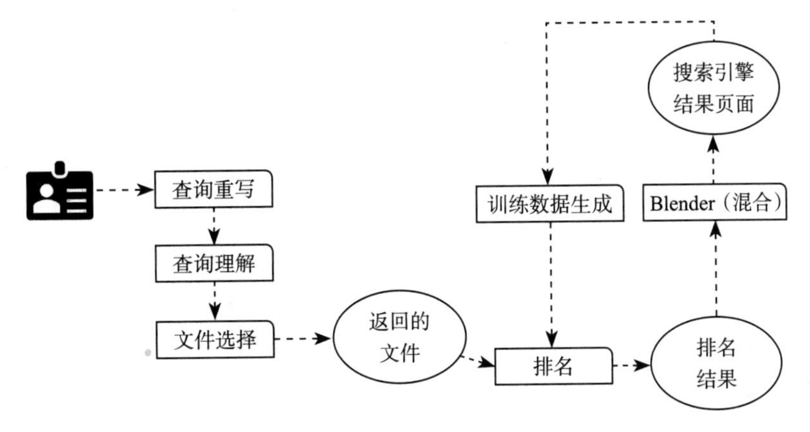

图 23-9　搜索引擎的架构

1. 查询重写

如果搜索者查询的关键词很差，而且远远不能清晰描述搜索者的实际信息需求，那么就需要使用查询重写来增加召回率，即检索得到更大的一组相关结果。查询重写涉及多个功能组件，如下所述。

（1）拼写检查

拼写检查是搜索体验不可或缺的一部分，被认为是现代搜索引擎的必要功能。通过拼写检查功能，系统可以纠正基本的拼写错误（如将“itlian restaurat”改成“italian restaurant”）。

（2）查询扩展

查询扩展通过在用户查询的关键词中添加术语来改善搜索结果。这些扩展术语最大程度地减少了搜索者的查询与结果之间的不匹配。

因此，在纠正了拼写错误之后，我们想扩展术语，例如，查询“意大利餐厅”时，应该将“餐厅”扩展到食品或食谱，以查看该查询的所有潜在候选者（即网页结果）。

2. 查询理解

该阶段包括理解清楚查询背后的用户主要意图，例如，查询“加油站”的用户有可能对附近地点感兴趣，而查询“地震”的用户则可能想了解新闻。用户意图将有助于系统选择最佳查询结果并对其进行排名。

3. 结果选择

网络上有数十亿个相关网页。因此，我们选择结果的第一步，是找到与搜索者的查询相关的大量网页。一些常见的查询（例如“体育”）可以匹配数百万个网页，结果选择的作用，是从数百万个结果筛选出最相关的结果的较小子集。

结果选择更着重于召回。它使用一种更简单的技术来对数十亿个网页进行筛选，并检索可能具有相关性的结果。

4. 排名

排名是指利用机器学习算法来找到搜索结果的最佳顺序（这也称为学习排名）。

如果来自结果选择阶段的结果数量非常大（超过 10^4），并且传入流量也非常巨大（每秒超过 10^4 QPS 或查询），则可以在多个阶段选择不同的排名模型的复杂度和大小。在排名的多个阶段中，可以仅在最重要的最后阶段，才使用复杂的模型。对于大型搜索系统，这可以降低计算成本。例如，针对某个查询返回了 10^5 个结果，在排名过程的第一阶段，可以使用快速线性机器学习模型对它们进行排名。在第二阶段，可以利用复杂模型（例如深度学习模型）来查找第一阶段给出的前 500 个结果的最优化顺序。

选择算法时，请记住要考虑模型执行时间。并且，在大规模机器学习系统中，成本与收益之间的权衡始终是重要的考虑因素。

5. 混合

混合组件会提供来自不同搜索领域的相关结果，例如图像、视频、新闻、本地结果和博客文章。

搜索“意大利餐厅”时，可能会混合显示网站、本地结果和图像结果，并通过使结果更相关来使搜索者对查询结果感到满意。

还要考虑的一个重要方面是结果的多样性，你可能不想仅显示来自同一来源（网站）的所有结果。

最终，混合组件会响应搜索者的查询，输出搜索引擎结果页面（SERP）。

6. 训练数据生成

该组件使用机器学习来构成搜索排名系统的循环。它从响应查询而显示的搜索引擎结果页面中获取在线用户参与数据，并生成正面和负面的训练实例。然后，机器学习模型将生成的训练数据用于训练，以对搜索引擎结果进行排名。

7. 分层模型方法

分层模型方法从响应查询得到的大量结果中过滤出最相关的结果。分层模型方法如

图 23-10 所示。下面详细介绍一下大型搜索系统的这种配置。

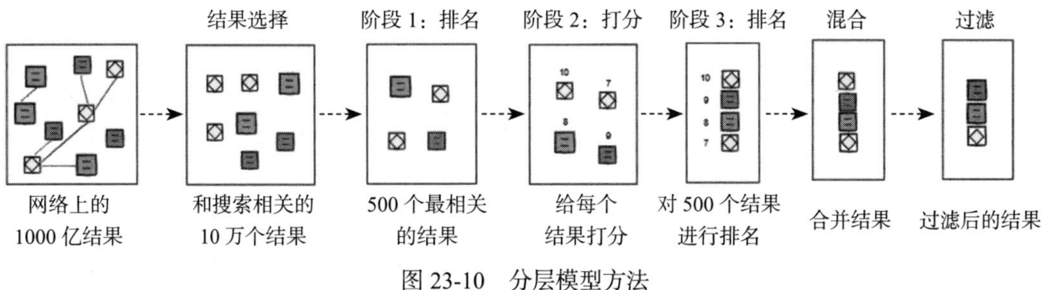

图 23-10 分层模型方法

使用分层模型方法时，你可以在每个阶段选择适当的机器学习算法，这也是从可伸缩性角度考虑的。

如图 23-10 所示，假定你首先从索引中选择 10 万个匹配结果用于响应搜索者的查询，然后使用两阶段排名，第一阶段从 10 万个减少到 500 个结果，第二阶段是对这 500 个结果进行排名。混合来自不同搜索领域的结果，并且进一步过滤不相关的结果，从而获得良好的用户体验。这只是一个示例配置，需要指出的是，应该根据容量需求以及测试情况进行算法选择，以查看在每层上的结果的相关性。

23.4.4 结果选择

本节将介绍在结果选择阶段一些常用的方法。

从互联网上的 1000 亿个文档中，检索出与搜索者的查询相关的前 10 万个文档，如图 23-11 所示。

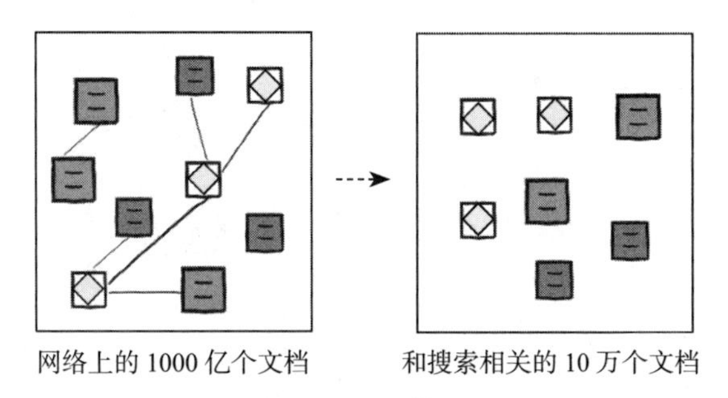

图 23-11 文件选择

1. 倒排索引

这涉及倒排索引的概念与应用。倒排索引是一种索引数据结构，用于存储从内容（如单词或数字）到其在一组文档中的位置的映射，如图 23-12 所示。

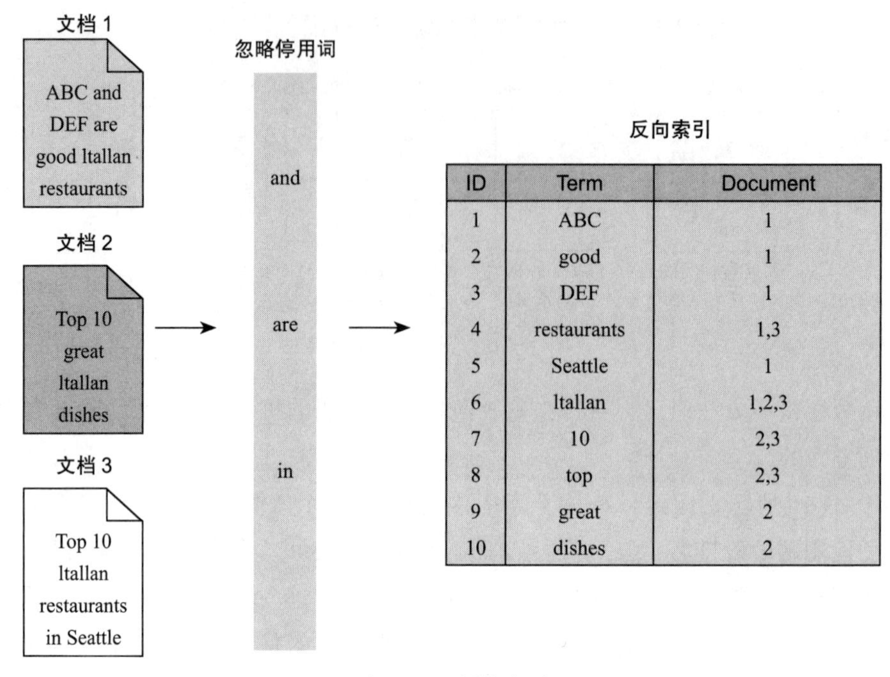

ID	Term	Document
1	ABC	1
2	good	1
3	DEF	1
4	restaurants	1,3
5	Seattle	1
6	ltallan	1,2,3
7	10	2,3
8	top	2,3
9	great	2
10	dishes	2

图 23-12 倒排索引

2. 文件选择流程

搜索者的查询不仅与单个文档匹配，还可能会匹配许多具有不同相关程度的文档。

如图 23-13 所示，在例子中，当用户输入“意大利餐馆”时，那么查询组件就会知道用户需要寻找意大利美食。

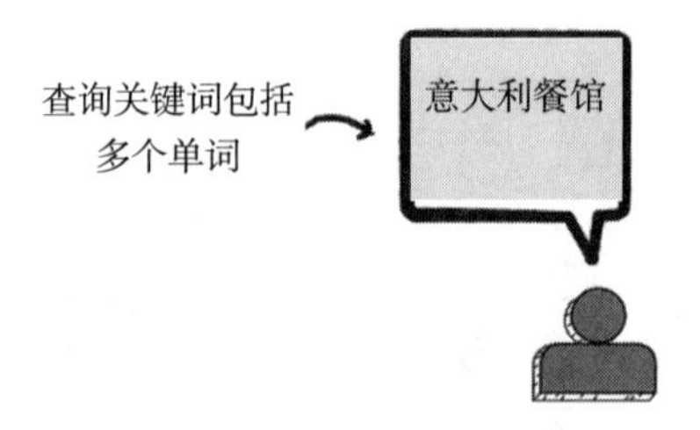

图 23-13 搜索者的查询

文档选择标准如下。

```
搜索文档(匹配项“意大利”以及{匹配项“食堂”或者“美食”})
```

我们将进入索引并根据上述选择标准检索所有文档。在检查每个文档是否符合选择标准的同时，我们还将为它们分配一个相关性评分。在检索过程结束时，文档将根据相关性得分排序。然后，从这些文档中选择前 10 万个文档。

3. 相关性评分方案

一种基本的相关性评分方案是利用所涉及因素的简单加权线性组合，每个因素的权重取决于其在确定相关性评分中的重要性，常用的因素有字词匹配，文档受欢迎度，查询意图匹配，个性化匹配。

图 23-14 显示了线性评分器将如何为文档分配相关性评分。

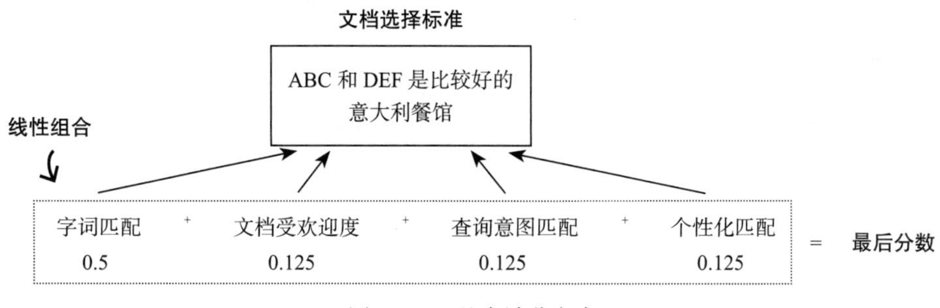

图 23-14 基本计分方案

让我们看一下每个因素对相关性评分的贡献。

（1）字词匹配

字词匹配在文档的相关性评分中占 0.5 的权重。查询关键词中包含多个单词，使用每个单词的反向文档频率来衡量其匹配程度。查询中重要单词的匹配权重更高。例如，“意大利语”的字词匹配程度对文档的相关性评分的贡献可能更大，即具有更大的权重。

（2）文档受欢迎度

该文档的受欢迎程度的值会存储在索引中。在文档的相关性评分过程中，其值将被赋予 0.125 的权重。

（3）查询意图匹配

查询意图匹配将为文档的相关性评分贡献 0.125 的权重。对于“意大利餐馆”这一查询，可能表明搜索者存在非常强烈的本地意图。因此，对于本地文档的查询意图匹配，将赋予 0.125 的权重。

（4）个性化匹配

该因素为文档的相关性评分带来 0.125 的权重。它基于许多方面对文档满足搜索者的个人要求的程度进行评分。例如，搜索者的年龄、性别、兴趣和位置。

我们也可以使用机器学习通过相似的过程来分配这些因素的权重，并在排名阶段使用。

4. 特征工程

让我们设计一些有意义的训练数据特征来训练搜索排名模型。特征生成过程的一个重要方面是首先考虑将在我们的特征工程过程中扮演关键角色的主要参与者。进行搜索的四个主要参与者是搜索者、查询内容、文档、上下文语境。

我们可以根据上述主要参与者为搜索排名问题生成很多特征。这些特征如图 23-15 所示。

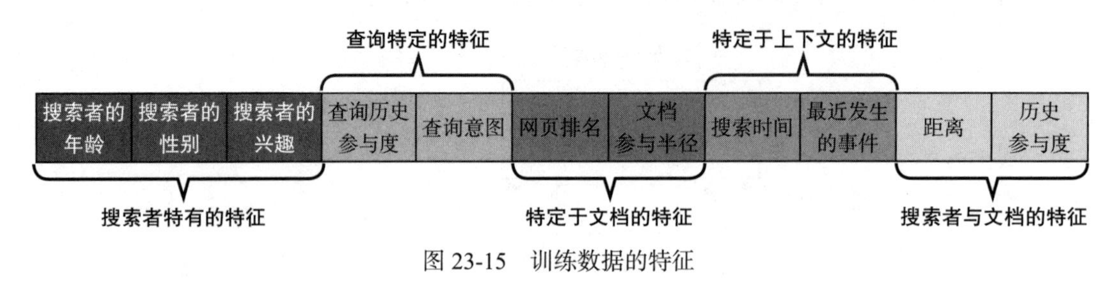

图 23-15 训练数据的特征

（1）搜索者特有的特征

假设搜索者已登录，则可以使用搜索者的信息作为模型的特征，根据其年龄、性别和兴趣来定制结果。

（2）查询特定的特征

1）查询历史参与度：对于相对热门的查询，历史参与度可能非常重要。你可以将查询的历史参与度用作特征。例如，假设搜索者查询"地震"，从历史数据中我们知道，此查询将导致搜索者与新闻组件互动，即大多数搜索"地震"的人都在寻找有关最近地震的新闻。因此，在对查询文档进行排名时，应考虑此因素。

2）查询意图：查询意图特征使模型可以识别搜索者在键入查询关键词时正在寻找的信息类型。模型使用此特征为与查询意图匹配的文档分配更高的等级。例如，如果查询"披萨餐厅"，则对应本地意图。因此，该模型将对搜索者附近的披萨店给予较高的排名。一些常见的查询意图有新闻、本地、商业等。我们可以从查询理解组件中获取查询意图。

（3）特定于文档的特征

1）网页排名：文档的等级可以用作特征。要估算所考虑文档的相关性，我们可以查看链接到该文档的文档的数量和质量。

2）文档参与半径：文档参与半径可能是另一个重要特征。如果我们的查询具有本地意图，我们将选择具有本地范围的文档，而不是具有全局范围的文档。

（4）特定于上下文的特征

1）搜索时间：通过搜索时间，模型可以通过上下文功能，显示该时间营业的餐厅。

2）最近发生的事件：搜索者可以查询与扩展有关的最近发生的事件。

（5）搜索者与文档的特征

1）距离：对于查询附近位置的查询，我们可以使用搜索者坐标与匹配位置之间的距离作为衡量文档相关性的一个特征。考虑一个人搜索附近的餐馆的情况，排名模型将选择与附近餐馆有关的文档，并且基于搜索者的坐标与文档中的餐馆之间的距离对文档进行排名，如图 23-16 所示。

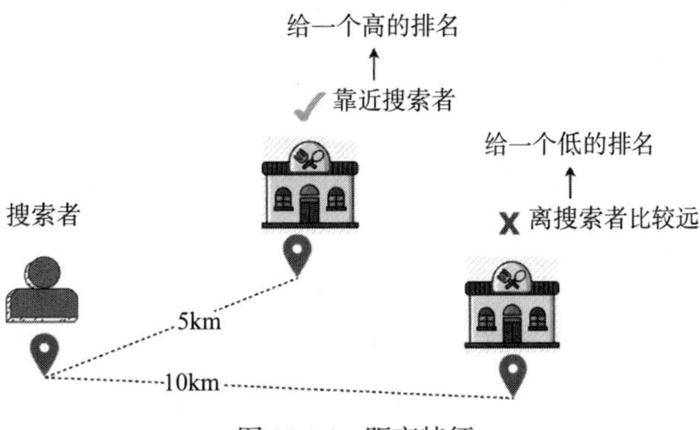

图 23-16 距离特征

2）历史参与度：另一个有趣的特征是搜索者对文档结果类型的历史参与度。例如，如果某人过去更多地与视频文件接触，则表明视频文件通常与该人更相关。与特定网站或文档的历史互动也可能是一个重要信号，因为用户可能正在尝试再次查找这类文档。

（6）查询与文档的特征

根据给定查询和文档，我们可以生成大量特征。

1）文本匹配：文本匹配不仅可以体现在文档标题中，还可以体现在文档的元数据或内容中。如图 23-17 所示，包含查询关键词和文档标题之间的文本匹配，以及查询关键词和文档内容之间的文本匹配。这些文本匹配项可以用作特征。

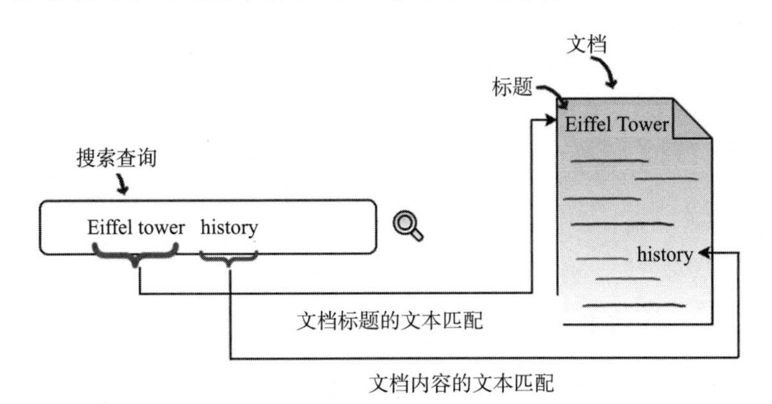

图 23-17 文本匹配

2）一元词组和二元词组：可以查看每个一元词组和二元词组的数据，以实现查询和文档之间的文本匹配。例如，查询“西雅图旅游指南”将产生三个关键词：西雅图、旅游、指南。这些关键词可能会与文档的不同部分匹配。例如,"西雅图"可能与文档标题匹配,而"旅游"可能与文档内容匹配。同样,我们也可以检查二元组和三元组的匹配情况。所有这些文本匹配都可以导致模型使用多个基于文本的特征。

3)TF-IDF 匹配分数:基于查询和文档之间的文本匹配的相似性评分。TF(术语频率)结合了每个术语对文档的重要性,而 IDF(反向文档频率)告诉我们特定术语提供了多少信息。

4)查询文档的历史参与度:先前参与的文档可以是用于确定搜索结果的最佳排名的有益特征。

5)点击率:用户在响应特定查询时所显示的文档的历史参与度。文档的点击率可以帮助模型进行排名。例如,在对"巴黎旅游"的查询中,可能会发现艾菲尔铁塔网站的点击率最高。因此,该模型将形成一种理解,即每当有人查询"巴黎旅游"时,埃菲尔铁塔相关的文档 / 网站都是最吸引人的。然后,它可以在文档排名中使用此信息。

6)嵌入:使用嵌入模型以向量的形式表示查询和文档,这些向量提供有关查询和文档之间关系的重要参考,如图 23-18 所示。

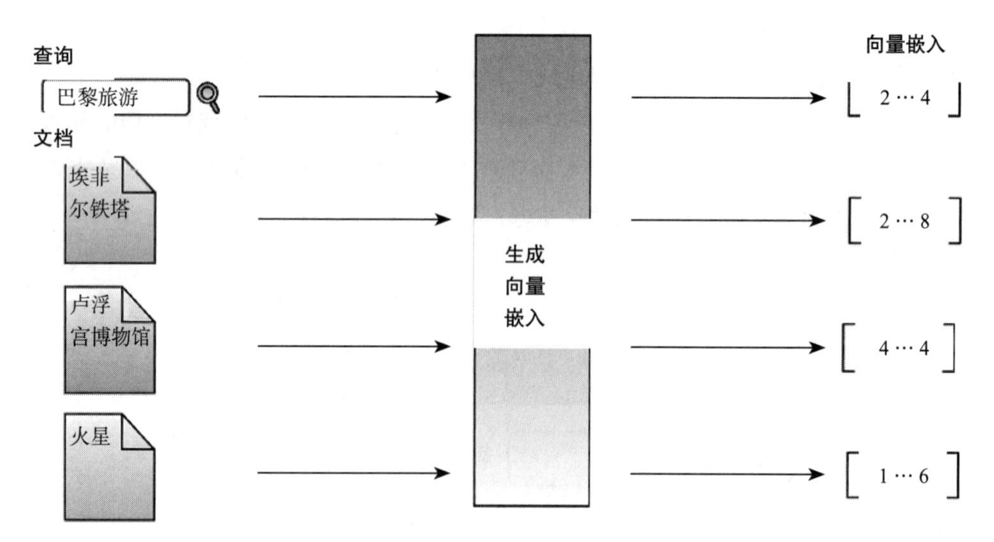

图 23-18 嵌入算法分别为查询和文档生成向量

嵌入模型以如下方式生成向量。

如果文档与查询位于相同的主题 / 概念上,则其向量类似于查询的向量。我们可以使用此特征来创建一个称为"嵌入相似度得分"的特征。在查询向量和每个文档向量之间计算相似性分数,以测量其与查询的相关性。相似性评分越高,文档与查询的相关性就越高。

根据查询选择 3 个文档，即“埃菲尔铁塔”“卢浮宫博物馆”和“火星”。我们使用嵌入技术为查询和每个检索到的文档生成向量。针对每个文档向量为查询向量计算相似性分数。可以看出，“埃菲尔铁塔”文档的相似性得分最高。因此，它是基于嵌入相似度的最相关的文档。

23.4.5　训练数据生成

本节主要介绍为搜索排名问题生成训练数据的方法。

1. 训练数据生成的逐点方法

训练数据由每个文档的相关性分数组成。损失函数每次将一个文档的分数视为绝对排名。因此，模型经过训练，可以分别预测每个文档与查询的相关性。按这些文档分数对结果列表进行简单排序即可获得最终排名。

在采用逐点方法时，当每个文档的相关性分数采用少量的有限的值时，我们的排名模型可以使用分类算法。例如，如果旨在简单地将文档分类为相关或不相关，则相关性评分将为 0 或 1。这将使我们能够通过二进制分类问题来近似处理排名问题。

2. 正负训练实例

实质上可以通过响应查询来预测用户对文档的参与度。相关文档是成功吸引搜索者的文档。例如，有搜索者查询了“巴黎旅游”，并且以下结果显示在搜索引擎结果页面上。

Paris.com

Eiffeltower.com

Lourvemusuem.com

我们将数据标记为正 / 负或相关 / 不相关。

假设搜索者未与 Paris.com 进行互动，而是与 Eiffeltower.com 进行了互动。在点击 Eiffeltower.com 时，他们在网站上停留了两 min，然后进行了注册。注册后，他们返回搜索引擎结果页面并单击 Lourvemusuem.com，在那里停留了 20s。

这一系列事件可以生成三行训练数据。“ Paris.com”将是一个负面实例，因为它没有参与度，用户跳过了该链接，并与其他两个链接进行了互动，这两个链接将成为正面实例。

3. 常见问题：负面实例不足

可能会出现一个问题，即如果用户仅使用搜索引擎结果页面上的第一个文档，那么我们可能永远也不会获得足够的负面实例来训练我们的模型。这种情况很常见。为了解决这个问题，我们使用了随机的负面实例。例如，所有显示在第 50 页上的搜索结果可视为负面实例。

对于上面讨论的查询，生成了三行训练数据。搜索引擎每天可能会收到 500 万个此类查询。平均而言，每个查询我们可能会生成两行数据，一行为正面实例，一行为负面实例。这样，我们每天将产生一千万个训练数据实例。

在整个星期内，用户的参与度可能会有所不同。例如，工作日的参与度可能与周末不同。因此，我们将使用一周的查询来捕获训练数据生成过程中的所有模式。以这种速度，我们最终将获得大约 7000 万行训练数据。

4. 训练数据拆分

我们可以随机选择三分之二的数据，将其用于模型训练，其余三分之一可用于模型的验证和测试，如图 23-19 所示。

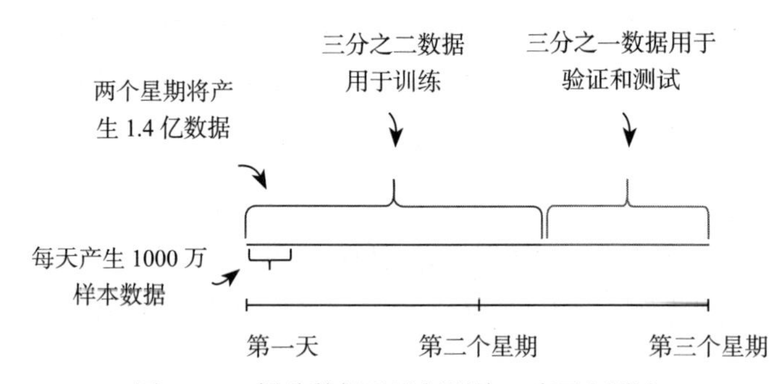

图 23-19 拆分数据以进行训练、验证和测试

23.4.6 排名

让我们看看如何设计搜索排名模型。如架构部分所述，与单个查询匹配的文档数量可能非常大。因此，对于大型搜索引擎而言，采用分层模型方法是很有意义的。在模型的顶层可以查看大量文档，并使用更简单、更快速的算法进行排名；在底层使用复杂的机器学习模型，对少量文档进行排序。

接下来采用分阶段方法。

假设第一阶段将通过结果选择组件接收 10 万个相关文档。在此层中进行排名之后，将这个数字减少到 500，确保将最相关的结果转发到第二阶段（也称为文档召回）。

第二阶段将负责对文档进行排名，以使最相关的结果以正确的顺序放置。

第一阶段的模型将着重于前 500 个结果中前 5 ～ 10 个相关文档的召回，而第二阶段将确保前 5 ～ 10 个相关文档的准确性。

（1）第一阶段

当我们尝试在此阶段将文档从大集合限制为相对较小的集合时，重要的是不要错过针对小集合进行查询的高度相关的文档。因此，这一层需要确保将最重要的相关文档转发到第二阶段。这可以通过 pointwise 方法来实现，用二进制分类将问题近似为相关或不相关。

一般在这个阶段，我们会选择相对简单的机器学习算法，比如逻辑回归。相对复杂度小的线性算法，例如逻辑回归或小型 MART（多重加性回归树）模型，非常适合对大量文档进行评分。在此阶段，对于相当大的文档库，快速地为每个文档评分的能力至关重要。

为了分析模型的性能，将查看接收器工作特性曲线或 ROC 曲线的曲线下面积（AUC）。例如，在不同的特征集上训练两个模型 A 和 B，则 AUC 将帮助我们确定哪个模型的性能更好，如图 23-20 所示。

我们可以观察到模型 A 优于模型 B，因为其曲线下的面积更大。

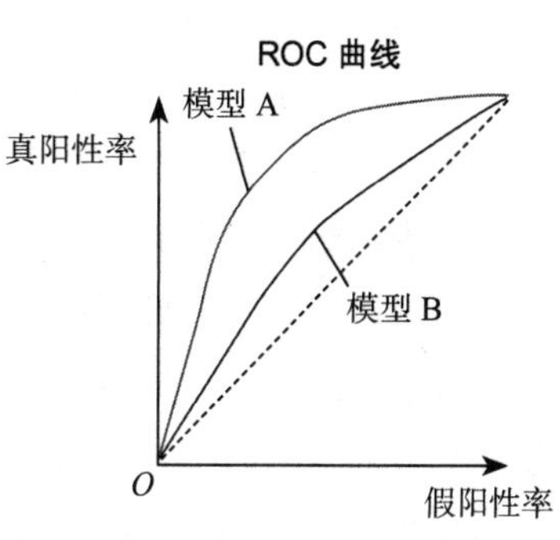

图 23-20　模型 A 优于模型 B

（2）第二阶段

如前所述，第二阶段的主要目标是找到优化的排名顺序。这是通过将目标从对单个数据点的优化更改为对成对数据点的优化来实现的。在学习排名的成对优化中，模型并非试图使分类错误最小化，而是试图以正确的顺序获取尽可能多的文档对，如图 23-21 所示。

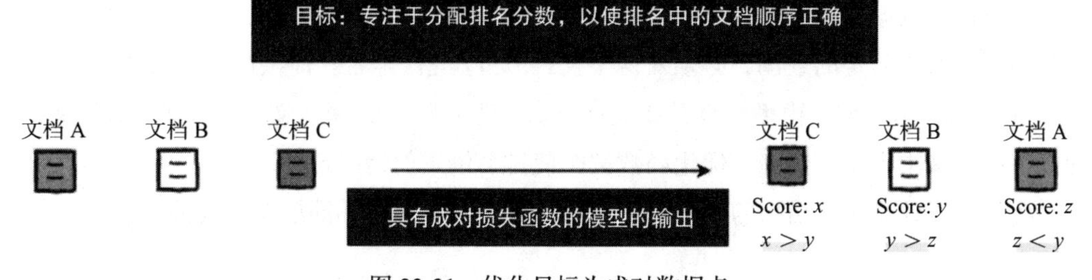

图 23-21　优化目标为成对数据点

LambdaMART 是一种用于排序问题的机器学习算法，它是一种经过优化的梯度提升方法，主要用于解决搜索引擎排名、推荐系统和其他需要排序的应用。

LambdaMART 算法的特点如下。

- 基于决策树的排序：LambdaMART 使用决策树作为基本学习器。每个决策树用于预测项的相关性得分。
- 排序损失函数：LambdaMART 优化的是排序相关性的损失函数。这个损失函数不仅考虑了每个项的相关性得分，还考虑了它们在排序中的位置。LambdaMART 试图通过迭代学习来最小化这个排序损失函数。
- 梯度提升：LambdaMART 使用梯度提升方法，通过组合多个决策树，以便逐步改进模型性能。每一轮迭代，模型会根据之前的错误和梯度信息训练一个新的决策树，以更好地拟合排序数据。
- 修正因子：LambdaMART 引入了一个修正因子（Lambda）来调整模型的学习目标。这个因子考虑了排序中每个项的重要性，以便更好地调整模型的权重。
- 模型组合：在 LambdaMART 中，许多决策树被训练，每个树都对排序中的不同部分进行建模。最后将这些树的结果组合起来，生成最终的排序。

LambdaMART 算法在排序问题中表现出色，特别是在需要考虑多个相关性因素和复杂排序任务的情况下。它通常需要大量的训练数据，并且需要仔细调整参数，以获得最佳性能。这种算法在信息检索领域和在线广告排名等领域非常流行，因为它可以提供高质量的排序结果。许多机器学习库和框架（如 LightGBM 和 XGBoost）提供了对 LambdaMART 的实现，以方便在实际应用中使用。

LambdaRank 是一种基于神经网络的方法，利用成对损失函数对文档进行排名。基于神经网络的模型相对较慢，并且需要更多的训练数据。因此，在选择这种建模方法之前，训练数据的大小和容量是关键问题。用于成对，优化的在线训练数据生成方法，可以为大量的流行搜索引擎，生成排名数据实例。因此，这是生成足够多的成对数据的一种选择。

假设训练数据包含成对的文档（i, j），其中 i 的排名高于 j。LambdaRank 模型的学习过程如下。对于给定的查询，必须对两个文档 i 和 j 进行排名。提供这两个文档对应的特征向量 x_i 和 x_j 给模型，模型计算其相关性分数（即 s_i 和 s_j），使得文档 i 的排名高于文档 j 的概率接近基本事实的概率。优化函数试图使排名倒置的情况最少。

我们可以计算排名结果的规范化折扣累积增益，以比较不同模型的性能。

23.4.7 筛选结果

进一步根据搜索结果筛选结果。

到目前为止，你已经为搜索者的查询选择了相关结果，并将它们按相关性顺序排列。

这项工作似乎已经完成。但是，你可能必须过滤掉看起来与查询相关但不适合显示的结果。

1. 排名后的结果集

结果集可能包含以下问题。

- 令人反感。
- 引起错误信息。
- 试图散布仇恨。
- 不适合儿童。
- 存在歧视。

尽管这些结果可能有具有良好的用户参与度，但它们仍然是不合适的。

我们如何解决这个问题？我们如何确保所有年龄段的用户，都可以安全地使用搜索引擎，并且不会散布错误信息和仇恨？

2. 机器学习问题

从机器学习的角度来看，我们希望有一个专门的模型来从排名结果集中删除不合适的结果。正如针对搜索排名问题所讨论的那样，我们需要训练数据、特征和分类器来过滤这些结果。

3. 训练数据

我们可以使用以下方法来生成训练数据，过滤不合适的结果。

人类评估者：人类评估者可以识别需要过滤的内容，因此可以从评估者那里收集有关上述错误信息的数据，并从他们的反馈中训练一个分类器，该分类器可以预测特定文档不适合在搜索引擎结果页面上显示的可能性。

在线用户反馈：成熟的网站为用户提供了报告不合适结果的选项。因此，生成数据的另一种方法是通过这种在线用户反馈数据训练另一个模型以过滤此类结果。

4. 特征

我们可能想为过滤模型专门添加一些特征。例如，网站历史报告率、专门术语、域名、网站描述、网站上使用的图像等。

5. 分类器

得到训练数据后，你可以利用逻辑回归、MART或深度神经网络等分类算法建立分类器。

与排名部分的讨论类似，对建模算法的选择取决于数据量、系统容量要求、算法的测试结果，以了解使用该建模技术可减少多少不合适的结果。

23.5 实例 2：Netflix 电影推荐系统

23.5.1 题目解读

我们每天使用的大多数平台都使用推荐系统，举例如下。

- ❑ 亚马逊主页推荐了我们可能感兴趣的个性化产品。
- ❑ Pinterest 提要中充满了我们可能会根据趋势和历史浏览记录而喜欢的标签。
- ❑ Netflix 根据我们的喜好推荐热门电影等。

在本节中，我们将讨论 Netflix 电影推荐系统，类似的技术也可以应用于几乎所有其他推荐系统。

1. 问题描述

面试官要求你实现针对 Netflix 用户的电影推荐。那么，你的任务是提出电影推荐建议，并使用户观看推荐电影的机会最大化。

导致 Netflix 成功的主要因素是其推荐系统。其推荐算法在将正确的内容带给正确的用户方面做得很好。与 Netflix 的推荐系统不同，早期其他的推荐系统仅可以简单地推荐热门电影，而不考虑特定用户的偏好，最多只能查看观众过去的观看记录，并推荐相同类型的电影。

Netflix 的推荐方法的一个关键方面是，他们找到了推荐与用户常规选择似乎不同的内容的方法。但是，Netflix 的推荐并非基于疯狂的猜测，而是基于其他用户的观看记录，这些用户与相关用户具有一些共同的模式。这样，用户就可以发现原本无法找到的新内容。

使用 Netflix 观看的电影的用户中，有 80% 是受其推荐推动的，而不是搜索并观看特定节目的。

当前的任务是创建这样一种推荐系统，该系统可以使观众着迷，并向他们介绍各种各样的内容，从而扩大他们的视野。

2. 问题范围

现在让我们定义问题的范围如下。

1）截至 2019 年，该平台的用户总数为 1.635 亿。

2）每天有 5300 万国际活跃用户。

因此，你必须为每天需要良好建议的大量用户构建一个系统。

在机器学习领域中，建立推荐系统的一种常见方法是将其看作分类问题，以预测用户参与内容的可能性。因此，问题陈述将是："根据用户和上下文（时间、位置和季节）预测用户对每部电影的参与可能性，并使用该分数推荐电影。"

3. 问题分析

预测每部电影的参与概率，然后根据该得分对电影进行排序。此外，由于我们的主要重点是使用户观看大多数推荐电影，因此推荐系统将基于隐式反馈（具有二进制值：用户已观看电影，未观看）。

让我们看看为什么使用隐式反馈作为概率预测指标，而不是使用显式反馈来预测电影评级并对电影进行排名。

建立一个推荐系统，以预测电影的用户评级，目的是推荐用户给予较高评价的电影。

4. 用户反馈的类型

通常，对于给定的建议，有两种类型的用户反馈，如图 23-22 所示。

- 显式反馈：用户提供对推荐的明确评估。例如，用户将电影评为五颗星（满分为五颗星）。在此，推荐问题将被视为评级预测问题。
- 隐式反馈：隐式反馈是从用户与推荐电影的互动中提取的。它本质上是二进制的。例如，用户观看了电影（记为 1），或者他们没有观看电影（记为 0）。在此，推荐问题将被视为排名问题。

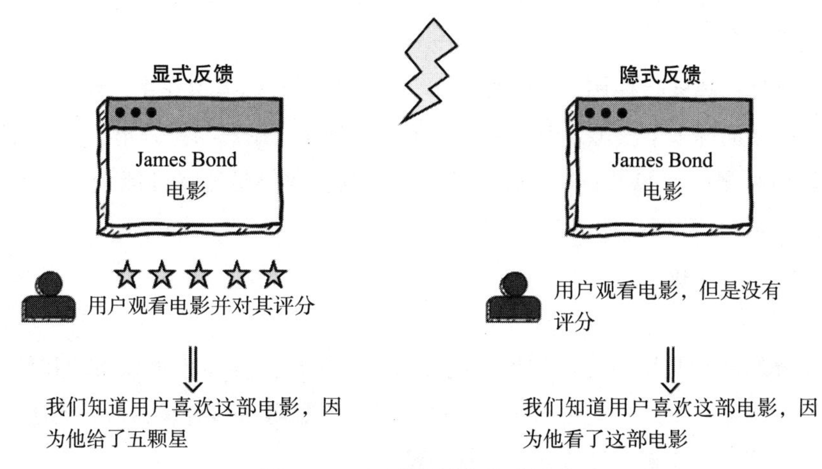

图 23-22 显式反馈和隐式反馈

利用隐式反馈的一个主要优点是，它允许收集大量的训练数据。这使我们可以通过更多地了解用户来更好地进行个性化推荐。

但是，对于显式反馈，情况并非如此。人们很少在看完电影后对电影进行评分，如图 23-23 所示。

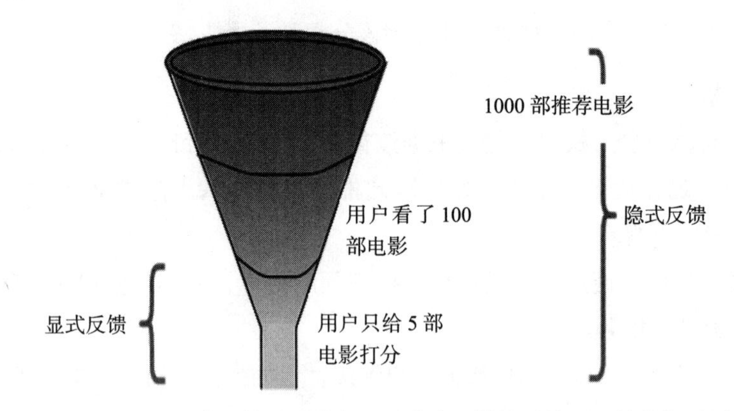

图 23-23 基于显式反馈的系统与基于隐式反馈的系统可用的数据差异

23.5.2 指标分析

让我们看一下用于判断推荐系统性能的在线和离线指标。我们将研究可用于评估电影推荐系统性能的不同指标。

像其他任何优化问题一样，有两种类型的度量标准，可以衡量电影推荐系统的成功程度。

- 在线指标：在线指标用于在 A / B 测试期间通过对实时数据进行在线评估来查看系统的性能。
- 离线指标：离线指标用于离线评估中，该评估可模拟模型在生产环境中的性能。

我们可能会训练多个模型，并使用保留的测试数据（用户与推荐电影的历史互动）来进行离线评估和测试。如果有性能提升的工程设计，我们将选择性能最佳的模型，进行实时数据在线 A / B 测试，如图 23-24 所示。

以下是常用的在线指标。

（1）参与率

推荐系统的成功与用户参与的推荐电影数量成正比。参与率可以帮助我们对推荐系统进行衡量。但是，用户可能单击了推荐的电影，但觉得不够有趣，所以无法完成观看。因此，仅通过推荐建议来衡量参与率不够完整。

（2）平均视频数量

除了参与率，我们还可以考虑用户观看的平均视频数量。这里只应统计用户至少花费一定时间观看的视频（例如超过 2min）。

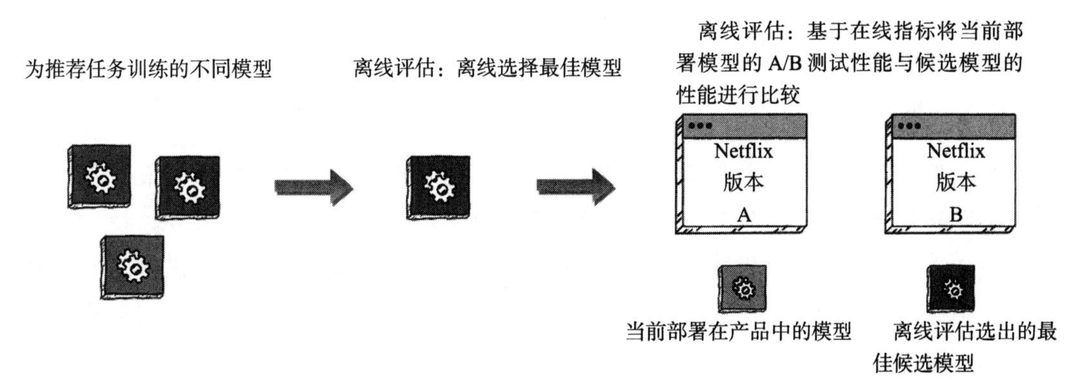

图 23-24 推荐系统的指标

但是，当涉及用户开始观看推荐的视频，但又发现它们不够有趣以至于无法完成时，此指标可能会出现问题。

一个推荐系列通常有几个视频，因此观看一个视频然后不继续观看其他，也表明用户没有找到有趣的内容。因此，仅测量观看的平均视频数量，可能会错过总体用户对推荐内容的满意度。

（3）观看时间

观看时间用于衡量用户根据会话中的推荐花费在观看内容上的总时间。这里的关键是用户能够找到有意义的推荐，从而使他们花费大量时间观看它。

为了直观地说明为什么观看时间是比参与率和平均视频数量更好的指标，考虑两个用户 A 和 B 的示例。用户 A 参与了 5 个推荐，花了 10min 观看其中三个推荐。用户 B 参与了两个推荐，在第一个推荐上花费 5min，然后在第二个推荐上花费 90min。尽管用户 A 参与了更多推荐内容，但对用户 B 的推荐建议显然更成功。

因此，观看时间是用于在线跟踪电影推荐系统的一个很好的指标。

建立离线测量集的目的是为了能够快速评估我们的新模型。离线指标应该能够告诉我们新模型是否会改善推荐质量。

常用的离线指标包括：平均精度（mAP @ N）以及平均召回率（mAR @ N）。

精度 P 是针对我们预测结果而言的，它表示的是预测为正的样本中有多少是真正的正样本。那么预测为正就有两种可能了，一种就是把正类预测为正类（TP)，另一种就是把负类预测为正类（FP)，也就是 $P=\frac{TP}{TP+FP}$。

而召回率 R 是针对样本而言的，它表示的是样本中的正例中有多少被预测正确。那也有两种可能，一种是把原来的正类预测成正类（TP），另一种就是把原来的正类预测为负类（FN），也就是 $R=\frac{\text{TP}}{\text{TP}+\text{FN}}$。

23.5.3 架构

我们看一下推荐系统的架构，如图 23-25 所示。考虑将大型电影集中的最佳推荐作为多阶段排名问题，这是有道理的。让我们看看为什么。

我们有大量的电影可供选择。此外，我们需要复杂的模型来提出足够出色的个性化建议。但是，如果尝试在整个语料库上运行一个复杂的模型，则它在执行时间和计算资源使用方面将是低效的。

因此，将推荐任务分为两个阶段。

1）阶段 1：候选电影产生。

2）阶段 2：候选电影排名。

阶段 1 使用更简单的机制，筛选整个语料库以获取可能的推荐建议。阶段 2 对阶段 1 给出的候选电影使用复杂的策略，以提出个性化的建议。

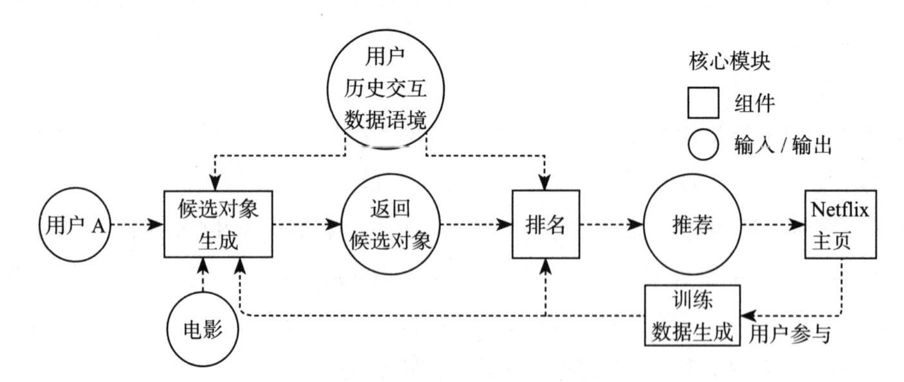

图 23-25 推荐系统架构图

1. 候选对象生成

候选对象生成是为用户提出建议的第一步。鉴于用户与电影和上下文的历史互动，该组件使用多种技术来查找用户的候选电影。

此组件着重于提高召回率，这意味着它着重于收集可能从各个角度吸引用户兴趣的电影。例如，基于历史用户兴趣，选择与本地趋势等相关的电影。

2. 排名

排名组件将根据候选数据生成组件所生成的候选电影，利用用户的感兴趣程度对其评分。此组件着重于更高的精度，即它将着重于前 k 个推荐内容的排名。

3. 训练数据生成

用户对其 Netflix 主页上的推荐内容的参与，将有助于为排名组件和候选生成组件生成训练数据。

23.5.4 特征工程

下面设计候选对象生成和排名模型的特征。这些特征可以分为以下几类。

1）基于用户的特征。

2）基于上下文的特征。

3）基于电影的特征。

4）电影与用户的交叉特征。

1. 基于用户的特征

可以用作推荐模型的基于用户的特征如下。

- 年龄：此特征将允许模型学习适合不同年龄组的内容类型，并相应地推荐内容。
- 性别：模型将了解基于性别的偏好，并相应地推荐内容。
- 语言：此特征将记录用户的语言。模型可以使用它来查看电影语言是否与用户常用的语言相同。
- 国家或地区：此特征将记录用户所在的国家或地区。来自不同国家或地区的用户具有不同的内容首选项。此特征可以帮助模型学习地理偏好并相应地调整建议。
- 平均观看时间：此特征表示用户是喜欢看长片还是看短片。
- 上一次观看的电影类型：用户观看的上一部电影的类型，可以作为他们接下来可能想要观看的电影的提示。

以下是一些具有稀疏表示的基于用户的特征参数（源自历史交互模式）。该模型可以使用这些特征来找出用户首选项。

- user_actor_histogram：此特征是基于直方图的矢量，该直方图显示了活跃用户与 Netflix 上所有演员之间的历史互动。它记录用户在其中每个演员参与的情况下观看的电影百分比。
- user_genre_histogram：此特征是基于直方图的矢量，该直方图显示了活跃用户与 Netflix 上所有类型的电影之间的历史互动。它将记录用户观看的每种类型的电影百分比。

- user_language_histogram：此特征是基于直方图的矢量，该直方图显示了活跃用户与 Netflix 媒体上所有语言之间的历史交互。它记录用户观看的每种语言的内容百分比。

2. 基于上下文的特征

提出上下文相关的建议可以改善用户的体验。以下是旨在捕获上下文信息的一些特征。

- 季节：可以根据一年中的四个季节来设计用户偏好。此特征将记录一个人观看电影的季节。例如，假设某人在夏季观看了标有“夏季”（Netflix 标签）的电影。因此，该模型可以了解人们在夏季喜欢“夏季”电影。
- 假日：此特征将记录即将到来的假期。人们倾向于观看以假期为主题的内容。例如，Netflix 发推文说，圣诞节假期前的 18 天里，每天有 53 人观看了电影《圣诞节王子》。而假期也将因地区而异。
- days_to_upcoming_holiday：查看假期开始前几天，用户开始观看以假期为主题的内容非常有用。该模型可以推断应该向特定假日用户推荐假日主题电影的天数。
- time_of_day：用户也可能根据一天中的时间观看不同的内容。
- day_of_week：用户观看模式也会随着一周的变化而变化。例如，用户可能更喜欢在周末观看电影。
- 设备：观察用户使用的设备可能是有益的。可能的观察结果是，用户在忙碌时倾向于在手机上观看较短时长的内容，在有更多空闲时间时选择在电视上观看时长更长的内容。因此，当用户用移动设备登录时，可以推荐短时长的节目，而用电视登录时，则可以推荐时长较长的节目。

3. 基于电影的特征

我们可以利用电影的基础信息创建许多有用的特征。

- 公共平台评级：此特征可以说明公众对电影的看法，例如 IMDB / 烂番茄等级。
- 收入：我们可以添加电影在 Netflix 发行之前产生的收入。此特征可以帮助模型确定电影的受欢迎程度。
- time_passed_since_release_date：该特征表示自电影上映日期以来经过了多少时间。
- time_on_platform：记录电影在 Netflix 上存在的时间也很有益。
- media_watch_history：观看历史记录（观看次数）表明其受欢迎程度。一些用户可能希望紧贴潮流，只专注于观看流行电影，则可以为他们推荐流行电影。其他人可能喜欢独立电影，可以给他们推荐类似的电影。

- 类型：记录内容的主要类型，例如喜剧、动作、纪录片、经典、戏剧、动画等。
- movie_duration：影片持续时间。该模型可以将其与其他特征结合使用，以了解用户可能会因为忙碌的生活方式而偏爱较短的电影，反之亦然。
- content_set_time_period：电影讲述的故事所处的年代或时间。例如，用户可能更喜欢讲述 20 世纪 90 年代故事的电影。
- content_tags：Netflix 奖励用户来观看电影，以便为电影创建详细、描述性强且特定的标签。例如，可以将电影标记为“视觉冲击”“怀旧”。这些标签极大地帮助模型了解不同用户的品味，并找到用户品味和电影之间的相似之处。
- release_country：电影发行的国家 / 地区。
- release_year：电影发行的年份。
- release_type：发行类型，如广播、DVD 或流媒体发行。

4. 电影与用户的交叉特征

为了了解用户的喜好，将用户与电影的历史互动作为特征非常重要。例如，如果用户观看了许多克里斯托弗·诺兰的电影，那么可以为该用户推荐类似的电影。一些基于交互的特征如下。

- user_genre_historical_interaction_3months：在过去 3 个月中，用户所观看的电影中，相同类型的电影所占的百分比。例如，如果用户在过去 3 个月内观看的 12 部电影中有 6 部是喜剧，则特征值为 0.5。
- user_genre_historical_interaction_1 year：此特征与 user_genre_historical_interaction_3months 类似，但以一年的时间间隔计算。它显示了用户与类型之间关系的长期趋势。
- user_and_movie_embedding_similarity：用户与电影的嵌入相似度。可以将用户交互的电影的标签嵌入用户，并将其标签嵌入电影。这两个嵌入之间的点积相似性也可以用作特征。
- user_actor：用户观看的电影中，与候选推荐的电影具有相同演员的电影所占的百分比。
- user_director：用户观看的电影中，与候选推荐的电影的导演相同的电影所占的百分比。
- user_language_match：用户的语言和电影的语言相匹配。
- user_age_match：观看特定电影的年龄段。例如，电影 A 大部分（超过 80%）的时间由 40 岁以上的人观看。那么在推荐电影 A 时，将查看被推荐的用户是否在 40 岁以上。

23.5.5 候选电影的产生

生成候选电影的目的，是选择最终推荐给用户的前 k 部电影（比如 1000 部）。因此，模型任务是从超过一百万个可用电影中选择这些电影。

1. 候选生成技术

常用的候选生成技术包括：协同过滤；基于内容的过滤；基于嵌入的相似度。每种技术都有其选择优秀候选电影的优势，在进行排名之前，我们将所有这些技术结合在一起以生成完整列表。

2. 协同过滤

在协同过滤中，可以根据历史观察找到与活跃用户相似的用户。然后，通过与这些相似用户协作，为活跃用户生成候选电影。有两种执行协作过滤的方法：最近邻居和矩阵分解。

（1）最近邻居

用户 A 与用户 B、用户 C 相似，因为他们都看过电影《盗梦空间》和《星际穿越》。因此，可以说用户 A 的最近邻居是用户 B 和用户 C，用户 B 和 C 喜欢的其他电影可以作为推荐给用户 A 的候选对象。

（2）矩阵分解

矩阵分解通过将“用户—电影”矩阵分解为两个较低维的矩阵：用户个人资料矩阵（$\boldsymbol{n} \times \boldsymbol{M}$），该矩阵中的每个用户都由一行信息表示，该行信息是 M 维的潜在向量；电影资料矩阵（$\boldsymbol{M} \times \boldsymbol{m}$），该矩阵中的每个电影都由一列信息表示，该列是 M 维的潜在向量。M 是用来估算用户电影反馈矩阵的潜在因素的数量，n 是用户数量，m 是电影数量。M 比实际用户数和电影数小得多。

3. 基于内容的过滤

基于内容的过滤，使我们可以根据用户交互的电影的特征或属性提出推荐建议。因此，推荐建议往往与用户的兴趣相关。这些特征来自元数据（例如类型电影演员、简介、导演等）以及手动分配的电影描述性标签（例如视觉冲击、怀旧、神奇生物、角色发展、冬季等）。

4. 使用深度神经网络生成嵌入向量

有了用户 u 对电影 m 的反馈 (u,m)，就可以利用深度学习来生成潜在的嵌入向量，以代表电影和用户。生成嵌入向量后，利用 KNN 算法（k 个最近的邻居）找到想要推荐给用户的电影。

如图 23-26 所示，将网络设置为两个部分，其中一个部分仅提供电影稀疏和密集特征，而另一个部分仅提供用户稀疏和密集特征。第一部分的最后一层的激活，将形成电影的嵌入向量（***m***）。同样，第二部分的最后一层的激活，将形成用户的嵌入向量（***u***）。顶部的组合优化功能旨在最小化 ***u*** 和 ***m***（预测的反馈）的点积与实际反馈标签之间的距离。

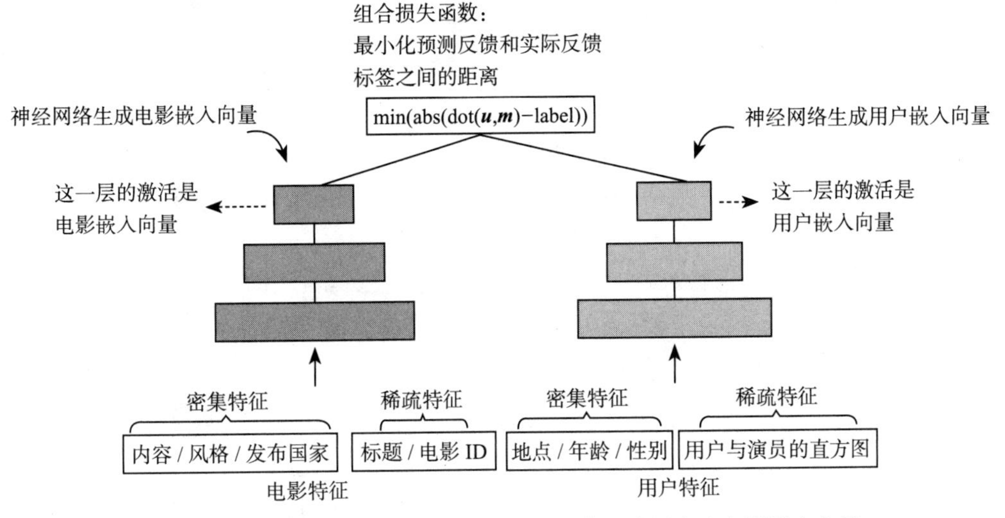

图 23-26　通过具有组合损失函数的神经网络生成用户和电影嵌入向量

我们要优化的函数是 min(abs(dot(***u***,***m***)−label))，其中 dot 表示点积，label 表示实际反馈标签，这个函数用来衡量用户和相关电影之间的关联性。当电影与用户首选项对齐时，实际反馈标签为正，否则为负。为了使预测的反馈遵循相同的模式，网络以如下方式学习用户和电影嵌入方式：如果用户喜欢该电影，则它们的距离将最小；如果用户不喜欢该电影，则它们的距离将最大化。

5. 候选对象选择

假设你必须为每个用户生成两个候选推荐电影，如图 23-27 所示。生成用户和电影嵌入向量后，应用 KNN 为每个用户选择候选对象。从图 23-27 中可以看出，用户 A 最近的邻居是电影 B 和电影 C，这是基于较高的嵌入相似度而判断的。而对于用户 B，电影 D 是最近的邻居。

6. 技术的优缺点

让我们看一下上面讨论的候选对象生成方法的优缺点。

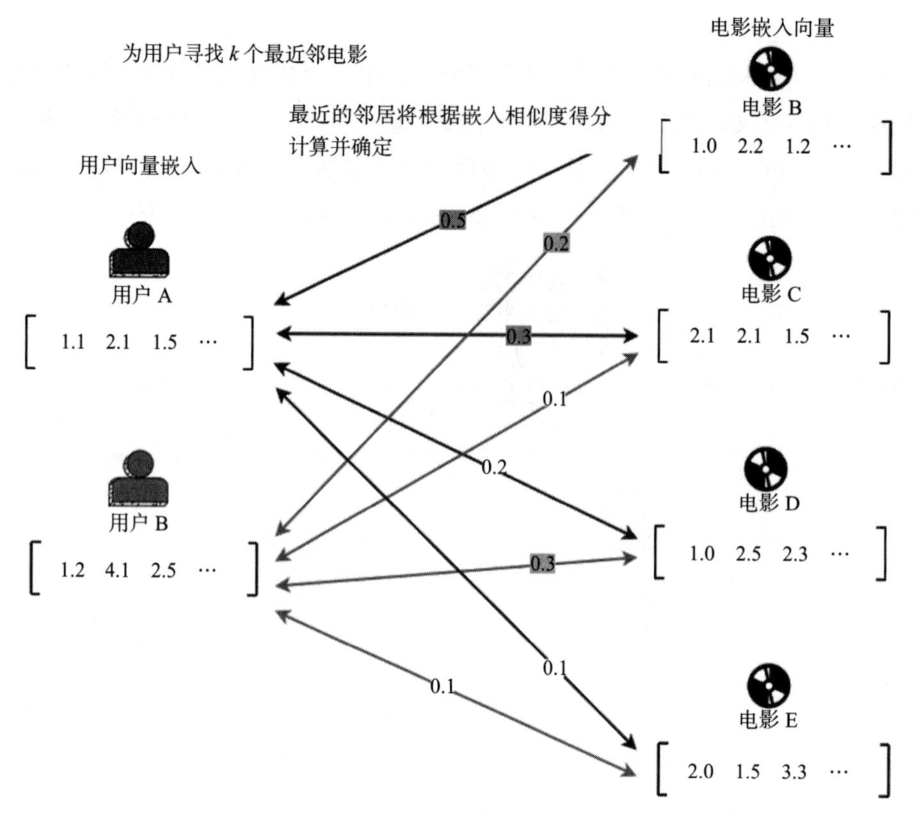

图 23-27 根据用户的嵌入相似度找到 k 个最近邻电影

协同过滤可以仅基于用户的历史交互来建议候选对象。与基于内容的筛选不同，它不需要领域知识即可创建用户和电影文件。它也能够捕获通常难以基于内容进行过滤的数据。但是，协同过滤存在冷启动问题，在系统中很难找到与新用户相似的用户，因为他们的历史互动较少。另外，由于没有用户对此提供反馈，因此不能立即推荐新电影。

神经网络技术也存在冷启动问题。媒体和用户的嵌入向量在神经网络的训练过程中被更新。但是，如果是新电影或新用户，则两者都分别收到 / 给出较少的反馈实例。在这种情况下，基于内容的筛选效果更好。但是，需要用户提供一些有关他们的偏好的初始输入才能开始生成候选对象。有了初始输入后，便可以将用户的个人资料与媒体资料进行匹配。

23.5.6 训练数据生成

下面针对用户隐式反馈为推荐任务生成训练数据。

1. 生成训练样本

将用户操作解释为正面和负面训练实例的一种方式，这里的正面和负面基于用户观看电影的持续时间来判断。例如，用户最终观看了大部分时长（80% 或以上）推荐的电影，这是正面实例；用户忽略了电影，或观看了较短时长（10% 或以下）的电影，这是负面示例。

如果用户观看的电影的时长百分比在 10% 到 80% 之间，则将其放入不确定性区域。但是此百分比不能清楚地表明用户的喜好程度。例如，假设用户观看了电影时长的 55%，如果考虑到他们足够喜欢并观看，可以认为这是一个正面的例子。但是，可能有人向用户推荐了这部电影，或者用户基于营销推广打开这部电影，因此不能认为是正面实例。

因此，为避免此类误解，仅在较为确定时，才将示例分别标记为正面或负面。

2. 平衡正面和负面的训练实例

每次用户登录时，Netflix 都会提供很多建议。但是用户无法观看所有电影，这仍然不能显著提高正负训练实例的比例。因此，与正面的例子相比，我们拥有更多的负面训练实例。为了平衡正面训练样本与负面训练样本的比例，可以对负面样本进行随机降采样。平衡了正面和负面训练样本，可以防止分类器偏向包含更多例子的一侧。

3. 加权训练实例

到目前为止，所有训练实例的权重均为 1。Netflix 的业务目标主要是增加用户在平台上花费的时间。因此，可以根据实例对会话时间的贡献来进行加权。在这里，假设预测模型的优化功能在其目标实现过程中使用了每个实例的权重。

23.5.7　排名

排名模型从上述候选对象生成的多个来源中抽取相关性最高的候选对象。然后，创建所有候选对象的集合，并根据用户观看该电影内容的机会对候选对象进行排名，如图 23-28 所示。

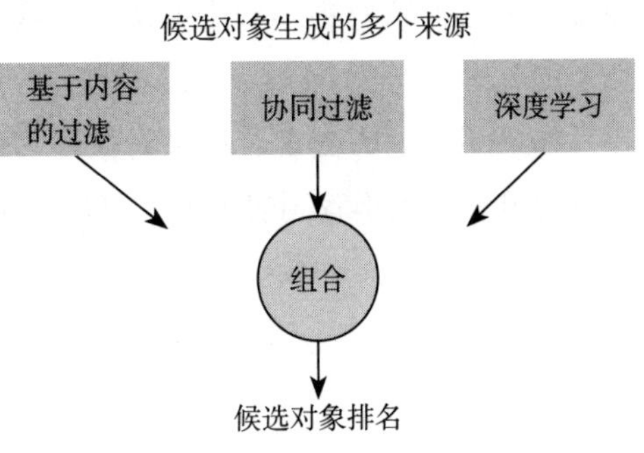

图 23-28　候选对象生成模型

下面介绍几种方法来预测观看电影的可能性。

1. 逻辑回归或随机森林

训练简单模型有多种原因，例如训练数据有限，模型评估能力有限。

在尝试更复杂的模型之前，需要一个初始基准来了解如何减小测试数据损失。与我们在特征工程部分讨论的其他重要特征一起，来自不同候选算法的输出分数，也是排名模型损失函数的相当重要的输入。最小化测试错误并选择用于训练和正则化的超参数至关重要，这可以使我们在测试数据上获得最佳结果。

2. 具有稀疏和密集特征的深度神经网络

对这个问题进行建模的另一种方法是建立深度神经网络。由于 Netflix 数据量庞大，并且要求模型具备较好的评估能力，因此，使用深度神经网络建模是一个好的选择。

由于想要预测用户是否会观看电影，因此需要针对此学习任务训练具有稀疏和密集功能的深度神经网络。此类网络中提供两个特征，极为强大的稀疏特征可以是用户以前观看过的电影和用户的搜索词。对于这些稀疏特征，可以将网络设置为历史观看电影和搜索词嵌入向量，作为学习任务的一部分。这些历史观看电影和搜索词的嵌入向量在预测用户下一个观看的电影时会发挥非常强大的作用。它们将允许模型根据用户最近与平台上电影内容的互动来实现个性化推荐与排名。

对于深度神经网络，你应该设置多少层？每层应使用多少个激活单元？找到这些问题的答案的最佳操作是，从带有基于 ReLU 的激活单元的 2 ～ 3 个隐藏层开始，然后逐步调节参数，以减少测试错误。通常，添加更多的层和单元起初会有所帮助，但其实用性会迅速降低。相对于错误率的下降，计算和时间成本将会更高。

3. 重新排名

用户页面上的前 10 项建议非常重要。在系统给出预测概率并相应地对结果进行排名之后，可以对结果重新排序。

由于各种原因（例如为推荐建议增加多样性），需要对结果进行重新排名。考虑这样一个场景：热门推荐页面所推荐的前 10 部电影都是喜剧。对此，模型可能决定在前 10 种推荐中只保留每种类型中的 2 种，这样，可以在热门推荐页面中为用户提供 5 种不同类型的电影。

如果还考虑历史观看记录对推荐的影响，那么重新排名可以提供帮助。通过将以前观看的电影移到推荐列表下方，可以给用户提供更多参考。